国家自然科学基金地区项目(41962008)资助
贵州大学引进人才科研项目(贵大人基合字〔2017〕36 号)资助
贵州省科技厅项目(黔科合平台人才-CXTD〔2021〕007)资助

泥堡金矿矿床地质

郑禄林 杨瑞东 刘建中 / 著

中国矿业大学出版社
· 徐州 ·

内 容 提 要

本书以滇黔桂“金三角”矿集区的泥堡金矿床作为研究对象，从矿床成矿地质背景、矿床地质特征、金的赋存状态及三维富集规律、元素和同位素地球化学特征以及流体包裹体和成矿年代等方面进行系统研究，探讨泥堡金矿床成矿物质来源、成矿流体性质与演化、矿床成因、成矿控矿因素和成矿条件，结合成矿动力学背景，揭示金的成矿作用过程及其沉淀机制，从而建立泥堡金矿床成矿模式。尤其是对泥堡金矿床两种类型金矿体成矿年代的准确厘定，不仅对丰富和完善金成矿理论具有重要意义，而且为指导矿区深部和外围找矿提供理论依据。

本书可供从事矿产勘查、地球化学、构造地质学、岩石学、矿床学、金矿床地质等工作的专业技术人员和高等院校的师生参考。

图书在版编目(CIP)数据

泥堡金矿矿床地质 / 郑禄林，杨瑞东，刘建中著
．—徐州：中国矿业大学出版社，2022.4

ISBN 978-7-5646-5352-1

Ⅰ．①泥… Ⅱ．①郑… ②杨… ③刘… Ⅲ．①金矿床—矿山地质—普安县 Ⅳ．①P618.51

中国版本图书馆 CIP 数据核字(2022)第 064437 号

书　　名　泥堡金矿矿床地质
著　　者　郑禄林　杨瑞东　刘建中
责任编辑　陈红梅
出版发行　中国矿业大学出版社有限责任公司
　　　　　　（江苏省徐州市解放南路　邮编 221008）
营销热线　(0516)83884103　83885105
出版服务　(0516)83995789　83884920
网　　址　http://www.cumtp.com　**E-mail**:cumtpvip@cumtp.com
印　　刷　苏州市古得堡数码印刷有限公司
开　　本　787 mm×1092 mm　1/16　**印张** 9　**字数** 225 千字
版次印次　2022 年 4 月第 1 版　2022 年 4 月第 1 次印刷
定　　价　45.00 元
（图书出现印装质量问题，本社负责调换）

前　言

泥堡金矿床作为滇黔桂“金三角”矿集区的重要组成部分，同时兼具层控型和断裂型两种类型金矿体，是近年来金矿找矿重大突破之一。该矿床位于扬子陆块与华夏陆块两个构造单元接合部位，所处大地构造位置特殊，地块边缘裂陷槽挤压和拉张的交替成为构造运动的主要形式。矿区主体构造样式为背斜-断层组合，深部构造发育，存在隐伏岩体，并位于Au-As-Sb-Hg组合异常区，成矿地质背景优越。尽管一些学者对该矿床的地质特征、控矿因素、成矿物质来源、流体性质、矿床成因等方面开展了研究工作并取得一定的成果，但对金矿床的成矿时代及动力学背景、金的赋存状态及沉淀机制、金成矿作用以及成矿过程、成矿模式等方面仍亟待开展系统而深入的科学研究。基于此，本书选择泥堡金矿床作为研究对象，系统开展区域地质、构造、矿床地质、矿石组构、围岩蚀变、金的赋存状态及三维富集规律、成矿元素地球化学、同位素地球化学和年代学研究，全面剖析矿床成因，厘定成矿机理，摸清成矿规律。本书的出版希望能够起到抛砖引玉的作用，为促进我国南方地区卡林型金矿成矿与找矿研究贡献微薄之力。

本书共分10章：第1章主要指出了研究的重要意义、国内外研究现状及亟待解决的关键问题，并阐述了研究思路。第2章主要介绍了区域成矿地质背景和成矿条件。第3章重点对泥堡金矿床地质特征进行阐述，并对成矿阶段进行了划分。第4章利用电子探针（EPMA）分析技术，获得了黄铁矿和毒砂Au、As、Fe、S等元素的含量变化与分布规律，从而探讨了载金矿物类型、元素之间的关系和金的赋存状态。第5章利用3Dmine软件，对泥堡金矿床进行三维可视化地质建模，建立地层模型、断层模型和矿体模型，分析了金的三维富集规律。第6章利用矿石的主量、微量及稀土元素地球化学组成特征，分析成岩、成矿物质来源，并用微量元素组合特征指示成矿信息；利用方解石稀土元素特征参数判别热液流体来源。第7章利用与金成矿关系密切的脉石矿物（石英、方解石）开展流体包裹体及碳、氢、氧同位素研究，并结合载金矿物（环带状黄铁矿）微区硫同位素地球化学特征，厘清了泥堡金床成矿物质来源、成矿流体性质及其演化规律，并阐明了与金成矿作用的关系。第8章利用与金矿化关系密切的含金石英脉做Rb-Sr等时线定年，厘定了泥堡金矿床成矿时代，从而为西南大面积低温成矿域成矿年代约束提供有力资料。第9章从成矿地质条件、成矿物质及成矿流体来源、成矿作用探讨了成矿过程、矿床成因，并提出了相应的成矿模式。第10章对取得的主要研究成果进行了总结。

本书是笔者2010年以来参加泥堡金矿找矿勘查以及近年来主持和参加的一系列科研项目成果的汇总，得到了国家自然科学基金地区项目（41962008）、贵州大学引进人才科研项目（贵大人基合字〔2017〕36号）和贵州省科技厅项目（黔科合平台人才-CXTD〔2021〕007）的资助，在此表示衷心的感谢！

在本书撰写过程中，贵州大学左宇军教授、高军波副教授、陈军博士、程伟教授以及贵州理工学院聂爱国教授、中国科学院地球化学研究所夏勇研究员给予了帮助和指导；贵州省地质矿产勘查开发局105地质大队为样品的采集和资料收集提供了帮助和支持；中国科学院地球化学研究所和中国地质调查局武汉地调中心在样品测试过程中提供了帮助和支持；硕士研究生曹胜桃为三维地质建模提供了帮助。在本书出版之际，一并向诸位表示衷心的感谢！

本书插图不需要进行地图审核，见黔自然资审批函〔2022〕1126号。

由于笔者研究水平有限，书中难免存在疏漏，敬请同行专家及广大读者批评指正！

著者
2021年9月10日
于贵阳

目　录

第1章 绪论

卡林型金矿(Carlin-type gold deposit)是指产于碳酸盐岩建造中的微细粒浸染型金矿床，金常以显微-次显微形式分散产出，并发育 Au、As、Sb、Hg、Tl 等中低温热液元素及矿物组合，属中低温矿床类型。在国外，卡林型金矿主要分布于美国内华达州和犹他州，其中内华达州卡林镇是全球卡林型金矿的发现地，全球首例卡林型金矿在 20 世纪 60 年代首先在此被发现[1-4]，由此开启了研究和探寻卡林型金矿的热潮[4-13]。在我国，卡林型金矿主要集中于滇黔桂和川陕甘两个“金三角”地区。

我国卡林型金矿的发现和研究工作起步相对较晚，20 世纪 70 年代，我国首例卡林型金矿——板其金矿在贵州省黔西南州册亨县被发现[14-15]，实现了我国特别是西南地区卡林型金矿找矿的重大突破。通过持续深入的理论研究和找矿勘探工作，在黔西南地区陆续发现如丫他、戈塘、大观、四相厂、苗龙、坝桥、三岔河、紫木凼等与砷、锑、汞矿化伴生的金矿床和矿点；探明了紫木凼、戈塘、烂泥沟、丫他、水银洞、泥堡等一批大型、特大型、超大型金矿床，从而揭开了滇黔桂“金三角”金矿富集区的神秘面纱，奠定了在我国乃至全球金资源领域的重要地位，黔西南地区也因此成为“中国金州”。

美国卡林型金矿总储量约 6 000 t，大于 100 t 的超大型金矿床有 13 个之多，世界级超大型金矿——贝茨-波斯特(Betze-Post)金矿床金资源储量大于 1 000 t[3-4,12]。目前，我国右江盆地金资源储量大于 830 t，黔西南地区中型以上金矿床储量约 660 t，占右江盆地金资源总量的 80%，其中水银洞265 t、烂泥沟 110 t、紫木凼 72 t、泥堡 70 t，区域内大于 100 t 的金矿床只有水银洞和烂泥沟 2 座矿床。因此，探寻大型、超大型金矿床是保障黄金供应的重要途径和重要基础。

1.1 研究意义

本书选择贵州省普安县泥堡大型金矿床作为研究对象，系统开展区域地质、构造、矿石组构、围岩蚀变、成矿元素地球化学、同位素地球化学和年代学研究，全面剖析矿床成因，厘定成矿机理，摸清成矿规律。其研究意义主要体现在以下两个方面：

1.1.1 服务中国西南地区金矿找矿突破战略行动的需要

从全球黄金资源现状来看，我国在黄金储量和对世界供应量等方面均具有举足轻重的地位。此外,我国金矿床类型多、分布广,产出较多且具有代表性的大型、超大型金矿床和金矿富集区主要集中在胶东地区,是我国名副其实的第一大金矿集区。胶东一带因遭受了中生代强烈的构造变形和岩浆活动影响,形成了近 20 个大型、超大型金矿床,金储量占据了我国黄金资源总量的近 1/4[16]。胶东金矿集区与小秦岭-熊耳山、太行山中段、辽东-吉南等金矿集区[17-18]一起,构成了我国著名的华北克拉通金成矿省。朱日祥等[19]将产于华北克拉通中的金矿床统称为"华北克拉通破坏型金矿",但有学者对此持怀疑态度。2015 年 11 月,山东省第三地质矿产勘查院在山东莱州三山岛北部海域 2 000 m 以下海底发现超大型金矿,新探获金资源总量约 470 t,这进一步奠定并提升了胶东在我国金资源领域的核心地位,也大幅提升了我国在世界黄金领域的排位。诚然,这一新发现,就犹如 Kato 等[20]在太平洋、东印度洋 3 500~6 000 m 深海海底淤泥发现高含量稀土资源一样,其潜在经济价值巨大,在不久的将来,也一定会是学者们高度关注和研究的热点。但从当前对资源利用的客观实际来评价,传统金矿床的开采和加工工艺仍然具有得天独厚的优势,特别是我国的卡林型金矿,在一定时期内,仍将是我国金资源开采和利用的主要金矿床类型之一。

我国卡林型金矿分布相对集中,滇黔桂"金三角"便是我国极其重要的卡林型金矿富集区,也是我国黄金资源重要供应地。要确保黄金资源的持续稳定供应,就要有充足的资源储备和接替资源补充,归根结底,要有新的理论和技术来指导实际的找矿勘查工作,更加精确、高效地进行找矿勘探,发现新的大型、超大型金矿床。泥堡金矿是近年来取得找矿重大突破的金矿床之一,金资源储量从 18 t 增加至 70 t,新增资源储量 50 多吨,一跃跻身贵州省第三大金矿床。该矿床不仅规模大,而且具有特殊性,同时产出层控型和断裂型两种类型金矿体,且断裂型金矿体规模大,单矿体金资源储量达 39 t。那么,其矿床成因、控矿机理是否与其他金矿类似?该矿床理论研究成果对区域金矿找矿勘查有何启示意义?对补充和完善低温成矿域金成矿理论有何价值?这些尚存的疑难科学问题,亟须开展系统研究,揭示其本质内涵,切实推进理论服务实际,推进找矿突破战略行动快速取得成效,保障黄金资源的持续、稳定供应。

1.1.2 补充和完善低温成矿域金成矿理论的需要

我国西南地区作为世界著名的两大大面积低温成矿域之一[21],产出了金、锑、汞、铅、锌等一系列特色低温矿床[22],尤其以金矿床最具特色,代表性金矿床有水银洞、烂泥沟、紫木凼、戈塘等金矿床。近年来,在水银洞金矿区及周围开展找矿勘探工作,探获了距地表 1 300 m以下的层状金矿体,标志着贵州省二度空间找矿取得了突破,其累计查明金资源量达265 t,成为名副其实的超大型金矿床。学者们已经从区域构造控矿[10,23]、矿物学[24-32]、岩石地球化学[33-34]、同位素地球化学[35-37]、流体性质及演化[38-41]、年代学[22,42-43]和成矿模式[44-49]等方面对水银洞金矿床开展了系统而深入的研究,对金矿床成因、成矿机理提出了全面的认识,这对系统总结黔西南地区卡林型金矿成矿规律,切实服务实际找矿勘查工作奠定了重要基础,直接或间接地指导并成功勘查发现泥堡大型金矿床。据贵州省地质矿产勘查开发局 105 地质大队报道,泥堡金矿已探明金资源总量约 70 t,属于大型金矿床。泥堡金矿除了早期发现产出的层状金矿体外,新发现的规模较大金矿体产于 F1 断层之中,为断裂型金矿体,这一重大找矿突破使人们对泥堡金矿床的认识不再局限于层状矿床,而是属于以断裂型为主兼具层控型的复合型矿床[50]。泥堡金矿自发现以来虽然开展了一定的研究工作，但是在成矿物质来源、成矿时代、矿床成因、成矿机理等方面的认识亟待加深。要解决这些科学问题，首先要明确金成矿物质来源，这是判别矿床成因、探讨成矿机理之本；其次是限定金成矿时代，这是揭示金成矿地球动力学的核心，可为总结金成矿规律、开展找矿预测奠定坚实基础。

关于滇黔桂地区金成矿物质来源众说纷纭，大致概括为 7 种观点。刘家军等[51]通过研究，认为金成矿作用与断裂有关的海底热水喷流沉积作用有关，沿断裂系统上涌的热水物质为金成矿提供了物源。朱赖民等[52-53]、刘显凡等[54]和 Liu 等[55]则认为，金是深部流体通过运移、萃取、改造地层而富集的，结论支持深源流体。刘建中等[47,56-57]认为，金成矿作用与深部隐伏花岗岩有关，花岗岩为金成矿提供了物源。聂爱国等[58-59]认为，滇黔桂地区卡林型金矿床成矿与峨眉地幔柱活动有关，金主要来源于地幔。陈本金[60]提出了沉积改造说的认识，认为金成矿物质及成矿流体均具多源性，金主要来自沉积地层，成矿流体主要与燕山晚期地壳伸展引起的流体大面积运移有关。夏勇等[48,61]、Zhang 等[49]、Wang 等[40]、邱小平等[62]研究认为，滇黔桂地区金成矿流体具有深源超压流体特征。近年来，一些学者研究认为，形成滇黔桂"金三角"巨量金堆积的流体主要以盆地流体为主，金主要来源于地壳，而非地幔或沉积地层等[41,63-65]。

滇黔桂地区金矿研究，争议最大的科学问题即如何更准确地限定金成矿时代。以水银洞和烂泥沟金矿为例，通过利用方解石 Sm-Nd 法获得的水银洞金成矿年龄介于134 Ma±3 Ma～136 Ma±3 Ma[42]，石英裂变径迹年龄介于 60～80 Ma[56]，毒砂 Re-Os 法获得年龄值为 235 Ma±33 Ma[43]，几个方法之间年龄差距超过 100 Ma。针对烂泥沟金矿成矿时代，学者们利用石英流体包裹体 Rb-Sr 法获得的金成矿年龄值介于 105.6 Ma～(259±27) Ma[66-67]，二者之间存在较大的差异，结果难以令人信服。为进一步准确限定金成矿时代，陈懋弘等[68-69]采集了含砷黄铁矿和绢云母，利用 Re-Os 法和^{40}Ar/^{39}Ar 法获得的年龄值为193 Ma±13 Ma～194.6 Ma±2 Ma；Chen 等[43]又利用毒砂 Re-Os 法对烂泥沟金矿成矿年龄进行测定，获得年龄值为 204 Ma±19 Ma，这几组年龄值在误差范围内基本接近，但却与前人研究成果之间存在较大差异。由此可见，滇黔桂地区金成矿时代到底是早侏罗世还是晚白垩世，一直是学者们考虑和研究的重点工作之一[43]。成矿年代学研究是完善成矿理论、总结成矿规律的核心工作之一，特别是对于热液矿床，其理论价值和实际意义更大。滇黔桂地区金成矿年代学的研究存在未解之题，给我国华南低温成矿域金成矿理论完善和提升带来了巨大阻碍。泥堡金矿作为滇黔桂地区代表性大型金矿床之一，兼具有断裂型和层控型金矿特征，对两种类型金矿体年代学开展系统研究，其结果能更好地代表区域金成矿时代，可为完善和提升金成矿理论提供更直接、有效的证据。

1.2 泥堡大型金矿床研究历史与现状

泥堡金矿床最早由贵州省地质矿产勘查开发局 109 地质大队于 1988 年在普安县楼下镇开展 1∶50 000 区域化探测量时圈定。早期的勘查工作提交泥堡金矿资源储量仅 18 t，其成因类型被认为属于典型的层控矿床[15,70-76]。随着贵州省找矿勘查战略行动的全面部署和大力实施，贵州省地质矿产勘查开发局 105 地质大队继续对该区域进行金矿找矿勘查工作，基于该队提出的构造蚀变体(Sbt)与成矿作用关系，重新厘定了构造格架，识别出二龙抢堡背斜为泥堡背斜之次级褶皱，于2010年新发现受F1断层控制的隐伏金矿体——Ⅲ号矿体。Ⅲ号矿体金资源储量高达39 t，单矿体即达到了大型规模，超过了前期近20年的找矿成果，从而使泥堡金矿金资源总量达到70 t，跻身大型矿床系列，成为黔西南卡林型金矿集区的重要组成部分。

由于泥堡金矿床自身的特殊性(同时发育层控型和断裂型金矿体)，加之其在滇黔桂"金三角"内重要的研究地位，学者们长期以来对其开展了大量的研究工作。通过对矿床地球化学特征进行研究，探讨了矿床成因和成矿物质来源，提出泥堡金矿床矿体严格控制在上二叠统峨眉山玄武岩组($P_3\beta$)底部凝灰岩及$P_3\beta$与大厂层(P_3c+d)中，属于层控型金矿床[15,71-80]。金成矿物质来源与峨眉山玄武岩密切相关，区内凝灰岩、玄武岩可能是金的初始矿源层[72,76,79-80]。郑禄林等[81]对受F1断层控制的Ⅲ号矿体及其上下盘各金矿体形态、矿石组构和控矿因素做了初步研究，认为泥堡金矿床具有典型的构造、地层、岩性控矿的"三控"特征。祁连素等[82-83]从构造角度分析泥堡金矿的控矿构造类型，认为泥堡金矿床兼具断裂型和层控型特征，且以断裂型为主[81-82]。

近年来，张锦让等[84]利用LA-ICP-MS分析了载金含砷黄铁矿微量元素组成，将泥堡金矿床金矿物结晶顺序划分为贫砷沉积成因或早期热液成因黄铁矿→含砷黄铁矿颗粒→含砷黄铁矿环带→毒砂，并提出金矿成矿物源主要来自燕山晚期的岩浆热液系统。Hou等[32]系统研究了分布于灰家堡背斜区典型金矿床中黄铁矿显微组构特征、微区硫同位素特征，也提出了类似结论，认为部分金来源与岩浆活动有一定关系。谢贤洋等[85]研究了泥堡金矿床流体和稳定同位素组成特征，认为层控型和断裂型矿体成矿流体来源和性质基本一致，主要为大气降水和海水的混合。韦东田等[86]通过对泥堡金矿围岩和矿石开展了岩相学和地球化学分析，探讨了金的成矿机制，认为去碳酸盐化和硫化作用是促成金成矿的主要控制机理。由此可见，在金成矿物质来源判别、成矿机理研究方面，学者们之间还存在较大争议，尚未取得统一认识。

在金成矿时代研究方面，刘平等[75,78]对层控凝灰岩型金矿体中的石英脉做了Rb-Sr定年，获得年龄值为142 Ma±2 Ma，这一结果与区域金成矿时代比较吻合。更值得关注的是，对于泥堡金矿区最为重要的断裂型金矿体成矿时代研究，至今没有相关文献报道，为系统认识泥堡金矿成矿机理、揭示其深部成矿动力学背景等带来的诸多疑问，亟待开展系统而深入的科学研究。

1.3 研究中亟待解决的关键问题

滇黔桂"金三角"作为我国卡林型金矿的发现地和重要的黄金基地之一，位于著名的华南大面积低温成矿域之内，受到国内外学者的长期关注和全方位研究。研究人员通过几十年来不断地对金矿的研究和挖掘，已经取得了诸多研究成果，更在找矿勘查方面连续取得多项重大突破，是理论研究和勘查实践完美结合的典范。泥堡金矿作为近年来金矿找矿重大发现之一，其在矿体就位特征、多产状矿体共生产出等方面极具特殊性，兼具有以往在滇黔桂地区发现的大型、超大型金矿床特征，属于复合型金矿床类型，对其开展理论研究，研究成果对于补充、完善华南低温成矿域金成矿理论意义重大，同时对深部找矿具有指导意义。然而，在泥堡金矿研究中，目前还没有解决的关键科学问题主要体现在3个方面：一是成矿时代；二是成矿物质来源；三是成矿作用过程。

1.4 研究内容及技术路线

（1）通过收集区域地层、构造、岩浆活动及矿产等资料，结合区域地震、重力、航磁等资料解译成果，分析区域构造演化及区域成矿地质条件。

（2）通过系统的野外地质调查、实测剖面和详细的钻孔岩心编录，查明矿区构造格架、金矿体产出特征及控矿因素。

（3）通过详细的岩石学和矿物学研究，分析矿石组构、围岩蚀变及矿物生成顺序，确定用于分析测试的样品。

（4）利用岩/矿石地球化学特征，分析成岩、成矿环境及成矿元素特征；采用扫描电镜、电子探针分析，查明载金矿物类别和金的赋存状态；利用3Dmine软件分析金的三维富集规律。

（5）对与金成矿关系密切的脉石矿物（石英、方解石）开展流体包裹体及碳、氢、氧同位素研究，结合载金矿物的微区硫同位素以及矿石稀土元素分析等，厘清成矿物质来源、成矿流体性质及其演化规律，并阐明与金成矿作用的关系。

（6）利用石英Rb-Sr流体包裹体同位素测年，厘定金矿床成矿时代，结合矿床成矿物质来源及流体演化特征，厘清矿床成矿作用与成矿过程，初步建立泥堡金矿床成矿模式。

1.5 主要创新点

（1）厘定了泥堡金矿床层控型和断裂型金矿体成矿时代，揭示了其成矿动力学背景可能为环太平洋板块俯冲背景下的岩石圈伸展拉张环境。

（2）利用微区硫同位素分析技术示踪成矿物质来源，揭示了成矿物质主要来源于深部岩浆。

（3）厘清了金的赋存状态及沉淀机制，刻画了成矿作用过程，初步建立了深源岩浆成矿模式。

（4）查明了矿床主要控矿因素以及各矿体之间的相互关系，深化了“背斜＋断裂”控矿的认识，提出了矿体受构造、地层、岩性共同控矿的“三控”特征。

第 2 章 区域地质背景

2.1 区域构造格架

泥堡金矿床大地构造位置处于特提斯-喜马拉雅与濒太平洋两大全球构造域接合部东侧的扬子陆块与华夏陆块两个构造单元接合部位[87]，次级构造单元位于扬子准地台黔北台隆六盘水断陷之普安扭转构造变形区(表 2-1 和图 2-1)。

表 2-1 贵州构造单元划分简表[88]

一级单元	二级单元	三级单元	四级单元
扬子准地台(Ⅰ)	黔北台隆(I_1)	遵义断拱($\mathrm{I}_1\mathrm{A}$)	毕节北东向构造变形区($\mathrm{I}_1\mathrm{A}^1$)
			凤冈北北东向构造变形区($\mathrm{I}_1\mathrm{A}^2$)
			贵阳复杂构造变形区($\mathrm{I}_1\mathrm{A}^3$)
		六盘水断陷($\mathrm{I}_1\mathrm{B}$)	威宁北西向构造变形区($\mathrm{I}_1\mathrm{B}^1$)
			普安扭转构造变形区($\mathrm{I}_1\mathrm{B}^2$)
	黔南台陷(I_2)		贵定南北向构造变形区(I_2^1)
			望谟北西向构造变形区(I_2^2)
	四川台拗(I_3)		
华南褶皱带(Ⅱ)			

区域内构造运动形式主要表现为地块边缘裂陷槽挤压和拉张的交替，它们是区域金成矿的重要地质背景；同时，右江裂隙带的产生、发展及演化也与金成矿关系密切。区内金矿床(点)集中分布于被不同方向、不同期次的区域断裂围陷的三角形之中(图 2-2)，从而构成了著名的滇黔桂“金三角”，黔西南金矿集区便是滇黔桂“金三角”的重要组成部分。

区域地表构造轮廓定型于印支-燕山期，构造组合形式复杂多样，主要表现为断层-褶皱(穹窿)体系(图 2-3，见 P8)。区内发育复杂的褶皱构造，主要有 NW、NE、EW 及近 SN 向，卷入其中的地层为上古生界至中生界。由于古构造背景的不同、边界条件变化及岩性差异

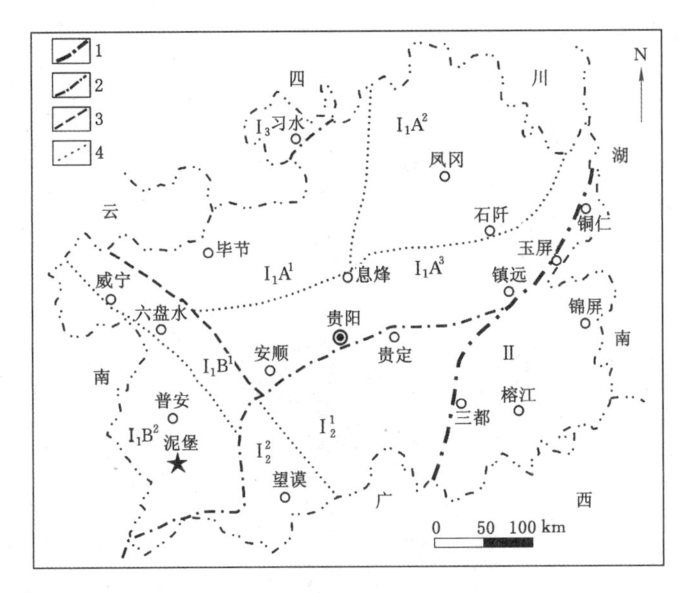

1—一级构造单元界线；2—二级构造单元界线；3—三级构造单元界线；4—四级构造单元界线。

图 2-1 贵州省构造分区图[88]

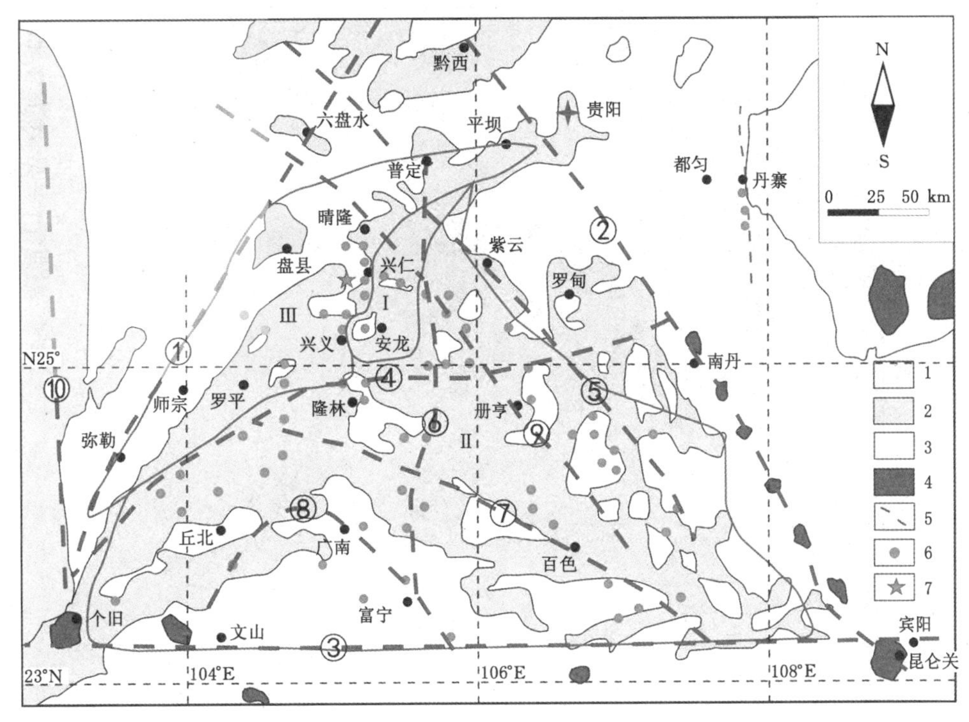

1—元古宇—震旦系；2—古生界；3—三叠系；4—花岗岩体；5—深断裂；6—金矿床(点)；7—泥堡金矿床；

Ⅰ—兴仁—安龙金矿带；Ⅱ—册亨—望谟金矿带；Ⅲ—晴隆—罗平金矿带；

①—弥勒—师宗深断裂；②—南丹—昆仑关深断裂；③—宾阳—个旧深断裂；④—开远—平塘深断裂；⑤—紫云—垭都深断裂；⑥—普定—富宁深断裂；⑦—右江深断裂；⑧—文山—广南—富宁弧形深断裂；⑨—晴隆—册亨深断裂；⑩—小江深断裂。

图 2-2 滇黔桂“金三角”区域地质简图[44]①

① 本书地图中“盘县”是指现在的“盘州市”，是贵州省直辖、六盘水市代管的县级市。

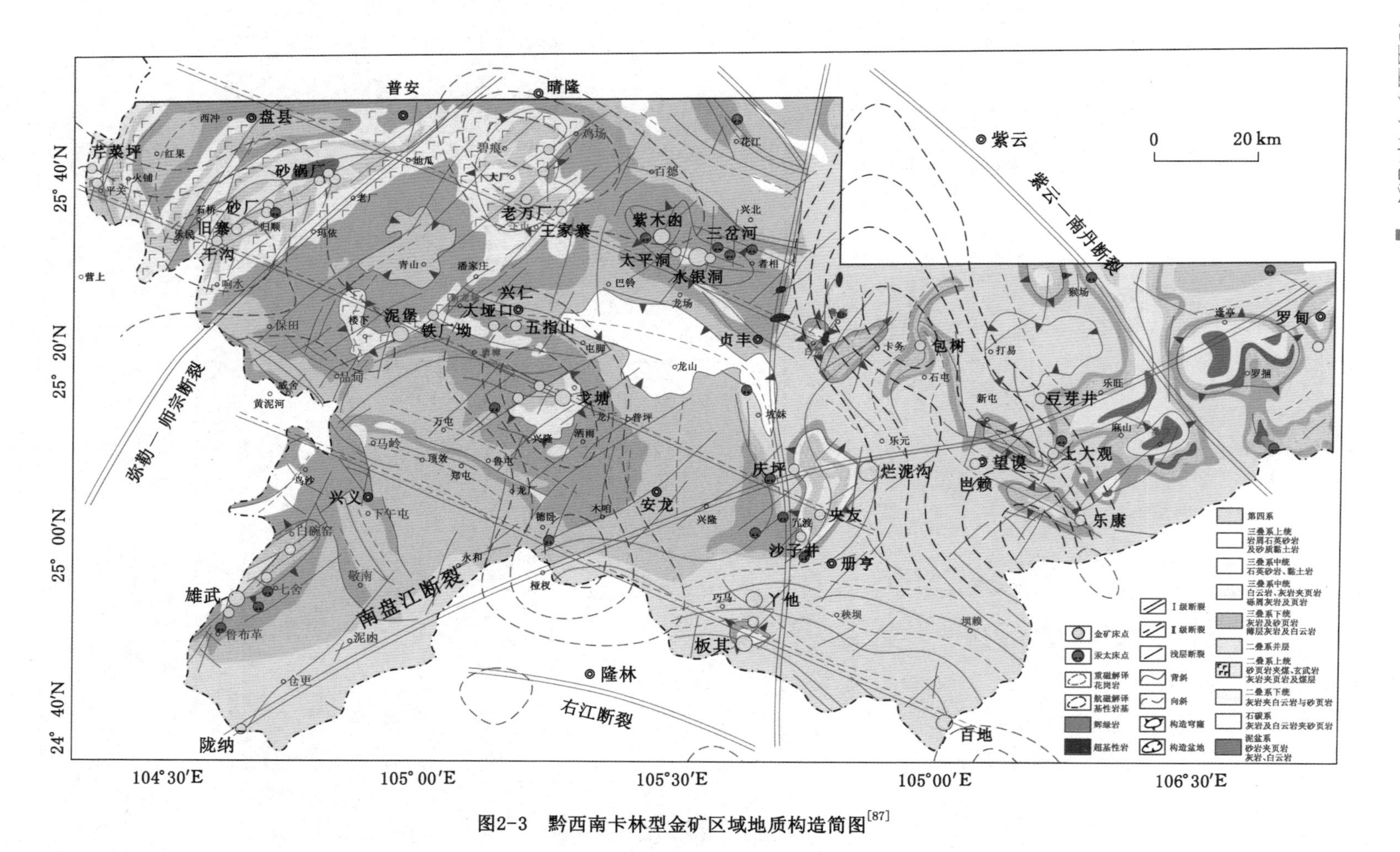

图2-3 黔西南卡林型金矿区域地质构造简图[87]

等因素的影响，各期褶皱分布不均。值得注意的是，黔西南复杂的褶皱构造现象非常普遍，且这些复杂的褶皱多是区内重要金矿床的控矿构造，它们在印支早期构造变形的基础上经燕山期构造运动叠加、干扰形成，如戈塘穹窿、板其穹窿、灰家堡叠加背斜、赖子山叠加背斜等[89]。

区域构造特征主要表现在以下 3 个方面：

(1) 前期深大断裂影响和制约了构造线的展布。3 条深大断裂(图 2-2 中的①～③)围陷的“三角形”夹块中心地带，构造线主要呈东西向展布，揭示区内南北向水平挤压的主应力场与地层构造线相关联。

(2) 不同方向、不同期次的构造形迹叠加复合现象明显。区域上东西向构造(早期)常被晚期的北东向和南北向构造叠加改造，从而使现有的构造格架变得复杂多样。

(3) 岩相、岩性制约了构造变形组合特点，其差异性在空间上表现得尤为明显。例如，在西北部的台地相区，二叠系上统-三叠系上、下部皆以碳酸盐岩为主，岩石能干性大，通常形成弱应变域，以开阔平缓褶皱和断裂发育为特征；而某些夹较多能干性小的细碎屑岩地段，则应变强度大，以灰家堡背斜为典型代表。而南东部的盆地相区，二叠系上统-三叠系则表现为下部能干性大(灰岩)，上部能干性小(碎屑岩)，从而形成强应变域，应变强度大，以形成上部紧密下部宽缓的不协调褶皱以及部分变形程度高的挤压断裂构造带为显著特点[90]。

2.2　区域地层及古地理演化

2.2.1　区域地层

区域上出露地层由老到新主要有泥盆系、石炭系、二叠系以及三叠系，并以三叠系广泛分布为特征，约占全区 70%或以上，二叠系次之，而泥盆系和石炭系仅见于少数背斜核部，主要分布于北西部普安—沙厂一带(图 2-4)，出露地层总厚度超过万米。

泥盆系属于台缘斜坡-盆地相沉积碳酸盐岩、碎屑岩及硅质岩、硅质泥岩组合，石炭系至二叠系主要为台地相-盆地相碳酸盐岩，含煤碎屑岩、硅质泥岩及火山岩组合。泥盆系至二叠系岩性组合特征显示了浅海台地相、盆地相交替的沉积特征[93]。其中，泥盆纪至中二叠世，台地相和盆地相的沉积格局频繁交替，岩性以碳酸盐岩为主，夹细碎屑岩、硅质岩和硅质泥岩。晚二叠世至三叠纪，受构造及古地理条件制约，大致沿关岭、贞丰、安龙及云南罗平一线，台地相和盆地相的沉积分界逐渐趋于明显(图 2-5)。

西北部的台地相区发育二叠系上统潮坪相含煤细碎屑岩系，三叠系则为碳酸盐岩，以龙头山层序为代表(图 2-6)；南东部的盆地相区，二叠系上统为碳酸盐岩，三叠系以细碎屑岩为主，钙屑重力流及浊流沉积分布于盆地边缘斜坡相带，以赖子山层序为代表(图 2-7)。

2.2.2　区域古地理演化

泥盆纪至早二叠世，贵州西南部地区属于相对稳定时期，地壳以缓慢的升降运动为主，总体表现为海侵，相变不剧烈[94]。中二叠世末至晚二叠世，区域性深大断裂张裂作用发生、发展、演化，基性峨眉山玄武岩强烈喷发，造成区内明显的地壳差异性升降运动。其中，位于

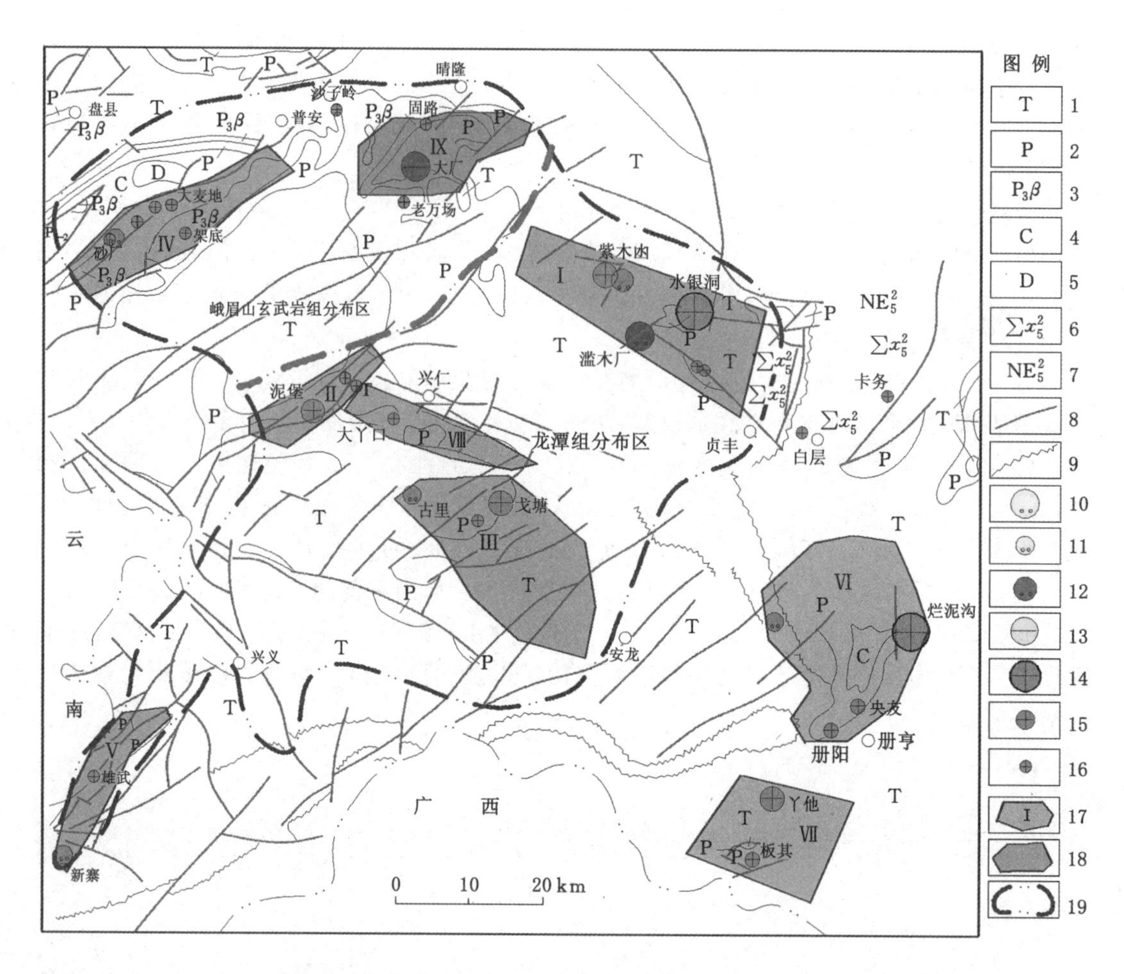

1—三叠系；2—二叠系；3—峨眉山玄武岩；4—石炭系；5—泥盆系；6—燕山期偏碱性超基性岩类；7—燕山期基性碱性岩类；8—断层；9—岩相变化线；10—大型汞矿床；11—中小型汞矿床；12—铊-汞矿床；13—大型锑矿床；14—超大型金矿床；15—大型金矿床；16—中小型金矿及金矿化点；17—金成矿区；18—锑成矿区；19—SBT 分布区；

Ⅰ—灰家堡金成矿区；Ⅱ—泥堡金成矿区；Ⅲ—戈塘—洒雨金成矿区；Ⅳ—莲花山金成矿区；Ⅴ—雄武金城矿区；Ⅵ—烂泥沟金成矿区；Ⅶ—板其—丫他金成矿区；Ⅷ—包谷地金成矿区；Ⅸ—大厂金成矿区。

图 2-4 贵州西南部地质矿产简图[57,91]

贵州西北部的威宁、赫章等地，形成峨眉山玄武岩高原，自西向东，出现陆相—过渡相—海相逐渐过渡的古地理格局，局部地区因遭受同生深大断裂活动的影响和控制，古地理格局异常复杂。其中，呈北西—南东向展布于贵州西部至广西北部的水城—紫云—南丹深大断裂，在早二叠世末晚二叠世早期，伴随区域性强烈的拉张裂陷作用，其南西盘下降，北东盘相对上升，从而在南西侧形成深水盆地，南东侧为浅水碳酸盐岩台地。呈北东走向展布的潘家庄断裂在晚二叠世活动强烈，龙潭组含煤性在断层两盘差异性较大，断层北西盘，分布于普安糯东、楼下、泥堡一带的龙潭组厚度约为 310 m，可采煤层总厚度达 13 m；而断层南东盘，龙潭组厚度达 380 m(兴仁苞谷地一带)，可采煤层总厚度约为 9 m，含煤岩性范围变差。册亨弧形断裂在晚二叠世向东突出呈弧形延伸，造成北西盘上升，表现为浅水台地，南西盘下降，表

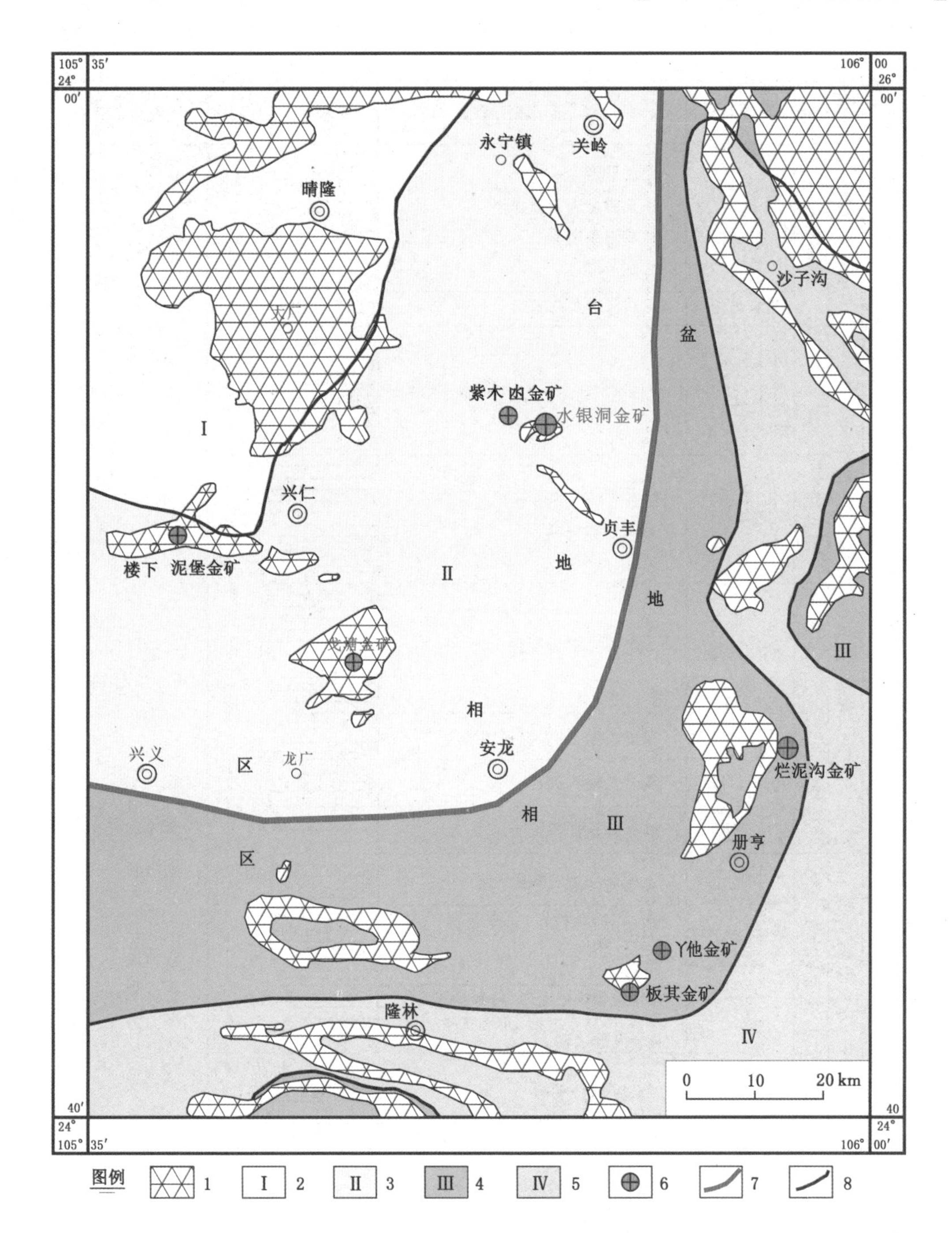

1—二叠系地层出露范围；2—峨眉山玄武岩组分布区；3—二叠系上统龙潭组分布区；4—二叠系上统吴家坪组分布区；5—二叠系上统领嫏组分布区；6—金矿床；7—台地相区和盆地相区分界线；8—二叠系上统岩性岩相分界线。

图 2-5 贵州西南部二叠系分布图[91]

现为深水盆地，在浅海碳酸盐台地边缘，发育台地边缘生物礁堤。由于生物礁堤的阻挡，在潘家庄断裂及水城—紫云—南丹深大断裂和册亨弧形断裂夹持的三角形断裂地段，是一被限制的潟湖—潮坪—浅海碳酸盐台地[95]。

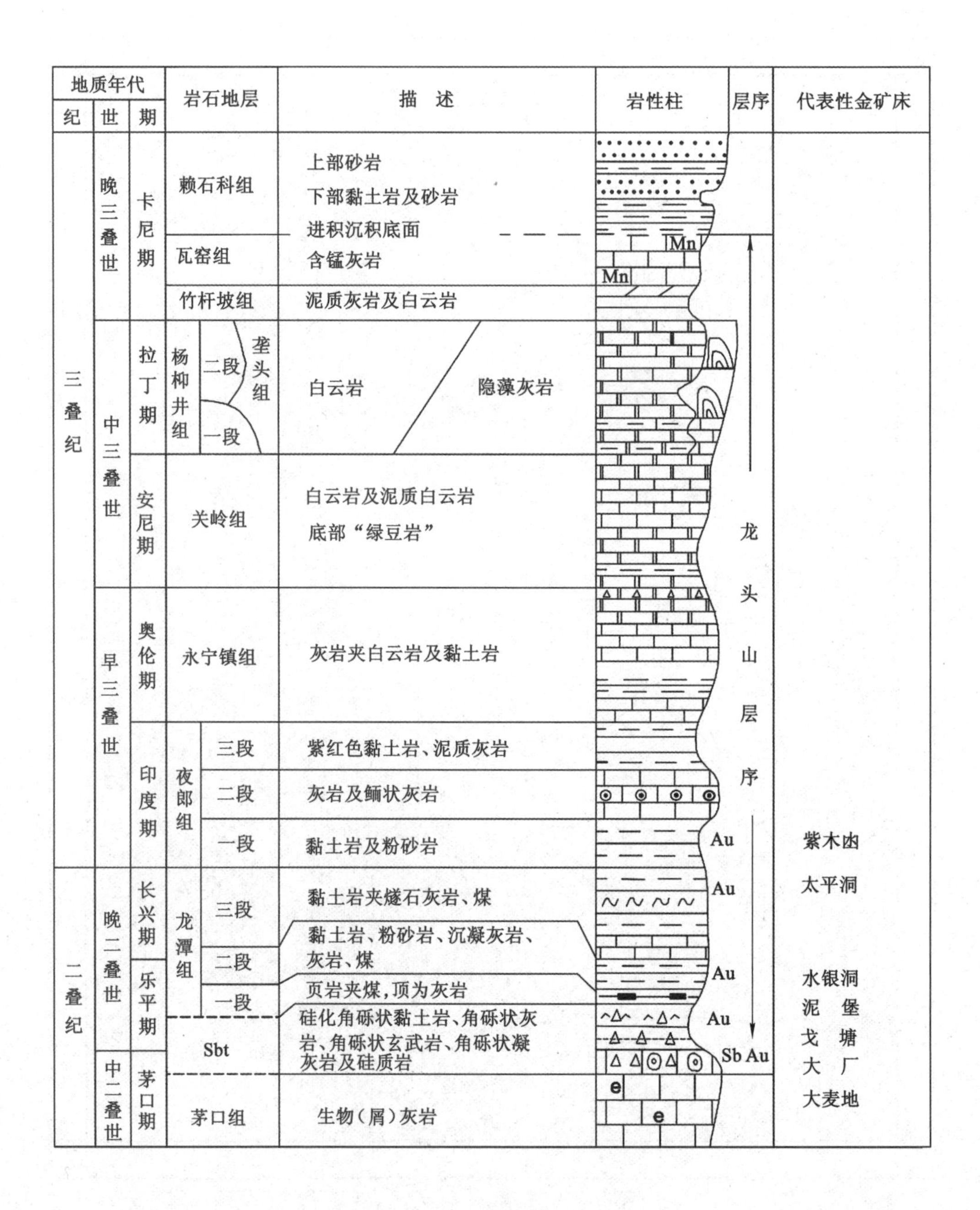

图 2-6　龙头山层序特征[91,93]

三叠纪时期，基本继承了前期的地质构造格局，大致沿坝索—册亨深大断裂和坡坪同生断裂分布的礁相带，成为南、北相区的分界线。北部区由于基底抬升，形成了水隆起，沉积了台地相碳酸盐岩、细碎屑岩及黏土岩等；南部区则继续剧烈沉降，形成印支坳陷区，沉积了巨厚的复理石建造[94]，并在兴义南部、册亨大部分地区、贞丰南部及望谟等地形成斜坡相，沉积了深水盆地相的浊积岩[96]。

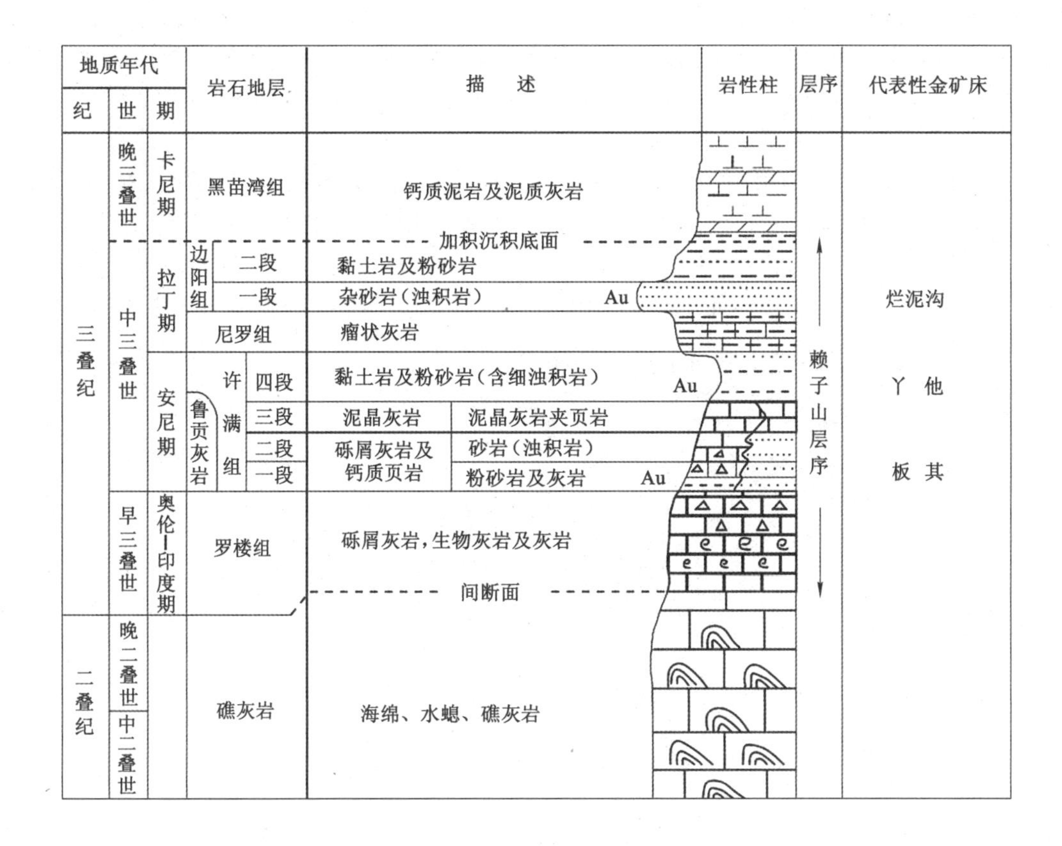

图 2-7 赖子山层序特征[93]

2.3 区域岩浆活动

黔西南地区岩浆活动相对较弱。该区出露地表的火成岩共有 3 种组合，分别为大陆溢流型玄武岩及岩墙状辉绿岩、偏碱性辉绿岩和偏碱性超基性岩（表 2-2），岩浆作用以拉张构造环境下的幔源基性火成岩为主体[15]。

表 2-2 黔西南地区火成岩组合特征表

组合	特征			
	大地构造位置	构造环境（时代）	岩浆来源	活动方式
大陆溢流型玄武岩及岩墙状辉绿岩组合	扬子陆块西南部	非造山陆内伸展环境（二叠纪）	幔源（地幔热柱）	喷发-溢出 ↓ 侵入
偏碱性辉绿岩组合	右江造山带	非造山被动边缘裂陷（二叠纪）	幔源	侵入
偏碱性超基性岩组合	扬子陆块与右江造山带边缘	造山期后伸展塌陷（晚白垩世）	幔源	爆发→侵入

大陆溢流型玄武岩以峨眉山玄武岩为主体，由于峨眉地幔热柱的活动，在早、晚二叠世成为基性岩浆喷发的高峰期，从而在安顺、晴隆一线以西，形成了大面积的峨眉山玄武岩，出露面积约 50 万 km^2，跨越了川、滇、黔三省[94]，其中贵州省境内主要分布于西北部的威宁、盘州一带，并呈东凸的舌形，具有西厚东薄的特点，最厚处位于威宁舍乐居(1 249 m)。

在峨眉山玄武岩分布区的外缘，大致以晴隆、兴义、贞丰连线的三角形区域及周边，为玄武岩外缘凝灰岩分布区，岩性主要为凝灰岩，黏土质凝灰岩组合，该岩性与金矿化关系密切，如泥堡金矿的层状矿体产于凝灰岩中(图 2-8)。区内燕山中晚期基性岩浆的浅成侵入岩体主要分布于桂西北世加、八渡河、那坡等地和滇黔交界的望谟—罗甸地区。

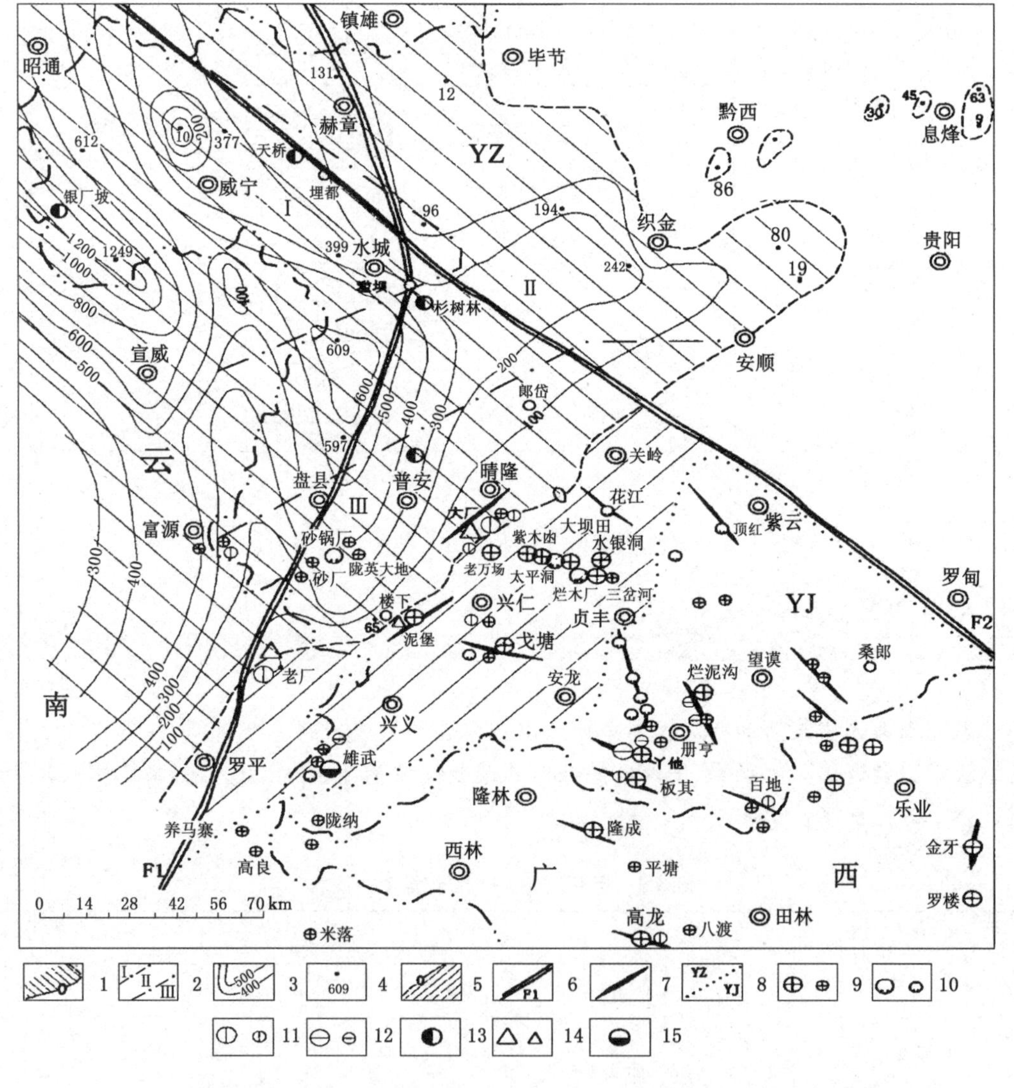

1—峨眉山玄武岩分布区及边界；2—玄武岩碱度分区：Ⅰ钙性区，Ⅱ钙碱性区，Ⅲ碱钙性区；
3—玄武岩等厚线(m)；4—玄武岩厚度(m)；5—玄武岩外缘凝灰岩分布区；
6—深大断裂：F1 赫章—罗平断裂，F2 垭都—紫云断裂；7—背斜轴；8—扬子地块(YZ)与右江造山带(YJ)分界线；
9—金矿床；10—汞矿床(点)；11—锑矿床(点)；12—砷矿床(点)；13—铅锌矿床；14—萤石矿床(点)；15—铀、钼矿床。

图 2-8 黔西南地区矿产和峨眉山玄武岩分布图[78]

它们成群产出，多呈岩床、岩墙和岩脉状侵入石炭系和二叠系下统，如罗甸一带的辉绿岩与二叠系下统四大寨组灰岩接触，在其接触蚀变带中产出有软玉（罗甸玉）。岩石类型以辉绿岩为主，同位素年龄为 140～97 Ma[66]，其侵位深度约 300 m。偏碱性超基性岩出露于贞丰、镇宁、望谟三县交界地带，主要呈岩脉、岩墙及岩筒状侵位于早二叠世至中三叠世，侵入接触关系明显，且界线清晰。岩体规模较小，单个岩体一般长 1～10 m、厚度为 0.1～10 m，但沿断裂能构成1 000 m以上的岩带，岩石类型主要为煌斑岩类，包括煌斑岩、云斜煌斑岩和云辉煌斑岩，岩体的侵入时代为燕山晚期[88]。

2.4　区域地球物理及深部构造特征

2.4.1　地震勘探

地震勘探是利用声波对地下地质体进行探测，从而提供金矿矿床深部的有用信息[97-100]，将地震勘探应用于黔西南卡林型金矿的研究，可在更大深度（盆地尺度）和更大范围（成矿带尺度）上探讨区内的深部构造特征，对黔西南卡林型金矿的矿床成因研究及矿产勘查的意义重大[100-101]。黔西南地区作为中国南方海相地层油气勘探的重要区域之一，在区内曾进行过地震勘探工作，地震勘探资料显示，*A*—*A*′地震勘探线西边以晴隆县城南为界，东边以贞丰县者相镇南为界，而包含泥堡金矿区在内的 *B*—*B*′地震勘探线，西边以兴仁县潘家庄镇南为界，东边以安龙县兴隆镇为界，两条地震勘探线穿过了黔西南金矿集区中部重要的含金构造带（图 2-9）。在偏移地震勘探剖面上，在二叠系含煤岩系区和三叠系碎屑岩区，广西运动（早古生代末）和东吴运动（早二叠世末）形成的不整合面反射波组清晰，因而显示出黔西南中部控金构造具有明显的冲断-褶皱构造特征[100-101]。

B—*B*′地震勘探线经过泥堡金矿床北部的潘家庄，偏移剖面显示马场断层-褶皱带浅部与泥堡金矿床地质资料所揭示的构造特征相似。在地震偏移剖面上，马场断层-褶皱带特征十分突出，泥堡背斜后翼（北西翼）倾角突变（膝折带）；马场断层（断层①）位于泥堡背斜前翼（南东翼），断层倾向北西，由数个岩层残片组成，造成二叠系上统煤系地层的地震反射杂乱；虽然石炭系及二叠系下统的地震波反射较差，但仍然显示出了由马场断层所引起的断面波（图 2-10），由此推测马场断层带总体倾角较陡，断层性质为高角度逆冲断层，这明显不同于灰家堡金矿田和大丫口金矿点发育的低角度逆冲断层[100]。

2.4.2　重力异常特征

区域重力异常可反映地壳及上地幔物质密度的不均匀性，它是地质历史发展与演化过程中，岩石圈内部构造运动及物质迁移、就位作用的综合结果[102]。在全国布格重力异常图上，包含黔西南在内的南盘江—右江成矿区处于我国著名的鄂尔多斯—龙门山—乌蒙山重力梯级带南段，布格重力异常呈北东向展布，从东向西，布格重力异常逐渐减小，反映莫霍面深度由东向西不断加深的趋势[103]，区内金矿床（点）分布在重力梯级带上。

黔西南坳陷基底具有较大的埋深，基底岩石密度明显不同于上覆沉积地层[104]。在基底具有较大埋深或者基底内部岩性变化较为均一的情况下，较大范围内的重力变化主要由基底顶面的起伏能所形成。因此，推测重力异常高值区对应基底隆起，盖层减薄；而重力异

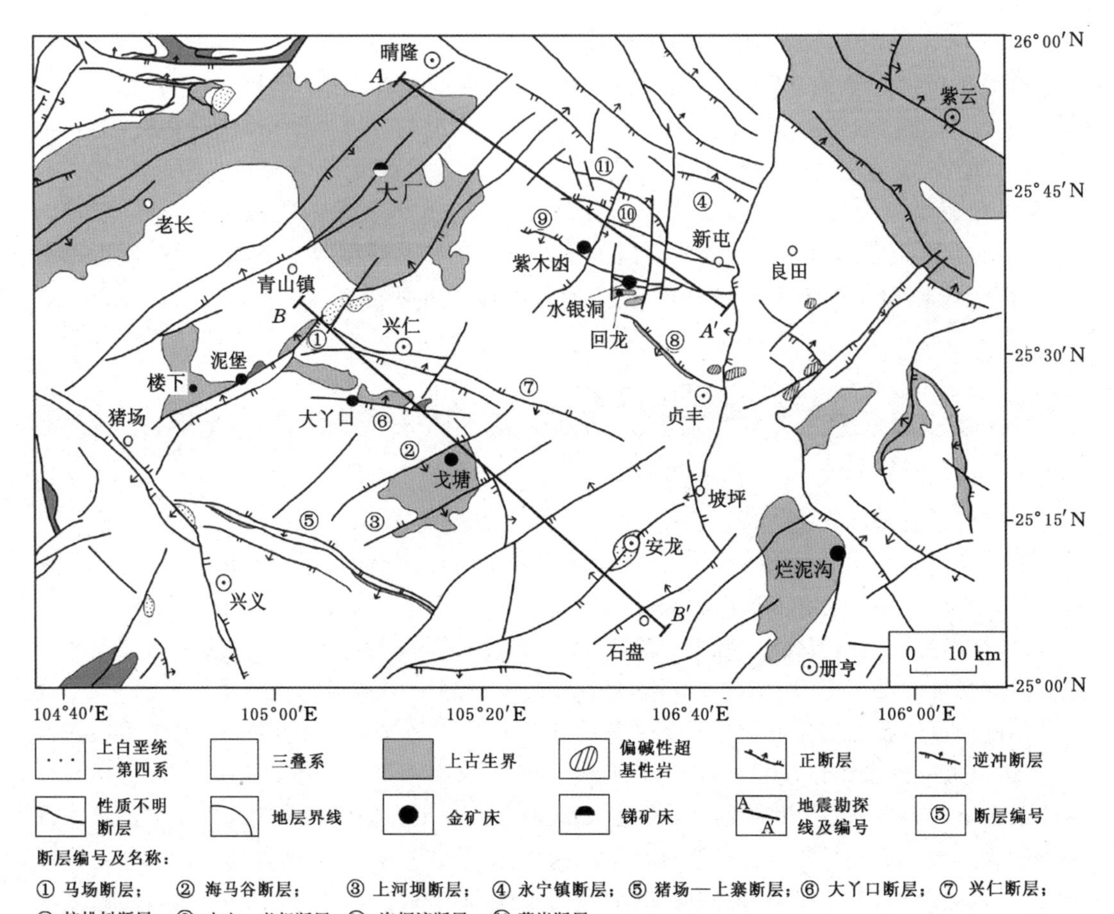

图 2-9 黔西南区域地质构造及地震剖面位置图[100]

常低值区对应基底坳陷或断陷，盖层增厚。重力异常资料显示，黔西南卡林型金矿集区中部具有多个大面积的重力异常高值[103]，以 $-43\ m/s^2$ 为基础，圈定出的重力异常区有 3 个，分别为江西坡—大厂、青山—兴仁和长田—坡坪[100]。

根据现有的地球物理资料，并结合地质特征综合研究认为，上述重力异常区推测为盆地基底隆起[100]。虽然地质历史时期不同阶段所形成的古隆起存在面积和幅度方面的变化，但这些古隆起长期存于泥盆纪至三叠纪时期，并影响了海底古地形。在黔西南地区中部，著名的大厂锑(金)矿床分布于江西坡—大厂古隆起上，泥堡、大丫口和戈塘金矿床分布于青山—兴仁古隆起偏西南部，且三个金矿床的连线，大致平行于古隆起的延伸方向，长田—坡坪古隆起区中偏西部产出有灰家堡金矿田(紫木凼和水银洞金矿床)，东南坡则有烂泥沟金矿床，该古隆起区产出了黔西南地区矿床规模最大的两个金矿床(水银洞、烂泥沟)，如图 2-11 所示。

2.4.3 深部构造

区域重磁资料显示(图 2-12)，区内断裂可以分为三级。第一序次断裂为 F1 断层，是一条近南北贯穿并向东凸起的弧形断层；第二序次断层由 4 组断裂(共 8 条)构成，分别为东西

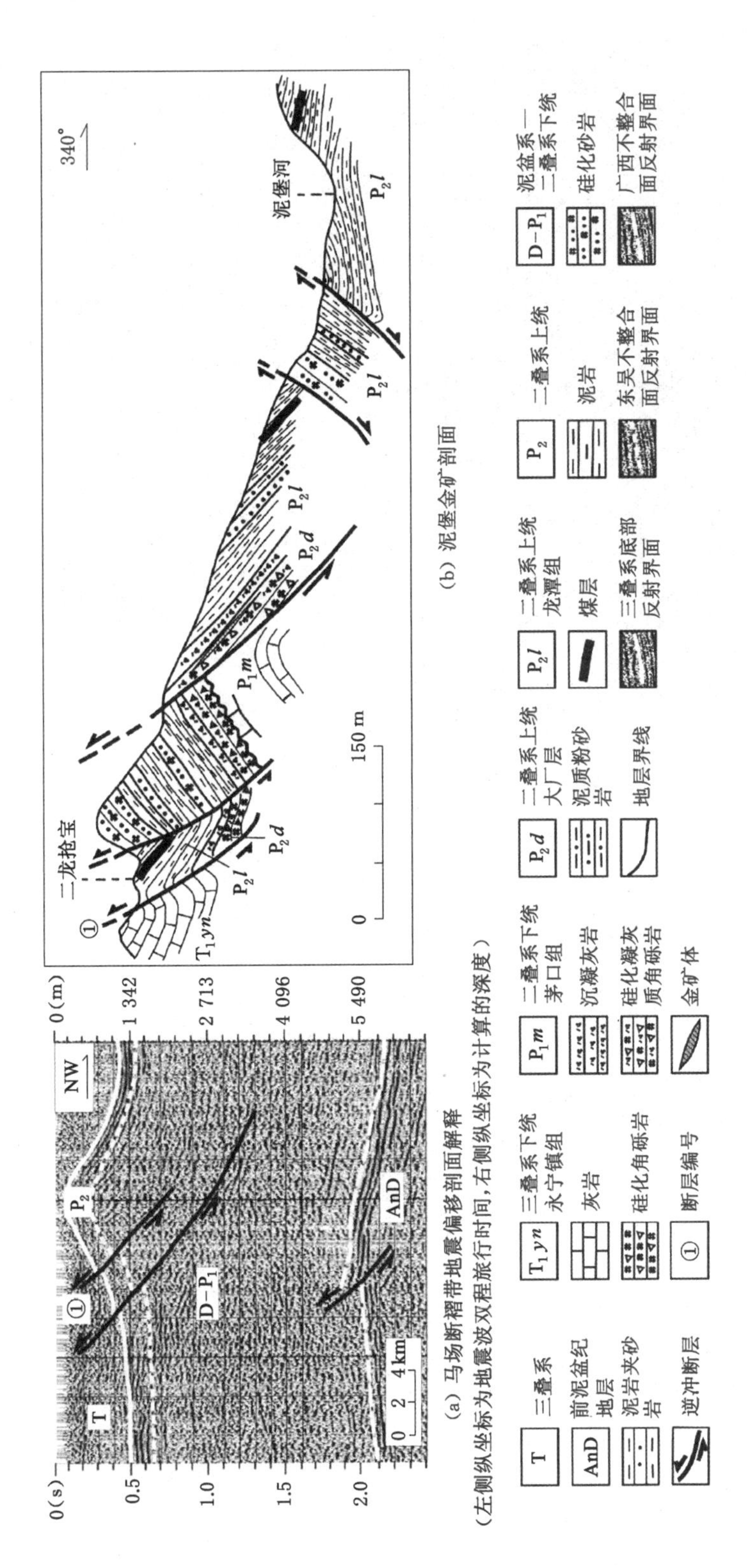

图2-10 泥堡金矿 $B—B'$ 地质-地震对比图

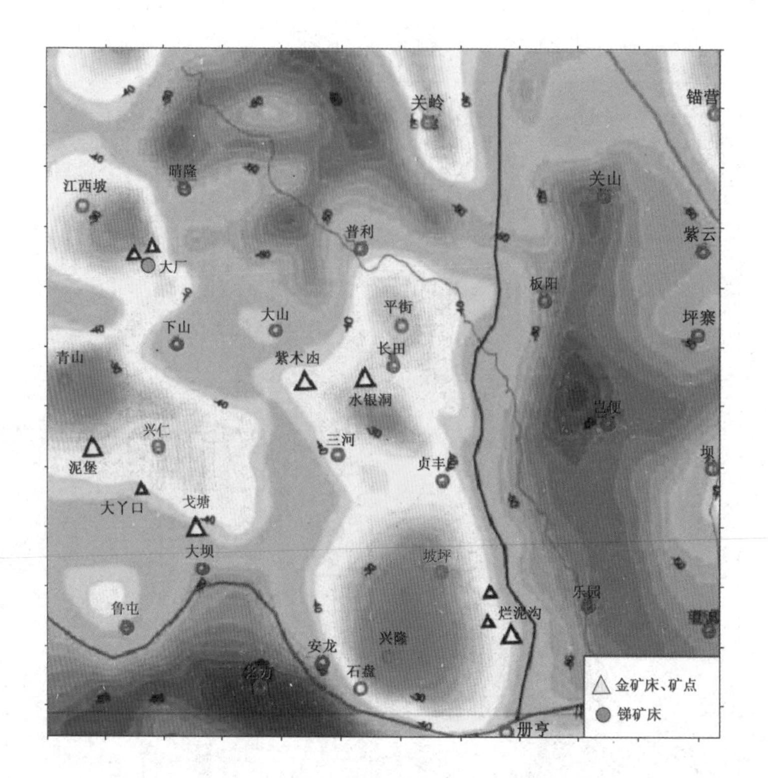

图 2-11 黔西南地区剩余重力异常及锑、金矿床分布图[100]

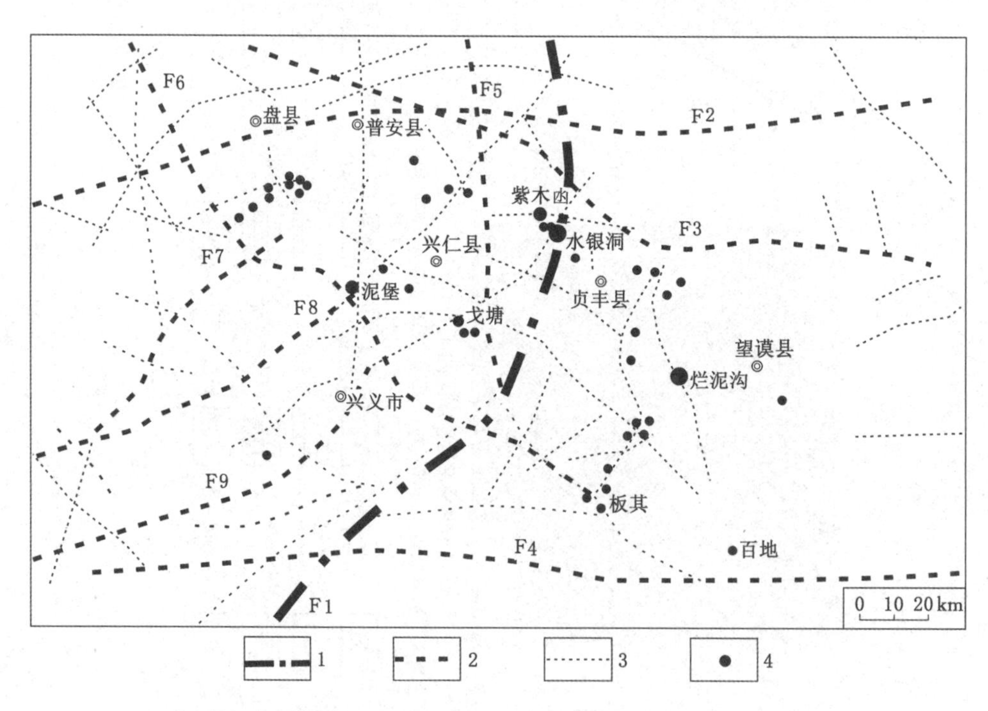

1—推测第一序次断层；2—推测第二序次断层；3—推测第三序次断层；4—金矿床。

图 2-12 黔西南地区重磁推断地质构造图[87]

向断层F2、F4,北西向断层F3、F6,北东向断层F7、F8、F9和近南北向断层F5;第三序次断层由一系列北东、北西、东西和近南北向断层组成。

总体来看,以F1断层为界,以东主要发育北西向断层,以西主要发育北东向断层。金矿床(点)主要分布于第三序次断层的北东向断层附近,特别是在北东向与北西向断层的交汇部位附近。

2.4.4 隐伏岩体

2016年,贵州省地质矿产勘查开发局105地质大队对贞丰—普安一带开展了重磁测量工作,圈定了多个推断的隐伏岩体(图2-13),其中中酸性岩体最为发育,多以岩基形式产出,大约有4个较大的岩基,即图2-13中的G3、G8、G9、G13,另有一些中酸性小岩体以岩株形式产出。此外,区内尚有5个基性-超基性岩体,主体分布于F1断层以东。除百地金矿分布于基性-超基性岩体范围内外,区域内金矿床(点)平面上大多落在中酸性岩体分布范围内,远离中酸性岩体分布区则没有金矿床(点)产出。金矿床(点)的这些分布特征,可能体现出深部隐伏中酸性岩体与成矿作用的密切关系。

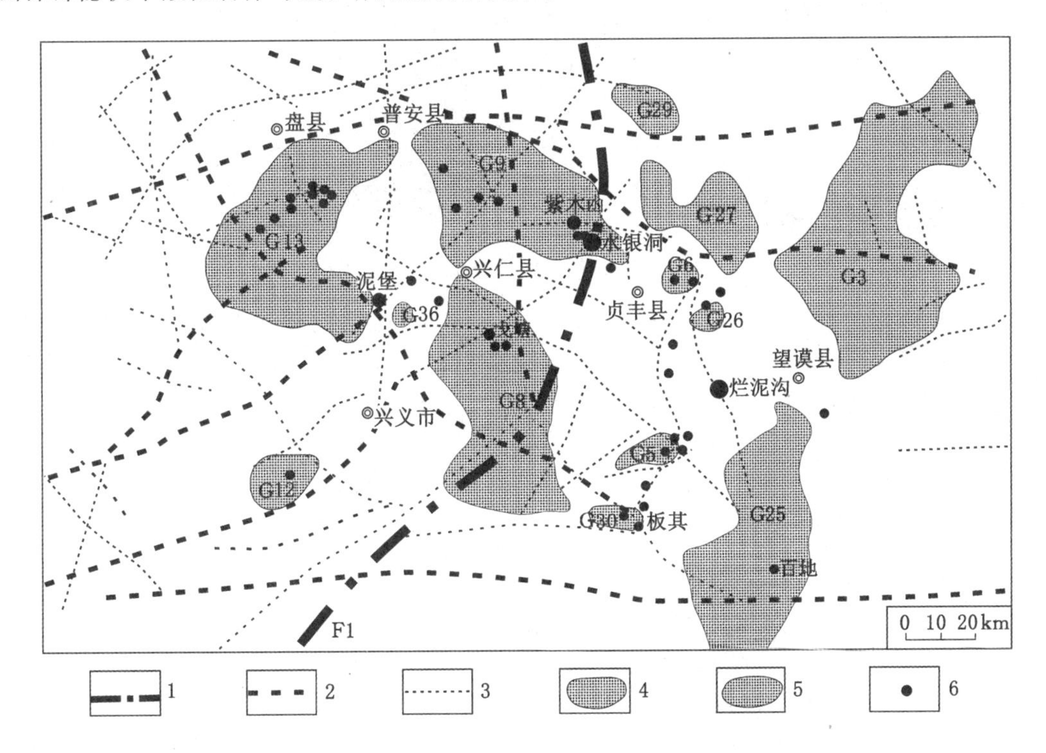

1—推测第一序次断层;2—推测第二序次断层;3—推测第三序次断层;
4—推测的隐伏基性-超基性岩;5—推测的花岗岩;6—金矿床。

图2-13 黔西南地区重磁推断的隐伏岩体[87]

2.5 区域地球化学

区域内地球化学异常特征表现为 Au-As-Sb-Hg 组合异常的分布，组合异常与区内微细浸染型金矿的分布范围及规模大小密切相关。

区内 Au-As-Sb-Hg 组合异常分布极其广泛（图 2-14），主要分布于平关（HS 组-1、4）、莲花山（HS 组-3、6）、碧痕营（HS 组-5）、灰家堡（HS 组-7）、泥堡（HS 组-8、9）、包谷地（HS 组-10）、戈塘（HS 组-14 东北部）、雄武（HS 组-15）、花江（HS 组-2）等背斜之上以及兴义—乌沙（HS 组-12）、郑屯（HS 组-14 中西部）、陇纳（HS 组-16）、永和（HS 组-13）、雨樟（HS 组-11）、安龙（HS 组-14 东部）等地。根据元素的套合情况共圈定 Au-As-Sb-Hg 地球化学组合异常 16 处，对各组合异常的异常级别、异常面积、异常平均值、异常衬度、面金属量、衬度异常量等地球化学参数进行了统计，如表 2-3 所列。其中，碧痕营、灰家堡、泥堡、戈塘、莲花山等背斜是区内重要金矿产区；平关、包谷地、雄武等背斜及郑屯、陇纳等地也有一定规模金矿产出；而安龙—德卧一带未发现有价值的金矿（床）点。

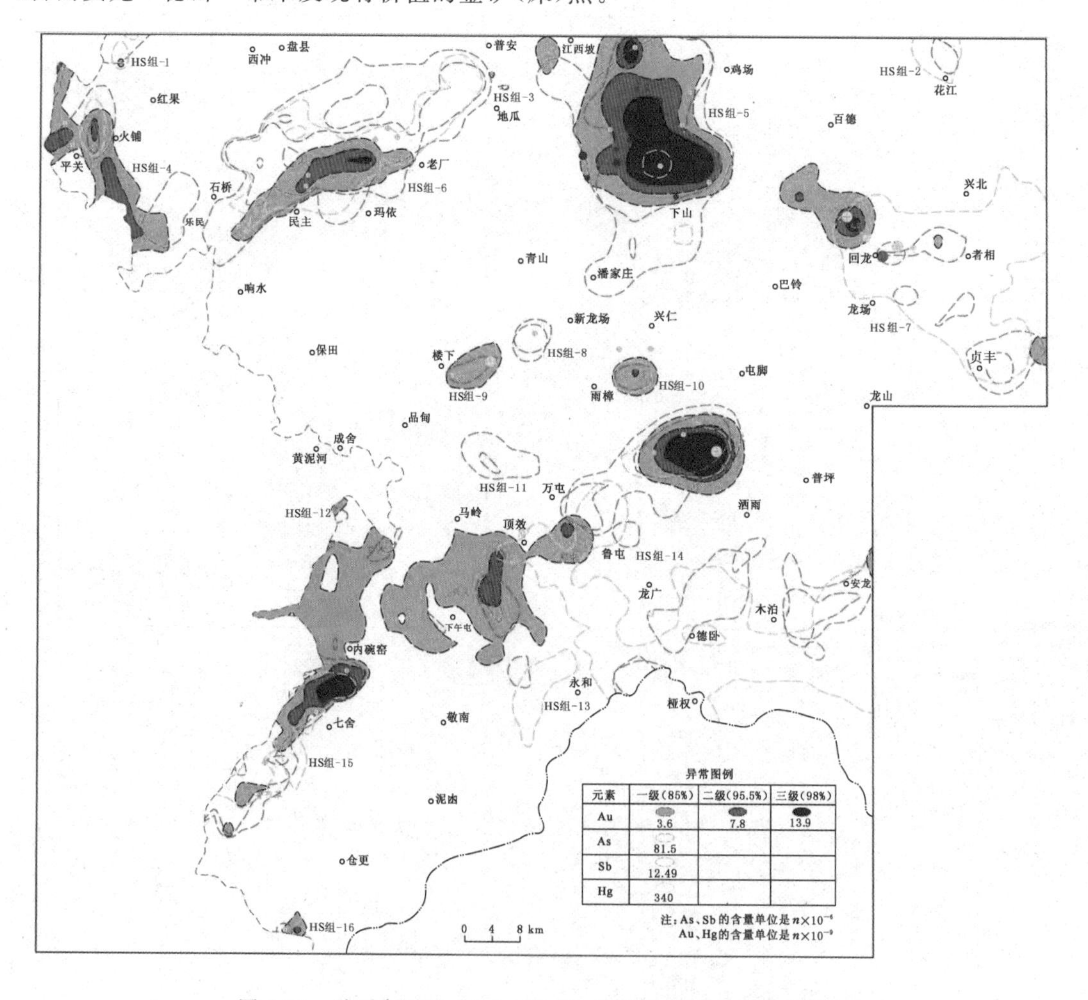

图 2-14 黔西南地区 Au-As-Sb-Hg 地球化学组合异常图[105]

表 2-3 黔西南地区地球化学组合异常特征

序号	编号	异常级别				面积/km²	Au 异常平均值	Au 背景值	异常衬度	面金属量/m²	衬度异常量
		Au	As	Sb	Hg						
1	HS 组-1	2	—	1	1	21.19	5.90	1.94	3.04	0.08	0.04
2	HS 组-2	—	1	—	3	33.78	—	—	—	—	—
3	HS 组-3	—	1	1	—	0.74	—	—	—	—	—
4	HS 组-4	3	1	2	1	190.51	8.70	1.94	4.48	1.29	0.66
5	HS 组-5	4	3	3	1	620.86	17.46	1.94	9.00	9.64	4.97
6	HS 组-6	4	3	3	6	612.49	8.61	1.94	4.44	4.09	2.11
7	HS 组-7	4	1	2	3	584.99	13.10	1.94	6.75	6.53	3.37
8	HS 组-8	2	1	1	—	25.69	12.80	1.94	6.60	0.28	0.14
9	HS 组-9	2	1	—	—	34.67	7.82	1.94	4.03	0.20	0.11
10	HS 组-10	3	1	—	1	27.52	15.53	1.94	8.01	0.37	0.19
11	HS 组-11	—	1	1	—	50.10	3.75	1.94	1.93	0.09	0.05
12	HS 组-12	2	1	—	—	5.13	4.10	1.94	2.11	0.01	0.01
13	HS 组-13	1	1	1	1	62.15	4.40	1.94	2.27	0.15	0.08
14	HS 组-14	4	1	3	3	1 201.61	10.14	1.94	5.23	9.86	5.08
15	HS 组-15	4	3	3	3	344.95	7.87	1.94	4.06	2.05	1.05
16	HS 组-16	3	2	—	—	8.12	6.73	1.94	3.47	0.04	0.02

注：Au 含量的单位为 10^{-9}。

区内圈定的众多 Au-As-Sb-Hg 组合异常中，北西部的 HS 组-4、5、6、7 和北东部的 HS 组-9、10、14 及西南部的 HS 组-15、16 等元素异常规模大，强度高，各元素空间套合异常主要分布在金矿体明显出露地表地段。以隐伏状为主要特征的水银洞等金矿则以 As、Sb、Hg 元素异常为主；HS 组-14 西部兴义—顶效一带大面积以 Au 元素异常为主的 Au-As-Sb-Hg 组合异常，HS 组-14 东部安龙—德卧一带和 HS 组-11、13，以 As、Sb、Hg 元素异常发育为特征的 Au-As-Sb-Hg 组合异常，均分布于三叠系中统和三叠系下统之上，地表异常查证未发现有价值的金矿（床）点，组合异常的原因有待进一步研究；以 As、Sb、Hg 元素异常为主的 HS 组-14 东部安龙—德卧一带和 HS 组-11、13 断裂构造发育，可能是深部与 Au、Sb、Hg 等矿产相关成矿地质活动的产物。

通过对区内地球化学异常特征分析，Au 元素异常与控矿构造、已有矿床、矿化点套合程度较好，多数异常上均有已知金矿床（点）分布；Au-As-Sb-Hg 组合异常的分布及强弱与微细浸染型金矿的分布、规模具有很好的相关性。上述特征表明，区域内 Au-As-Sb-Hg 地球化学异常是寻找微细浸染型金矿的主要组合元素异常；同时，通过黔西南地区金异常分布图及金矿床（点）展布关系图可以看出（图 2-15 和图 2-16），区内金异常分布广泛，金矿床（点）点多面广，金矿床（点）与金异常关系密切。值得注意的是，资源量最大的水银洞金矿，其分布范围则几乎无金异常显示（图 2-15）。其原因在于，传统的水系沉积物测量和土壤地球化学测量对出露的矿化信息或矿体有非常好的指示作用，但对于隐伏矿信息则未能展示。由此可以推测，黔西南地区可能还具有隐伏矿找矿的潜力。

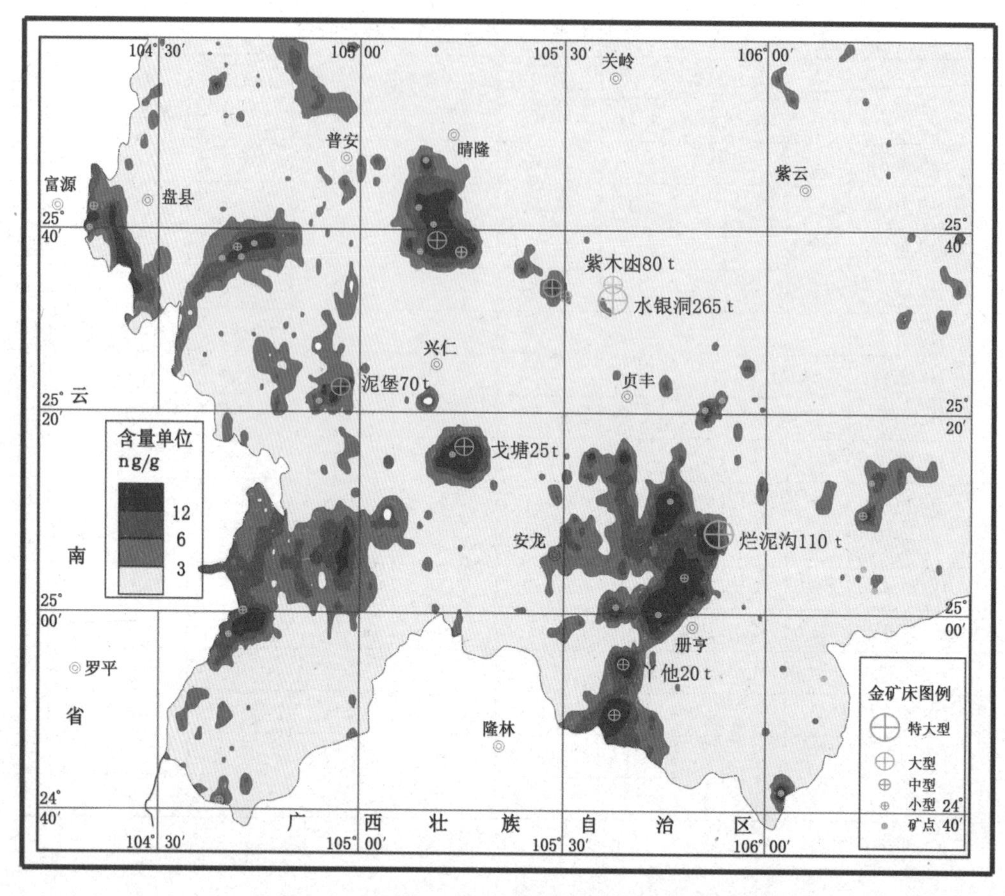

图 2-15 黔西南地区金异常及已发现金矿床[106]

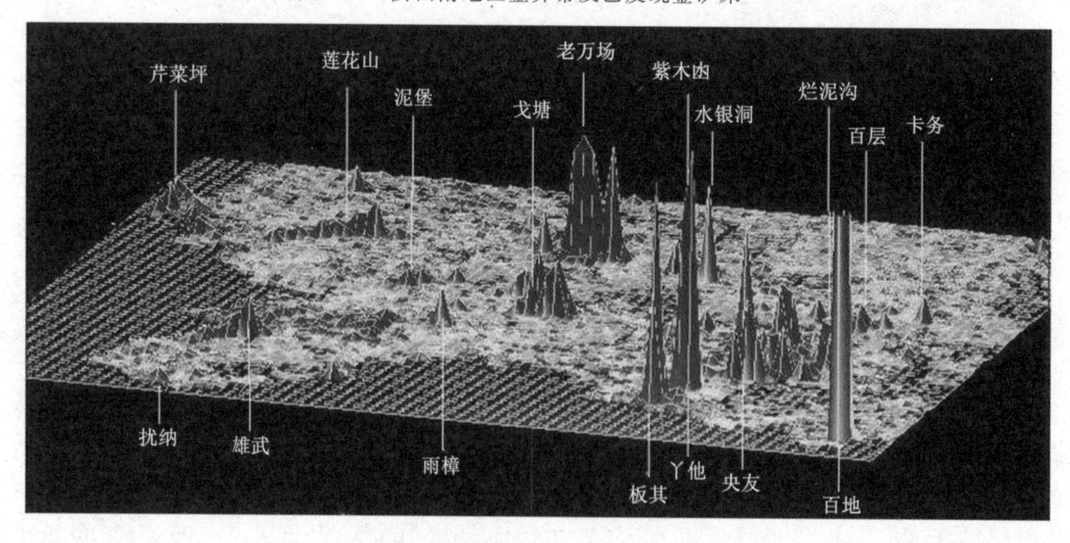

图 2-16 黔西南地区金异常立体图[106]

2.6 区域矿产

黔西南地区矿产资源丰富，并以中低温热液矿床最具特色，其中卡林型金矿占据了主导地位，同时还产出砷、锑、汞、铊、铅、锌等矿产资源。

2.6.1 金矿

黔西南矿集区作为滇黔桂“金三角”的重要组成部分，区内金矿分布较为集中，点多面广，目前已查明烂泥沟、水银洞、紫木凼、泥堡、戈塘等一批超大型、大型及中型金矿床。根据容矿岩石的不同可分为以下 3 种类型：

(1) 以不纯碳酸盐岩及细碎屑岩为容矿岩石的金矿床

代表性矿床有烂泥沟(超大型)、水银洞(超大型)、紫木凼(大型)、泥堡(大型)、戈塘(中型)等金矿床。赋矿地层及容矿岩石主要有龙潭组第一段(P_3l^1)下部钙质黏土岩及龙潭组第二段(P_3l^2)中部灰岩、沉凝灰岩，长兴组至大隆组(P_3c+d)及夜郎组第一段(T_1y^1)中的不纯碳酸盐岩(泥质灰岩、泥灰岩)及细碎屑岩(粉砂岩、粉砂质黏土岩、黏土质粉砂岩)。

(2) 以玄武岩及凝灰岩为容矿岩石的金矿床

金主要分布在盘州地区，呈北东向的莲花山、碧痕营等背斜核部和近核部位，已发现中型金矿床 3 个及若干矿点、矿化点，代表性矿床有盘州架底及大麦地金矿床，陇英大地及固路金矿点。矿体赋存于构造蚀变体(Sbt)及峨眉山玄武岩组二段($P_3\beta^2$)的凝灰岩中。

(3) “红土型”金矿

代表性金矿床有老万场、戈塘、砂锅厂及泥堡等，是赋存于第四系松散堆积物中的一种特殊类型金矿，为卡林型金矿体或者金矿化体的氧化产物。金矿体产于第四系松散堆积物中，底板为茅口组灰岩。矿体呈漏斗状、似层状、透镜状、不规则状。容金松散堆积物以亚黏土为主，夹有大小不等的岩石碎块，它们主要是硅质岩、凝灰岩、玄武岩、粉砂岩和灰岩等，载金矿物主要是高岭石、伊利石和褐铁矿，游离金占 95%以上。

2.6.2 汞、铊矿

主要分布在兴仁—雄武以东，受北西向灰家堡背斜构造控制。汞、铊矿伴生于同一矿床中，如滥木厂(大型)、大坝田(中型)等。矿体产出层位主要是龙潭组(P_3l)底部至夜郎组一段中，赋矿岩石主要为碳酸盐岩和钙质砂岩。汞含量变化大，多分散，局部发现有较富小矿体。矿物主要为自然汞、辰砂，伴生矿物有雌黄、雄黄、金等。

2.6.3 锑、萤石矿

分布于晴隆县大厂—兴仁县大垭口一带。著名的锑矿有大厂(大型)、固路、后坡(中型)等，锑矿主要受北东向碧痕营穹状背斜及北东、东西向断层控制，矿体主要产于构造蚀变体中，多呈豆荚状，赋矿岩石主要为硅质岩、凝灰质黏土岩、玄武岩、不纯碳酸盐岩；矿物主要为辉锑矿、锑华、萤石等，伴生矿物有雌黄、雄黄、金等。

2.6.4 铅锌矿

主要分布在普安的绿卯坪、顶头山(中型，铅锌矿)及六盘水的杉树林(中型，铅锌矿)等地，产于下石炭统和中泥盆统碳酸盐岩中，未见有与金矿共生的情况。

第 3 章

矿床地质

3.1 矿区地质

3.1.1 矿区地层

泥堡金矿区出露地层主要有二叠系和三叠系(图 3-1)。其中,二叠系中统茅口组岩性以浅水台地相沉积碳酸盐岩为主;二叠系上统龙潭组岩性相对复杂,主要以细碎屑岩和煤层为主,是贵州省重要的含煤地层,也是滇黔桂"金三角"地区金矿重要的赋矿层位。区内三叠系主要出露有:三叠系下统飞仙关组、三叠系下统永宁镇组、三叠系中统关岭组,其中飞仙关组以泥质粉砂岩为主,后两者岩性均以碳酸盐岩为主(图 3-2)。

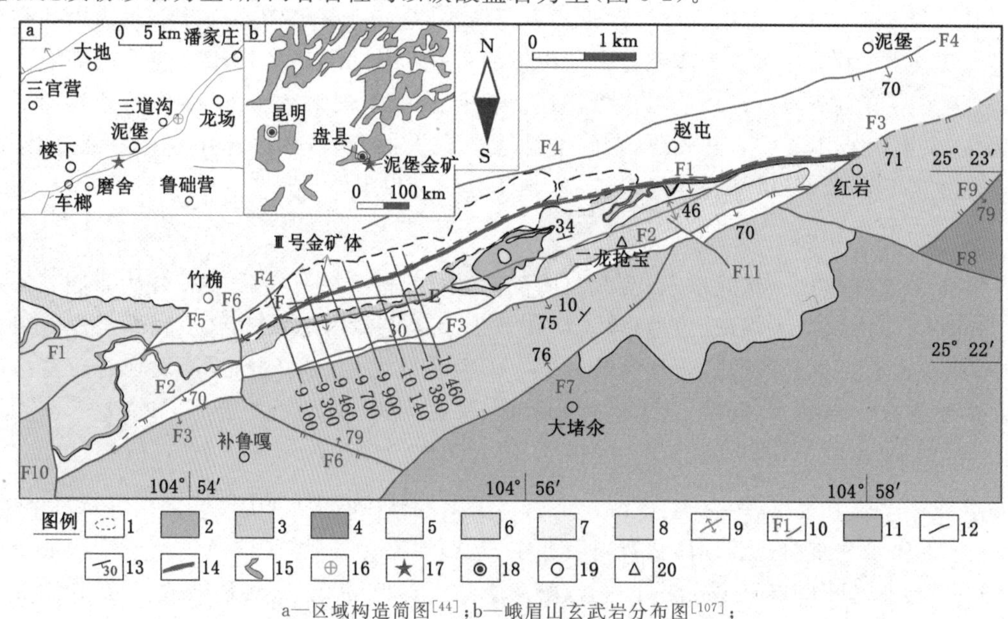

a—区域构造简图[44];b—峨眉山玄武岩分布图[107];

1—第四系;2—三叠系中统关岭组;3—三叠系下统永宁镇组;4—三叠系下统飞仙关组;

5—二叠系上统龙潭组第三段;6—二叠系上统龙潭组第二段;7—二叠系上统龙潭组第一段;

8—二叠系中统茅口组;9—二龙抢宝背斜轴线;10—断层及编号;11—构造蚀变体;12—地层界线;

13—地层产状;14—Ⅲ号金矿体;15—峨眉山玄武岩;16—金矿床;17—泥堡金矿;18—城市;10—村庄;20—高山。

图 3-1 泥堡金矿区地质简图

岩石地层				代号	柱状图 1:10 000	厚度/m	岩性描述
第四系				Q	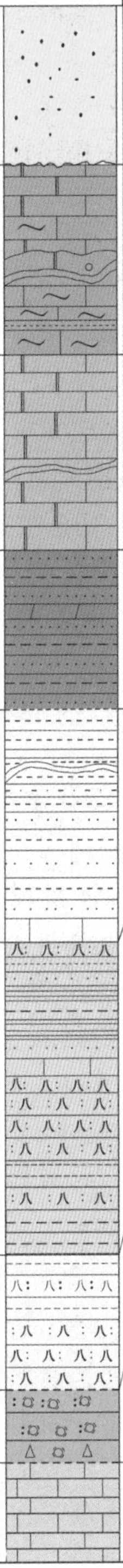	0～31	褐黄、灰褐色含砾亚砂土-亚黏土，砂、砾成分有凝灰岩、沉凝灰岩、次生石英等。个别地段见规模较小的残积型金矿体。与下伏地层为角度不整合接触
三叠系	中统	关岭组		T_2g		564～951	灰色中厚层状灰岩、白云质灰岩夹白云岩、蠕虫状灰岩及角砾状白云岩。下部夹粉砂质黏土岩、黏土岩等。底部见“绿豆岩”。与下伏地层为整合接触
	下统	永宁镇组		T_1yn		135～1054	浅灰、灰色中至厚层状白云岩与泥质灰岩、灰岩组成，并呈不等厚互层状产出。上部夹角砾状白云岩；中部夹杂色泥岩。与下伏地层为整合接触
		飞仙关组		T_1f		＞50	灰绿色紫红色薄层状黏土质粉砂岩夹紫红色黏土岩。富含双壳类和少量腕足类、植物碎片。与下伏地层为假整合接触
二叠系	上统	龙潭组	三段	P_3l^3		＞250	灰、深灰至灰黑色薄至中厚层状炭质黏土岩、黏土岩、碳质页岩夹砂岩、粉砂岩、粉砂质页岩、硅化灰岩等。夹多层可采煤层
			二段	P_3l^2		60～150	以灰、深灰色薄至中厚层状沉凝灰岩、粉砂岩、粉砂质黏土岩及黏土岩、灰岩为主，夹硅化灰岩、钙质泥岩等。沉凝灰岩是区内主要赋矿岩石，沉凝灰岩层底部、中部及顶部均产有金矿体
			一段	P_3l^1		20～45	上部为灰、深灰及黑色沉凝灰岩与黏土岩、粉砂岩等互层；下部以角砾状黄铁矿化、硅化含凝灰质生物碎屑砂岩、沉凝灰岩为主。与下伏地层为假整合接触
		构造蚀变体		Sbt		19～54	上部为灰-灰白色、褐红色、黑色中厚层状（局部块状）凝灰质次生石英岩。下部为灰-灰白色厚层状-块状次生石英岩（强硅化碳酸盐岩）
	中统	茅口组		P_2m		＞100	灰色-深灰色厚层状灰岩

图 3-2 泥堡金矿区地层综合柱状图

现将泥堡金矿区地层岩性特征按照由老到新的顺序详述如下：

(1) 二叠系中统

茅口组(P_2m)：灰色-深灰色厚层状灰岩，常见厚方解石脉，溶洞发育，可见缝合线构造。厚度大于 100 m，未见底。

(2) 二叠系上统

构造蚀变体(Sbt)：上部为灰-灰白色、褐红色、黑色中-厚层状(局部块状)凝灰质次生石英岩；下部为灰-灰白色厚层状-块状次生石英岩(强硅化碳酸盐岩)。

龙潭组(P_3l)：根据地层岩性组合特征，可以划分为 3 个岩性段：

① 龙潭组第一段(P_3l^1)：上部为灰、深灰及黑色黏土岩、沉凝灰岩、粉砂岩等互层；下部以角砾状黄铁矿化、硅化含凝灰质生物碎屑砂岩、沉凝灰岩为主。金矿(化)体主要产于中下部，是区内主要含矿层位之一。该段厚度为 20～45 m。

② 龙潭组第二段(P_3l^2)：岩性以灰、深灰色薄至中厚层状沉凝灰岩、粉砂质黏土岩、粉砂岩及黏土岩、灰岩为主。沉凝灰岩是区内主要赋矿岩石，按照岩石沉积序列特征，沉凝灰岩层底部、中部及顶部均产有金矿体，其中中部含金效果最好，是金矿找矿勘探的重点之一。该段厚度为 60～150 m。

③ 龙潭组第三段(P_3l^3)：由灰、深灰、灰黑色薄至中厚层碳质黏土岩、黏土岩、碳质页岩、粉砂岩、硅化灰岩、砂岩等呈互层状产出，其间夹多层泥灰岩、灰岩和煤层(线)。该段厚度大于 250 m，未见顶。

(3) 三叠系下统

飞仙关组(T_1f)：岩性为灰绿色、紫红色薄层状泥质粉砂岩夹紫红色黏土岩，富含双壳类和少量腕足类、植物碎片，厚度大于 50 m。

永宁镇组(T_1yn)：主要由浅灰、灰色中至厚层状白云岩与泥质灰岩、灰岩组成，并呈不等厚互层状产出。该层上部夹角砾状白云岩，中部夹杂色泥岩，厚度大于 135 m。

(4) 三叠系中统

关岭组(T_2g)：岩性为灰色中厚层状灰岩、白云质灰岩夹白云岩、蠕虫状灰岩及角砾状白云岩；下部夹粉砂质黏土岩、黏土岩等；底部见“绿豆岩”；未见顶，厚度大于 500 m。

(5) 第四系(Q)

零星分布于矿区内缓坡、平台及河谷地带。岩性为褐黄、灰褐色含砾亚砂土-亚黏土，砂、砾成分有沉凝灰岩、凝灰岩、次生石英岩等，厚度为 0～31 m。

3.1.2 矿区构造

泥堡金矿区内构造样式主要为褶皱和断层，其中基于二叠系和三叠系分界线或 F3 断层可将矿区分为北部构造区和南部构造区(图 3-1)。北部构造区构造较复杂，主要发育北东向(F1、F2、F3、F4 等断层)、北西向(F6、F11、F8、F14 等断层)两组断层及层间断层，与北东东向的二龙抢宝背斜一起构成了矿区范围内的基本构造格架。南部构造区为单斜地层，构造简单。区内有工业价值的金矿体主要产于北东东向 F1 断层及其上盘受牵引褶皱作用所形成的二龙抢宝背斜核部虚脱空间以及构造蚀变体中，少部分产于龙潭组二段及一段地层中。

(1) 褶皱

泥堡背斜：背斜轴线呈北东向展布，走向延伸长约 7 km，背斜核部最老地层为二叠系上统龙潭组第三段。以背斜轴为界，北翼构造简单，为单斜岩层，断层不发育；而南翼构造较复杂，发育大量与背斜近于平行的断层，南翼地层呈波状起伏，形成了区内的主控断层 F1，以及多个层间滑脱面和小褶曲。

二龙抢宝背斜：背斜轴线呈北东东向展布，区内延伸长约 5 km，是 F1 断层在逆冲过程中所形成的牵引褶皱，背斜核部最老地层为二叠系中统茅口组。以背斜轴为界，北西翼地层由于遭受 F1 断层破坏，仅出露二叠系上统龙潭组，地层倾角较陡(25°～45°)，靠近 F1 断层破碎带的岩层局部发生倒转；而南东翼地层发育较完整，从核部向翼部依次出露二叠系上统龙潭组以及三叠系下统永宁镇组、三叠系中统关岭组，倾向为 130°～170°，倾角为5°～28°。二龙抢宝背斜作为区内的主要控矿构造，控制了 F1 断层上下盘龙潭组地层及构造蚀变体中的矿体产出。

(2) 断层

① 北东向断层组：该组断层(F1、F2、F3、F4 等)大致呈平行展布，基本与背斜轴向、金矿化带走向及地层走向一致。

F1 逆冲断层：断层走向北东东，倾向南南东，倾角为 38°～42°，区内延伸长约 5.5 km(图 3-1)。北西盘(下盘)出露地层主要为龙潭组二、三段；南东盘(上盘)出露地层为二叠系中统茅口组，二叠系上统构造蚀变体和龙潭组第一、二段，三叠系下统永宁镇组。已施工的钻孔揭露 F1 断层破碎带一般宽 5～50 m，最宽达 75 m，推测断距大于 300 m。破碎带中的岩性复杂，以沉凝灰岩、凝灰岩、黏土岩、硅质岩及黏土岩为主，次为粉砂岩、粉砂质黏土岩、碳质黏土岩、凝灰质砂岩等，能干性强的岩石普遍发育角砾状构造，蚀变较为强烈，通常为硅化、黄铁矿化及碳酸盐化，能干性小的岩石则多以断层泥的形式存在。F1 断层作为区内的主要控矿断层，控制了Ⅲ号大型隐伏金矿体的产出，赋矿岩石以沉凝灰岩为主。

F2 正断层：断层走向北东，倾向南东，倾角为 68°～70°，区内延伸长约 3.5 km。在泥堡金矿区为破坏性断层，主要切断了 F1 主控断层，推测断距小于 250 m。北西盘出露地层主要为二叠系上统龙潭组一、二段；南东盘出露地层则为二叠系上统龙潭组三段。

F3 正断层：断层走向北东东，倾向南南东，倾角为 70°～75°，区内延伸长约 9.1 km，与 F2 断层近于平行。北西盘出露地层为二叠系上统龙潭组第二、三段；南东盘出露地层为三叠系中统关岭组及三叠系下统永宁镇组，推测断距大于 300 m。

F4 逆断层(泥堡断层)：断层走向北东东，倾向南南东，倾角 70°～85°，区内延伸长约4.7 km。两盘出露地层均为二叠系上统龙潭组三段，为一高角度逆冲断层，推测断距 40～100 m。

② 北西向断层组：该组断层(F6、F8、F10、F11 等)晚于北东向断层组，切断并受控于北东向断层组。

各主要断层简要特征见表 3-1。

表 3-1 泥堡金矿区主要断层特征简表

断层名称	长度/km	断层性质	断距/m	产状	主要特征
F1	约 5.5	逆冲断层	>300	走向：NEE 倾向：SSE 倾角：38°～42°	北西盘出露龙潭组第二、三段，南东盘出露龙潭组第一、二段及永宁镇组等。破碎带宽 5～50 m，断层破碎带内构造角砾岩发育

表 3-1(续)

断层名称	长度/km	断层性质	断距/m	产状	主要特征
F2	约 3.5	正断层	<250	走向:NE 倾向:SE 倾角:68°~70°	北西盘出露龙潭组第一、二段,南东盘出露龙潭组第三段,南东盘下降
F3	约 9.1	正断层	>300	走向:NEE 倾向:SSE 倾角:70°~75°	北西盘出露龙潭组第二、三段,南东盘出露永宁镇组、关岭组
F4	约 4.7	逆断层	40~100	走向:NEE 倾向:SSE 倾角:70°~85°	两盘出露均为龙潭组第三段
F6	2.5	平移断层	<10	走向:NWW-NE 倾向:NNE 倾角:79°	两盘出露均为龙潭组第三段、关岭组。断层带中以角砾岩为主
F11	1.3	平移断层	<10	走向:NW 倾向:NE 倾角:60°~70°	两盘出露均为龙潭组第三段、关岭组。带内主要为角砾岩、少量石英脉

(3) 构造蚀变体

构造蚀变体(Sbt)是指产于 P_2m 和 $P_3\beta$ 或 P_3l 之间不整合界面附近的一套由区域构造作用形成的并经热液蚀变的构造蚀变岩石,普遍具硅化、黄铁矿化,发育角砾状构造,为一跨时代地质体[44,47,56],区域上构造蚀变体特征如图 3-3 所示。Sbt 作为区域构造作用和大规模低温热液蚀变作用的综合产物,是贵州西南部大面积低温成矿域最直接的找矿标志,也是区

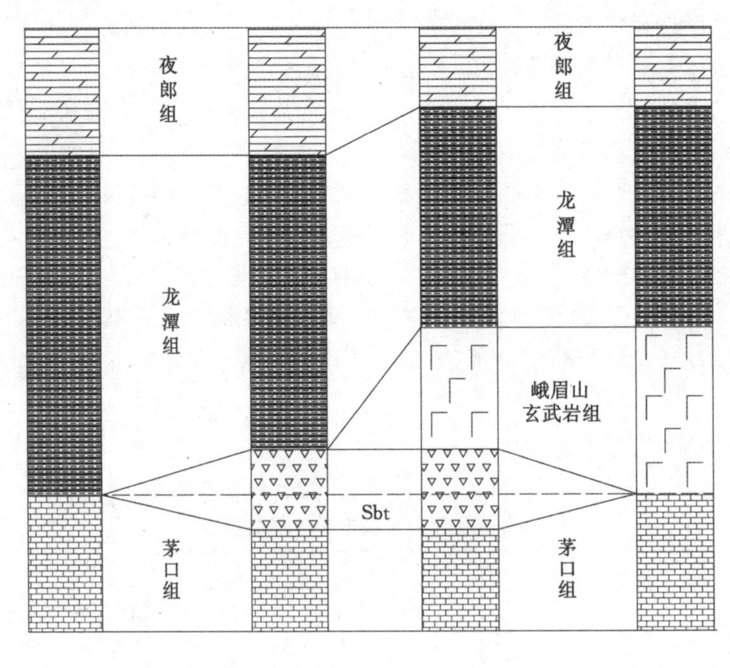

图 3-3 Sbt 岩性柱状图[91]

域内金锑矿富集的场所，Sbt 分布区以层控型金锑矿（水银洞、戈塘、泥堡、架底、大麦地金矿和大厂锑矿）发育为显著特征[91]。

泥堡金矿区的 Sbt 包括二叠系上统大厂层（P_3dc）角砾状含凝灰质次生石英岩、强硅化灰岩、硅质岩、峨眉山玄武岩组（$P_3\beta$）凝灰岩及龙潭组一段、二段（P_3l^{1+2}）部分蚀变岩石。其岩性为灰、深灰色角砾状凝灰岩、沉凝灰岩及浅灰、浅紫红色角砾状强硅化灰岩、硅质岩。硅化灰岩晶洞发育，见方解石、石英晶族。赋矿岩石具硅化、黄铁矿化，Sbt 控制了Ⅳ号金矿（化）体的产出。该层厚度为 19～53 m。

3.2 矿体地质

3.2.1 矿体类型

泥堡金矿区内金矿体包括氧化矿和原生矿，氧化矿赋存于第四系或者地表滑坡体中；原生金矿体根据空间展布特征划分为层控型和断裂型（图 3-4），其中层控型金矿体包括产于构造蚀变体中的Ⅳ号矿体及龙潭组中的Ⅰ号、Ⅱ号、Ⅵ号层状矿体，断裂型金矿体为受控于 F1 断层的Ⅲ号矿体。Ⅲ号、Ⅳ号、Ⅶ号矿体为区内的主要金矿体，其中Ⅲ号金矿体规模最大，是泥堡金矿区的主要勘探对象。泥堡金矿矿体空间分布形态显示区域金成矿具有典型的“多层楼”成矿的特征[15]。

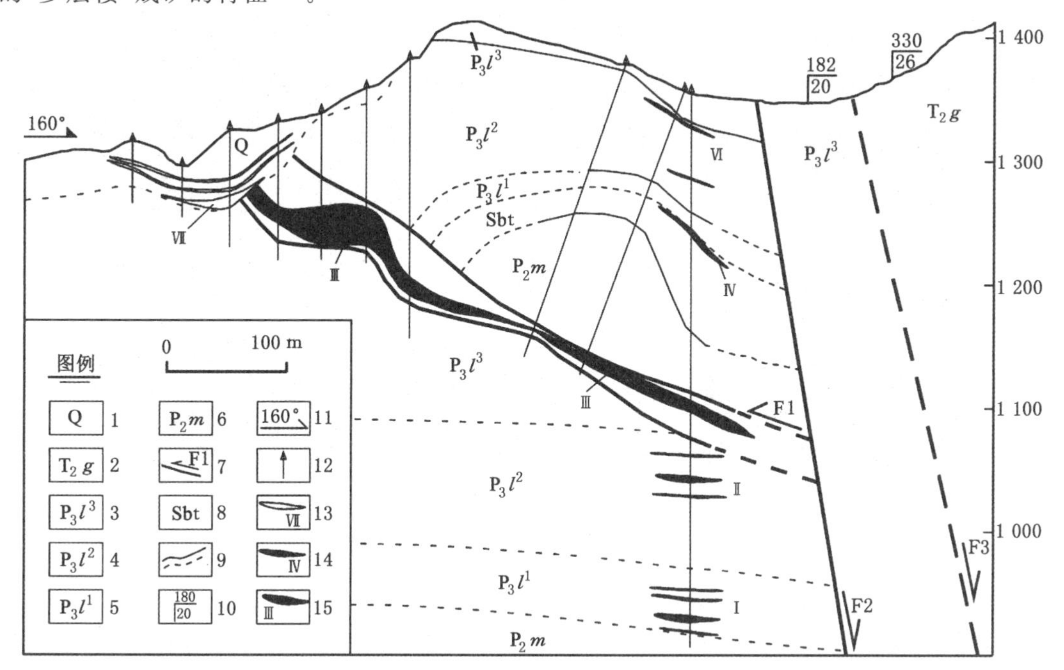

1—第四系；2—三叠系中统关岭组；3—二叠系上统龙潭组第三段；4—二叠系上统龙潭组第二段；5—二叠系上统龙潭组第一段；6—二叠系中统茅口组；7—断层及编号；8—构造蚀变体；9—实测和推测地层界线；10—地层产状；11—剖面方位角；12—钻孔；13—氧化金矿体及编号；14—层控型金矿体及编号；15—断裂型金矿体及编号。

图 3-4　泥堡金矿床 9460 线地质剖面图

3.2.2 矿体形态及产状

（1）赋存于第四系残坡积层或滑坡体中的氧化矿（Ⅶ号矿体）

产于F1断层近地表出露地段的浮土、原生金矿体的顶部或其矿体下方的地形低洼处，为氧化矿。矿体呈透镜状、漏斗状产出，矿体垂厚0.86～11.16 m，品位$(1.00\sim22.55)\times10^{-6}$，平均$1.13\times10^{-6}$。

矿体容矿岩石主要为氧化后的沉凝灰岩[图3-5(a)]，其次是凝灰岩、黏土岩。矿石呈灰黑色、土黄色、浅黄色、灰白色，矿石较疏松，与成矿关系密切的蚀变主要是硅化、黄铁矿化，次为褐铁矿化、黏土化，其中褐铁矿化较为普遍。氧化后的岩石中可见石英颗粒，以及呈浸染状、细粒状分布的黄铁矿，这说明原生矿体曾遭受中低温热液蚀变。容矿岩石特征显示，Ⅶ号矿体主要受F1断层控制，其次为P_3l^2、Sbt金矿体的风化残积-坡积产物。该金矿体的矿石特征明显继承了各层位的母岩特征。已完全风化成黏土、亚黏土或无蚀变的母岩，一般不含矿或见矿化而达不到金的工业要求。

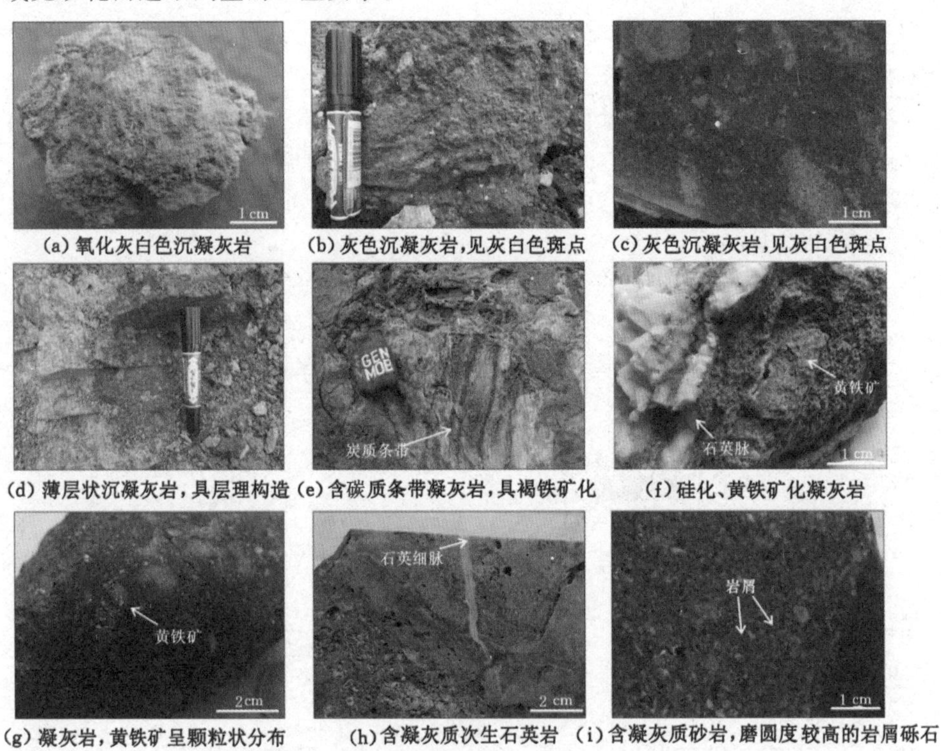

(a) 氧化灰白色沉凝灰岩　(b) 灰色沉凝灰岩，见灰白色斑点　(c) 灰色沉凝灰岩，见灰白色斑点

(d) 薄层状沉凝灰岩，具层理构造　(e) 含碳质条带凝灰岩，具褐铁矿化　(f) 硅化、黄铁矿化凝灰岩

(g) 凝灰岩，黄铁矿呈颗粒状分布　(h) 含凝灰质次生石英岩　(i) 含凝灰质砂岩，磨圆度较高的岩屑砾石

图3-5　泥堡金矿床赋矿岩石宏观特征

（2）产于龙潭组中的层状矿体（Ⅰ号、Ⅱ号和Ⅵ号矿体）

Ⅰ号、Ⅱ号、Ⅵ号矿体均呈似层状、透镜状顺层产出，产状与岩层产状基本一致。其中，Ⅰ号矿体赋存于F1断层下盘龙潭组第一段地层中，矿体垂厚0.80～4.09 m，品位$1.00\times10^{-6}\sim4.09\times10^{-6}$，平均$1.18\times10^{-6}$；Ⅱ号矿体赋存于F1断层下盘龙潭组第二段地层中，矿体垂厚1.10～2.82 m，品位$1.17\times10^{-6}\sim4.45\times10^{-6}$，平均值为$3.07\times10^{-6}$；Ⅵ号矿体：赋存于F1断层上盘龙潭组第二段地层中，矿体垂厚1.00～7.65 m，品位$1.00\times10^{-6}\sim3.22\times10^{-6}$，平均值为$2.07\times10^{-6}$。

(3) Sbt构造蚀变体中的层状矿体(Ⅳ号矿体)

产于F1断层上盘的Sbt中，走向长300 m，倾向延伸100 m，矿体形态与Sbt形态一致，主要呈似层状产出，矿体垂厚0.80～19.61 m，品位1.00×10^{-6}～22.55×10^{-6}，平均值为3.17×10^{-6}。

(4) 受控于F1断层的断裂型矿体(Ⅲ号矿体)

产于F1断层破碎带中，为断裂型金矿。矿体产状与断层产状基本一致，呈似层状、透镜状产出，东西两端分别交于F6与F3断层，深部向南东延伸，总体走向近北东，倾向南东，倾角25°～45°，平均35°，矿体具有膨大收缩、分支复合现象。为泥堡金矿区规模最大的金矿体(约39 t)，单矿体金储量已达大型规模。

目前，整个断层破碎带控制的矿体走向长4 084 m，倾向延伸540 m；其中，以9 020～10 700勘探线间控制的金矿体规模最大，其走向长1 680 m，倾向延伸370 m，矿体垂厚0.80～29.43 m，平均值为4.86 m，品位为$(1.00\sim39.65)\times10^{-6}$，平均值为$2.64\times10^{-6}$。Ⅲ号矿体具舒缓波状起伏，9 020～10 700勘探线间矿体形态、产状相对较稳定，其间出现了3个无矿天窗。其余金矿体分布在9 020～10 700勘探线两侧，矿体分散零星，矿体形态、产状变化较大。

3.3 矿石特征

3.3.1 赋矿岩石

通过对泥堡金矿区含金岩石进行分析发现，区内原生金矿赋矿岩石主要为沉凝灰岩、凝灰岩，次为含凝灰质砂岩、凝灰质次生石英岩，再者为粉砂岩、灰岩、粉砂质黏土岩及黏土岩。

(1) 沉凝灰岩

沉凝灰岩为泥堡金矿区Ⅱ号、Ⅲ号和Ⅳ号矿体的主要容矿岩石。岩石以灰色、深灰色为主，同时掺杂有同期的灰白色。灰白色沉凝灰岩主要呈斑点状，斑点大小不一，从几毫米至数厘米不等[图3-5(b)～图3-5(d)]。沉凝灰岩仅分布在龙潭组二段顶部及中部，该岩石类型在泥堡金矿区分布非常稳定。沉凝灰岩多遭受了黏土化、碳酸盐化，而含矿的沉凝灰岩除黏土化、碳酸盐化外，多具硅化、黄铁矿化，其次是毒砂化，这说明后者与金矿化之间的关系更密切。此外，产于F1断层破碎带中的Ⅲ号矿体矿化蚀变比产于F1断层上盘的Ⅳ号矿体及下盘的Ⅱ号矿体的矿化蚀变要强烈。研究发现，破碎带中的黄铁矿多呈浸染状、星点(散)状，岩石中常见石英细脉，脉宽0.1～2 cm。野外调查也发现，沉凝灰岩具星点状黄铁矿及石英细脉(脉宽呈0.1～1 cm)时往往见矿效果最好。

(2) 凝灰岩[图3-5(e)～图3-5(g)]、凝灰质次生石英岩[图3-5(h)]

凝灰岩和凝灰质次生石英岩主要为构造蚀变体Sbt中的Ⅳ号矿体容矿岩石，岩石呈深灰色、灰黑色、灰色、灰白色及褐铁矿化后的褐色等。该类岩石常分布于Sbt的顶部及中部，岩石普遍遭受碳酸盐化、黏土化，当具硅化及黄铁矿化时含矿性较好，局部见褐铁矿化。深灰色、灰黑色含碳质凝灰岩含金性较好，一般黄铁矿呈星点状、石英呈0.1～0.5 cm细脉分布[图3-5(e)]，其岩石表面普遍出现褐铁矿化(为黄铁矿氧化而成，仍见星点状黄铁矿)，其间可见黑色碳质条带。

(3) 含凝灰质砂岩[图 3-5(i)]

含凝灰质砂岩目前主要发现于 F1 断层下盘龙潭组第一段(P_3l^1)地层中，为Ⅰ号矿体容矿岩石。岩石以灰色、灰绿色为主，常含碳质条带。底部含有砾石，从下往上，砾石含量逐渐减少，黏土质含量增加。砾石呈圆状、次圆状，局部呈次棱角状，磨圆度好，成熟度高，砾径 0.2～3 cm，胶结物为黏土质、黄铁矿、方解石、石英。围岩蚀变主要有黏土化、碳酸盐化，与成矿关系密切蚀变为黄铁矿化、硅化。

(4) 粉砂岩、粉砂质黏土岩、灰岩及黏土岩

粉砂岩、粉砂质黏土岩、灰岩及黏土岩为 F1 断层破碎带中的Ⅲ号矿体的次要容矿岩石，该类岩石含矿性较差。与矿化密切围岩蚀变为黄铁矿化、硅化。

3.3.2 矿石组构

(1) 矿石构造

泥堡金矿床矿石结构、构造类型主要有浸染状、脉(网脉)状、角砾状、条带状和块状构造。

① 浸染状构造：主要是载金黄铁矿呈浸染状分布[图 3-6(b)至图 3-6(c)，图 3-6(e)至图 3-6(f)，图 3-6(i)]，如黄铁矿沿石英脉分布[图 3-6(b)至图 3-6(c)]，黄铁矿沿着岩屑呈环带浸染状分布[图 3-6(i)]。

(a) 沉凝灰岩中的网脉状石英

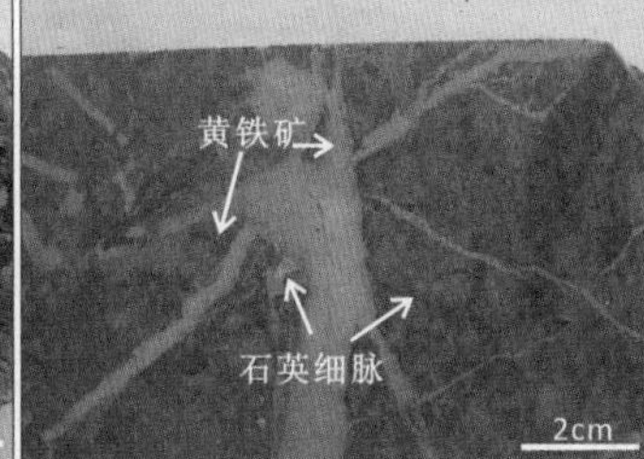

(b) 沉凝灰岩中的脉状(网脉)石英，细粒黄铁矿沿石英脉呈浸染状分布

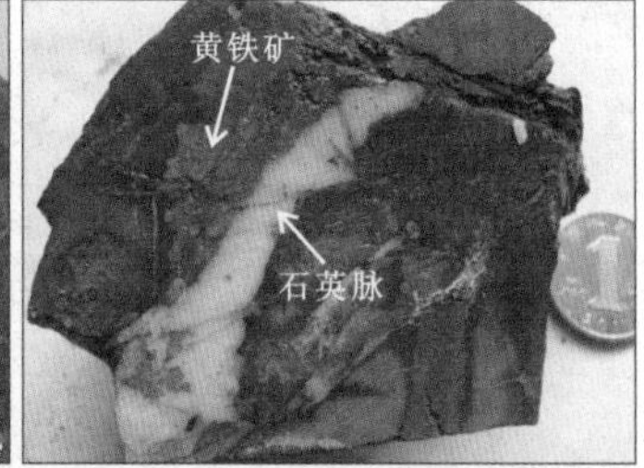

(c) 沉凝灰岩中的脉状(网脉)石英，细粒黄铁矿沿石英脉呈浸染状分布

(d) 沉凝灰岩中的脉状(网脉)方解石

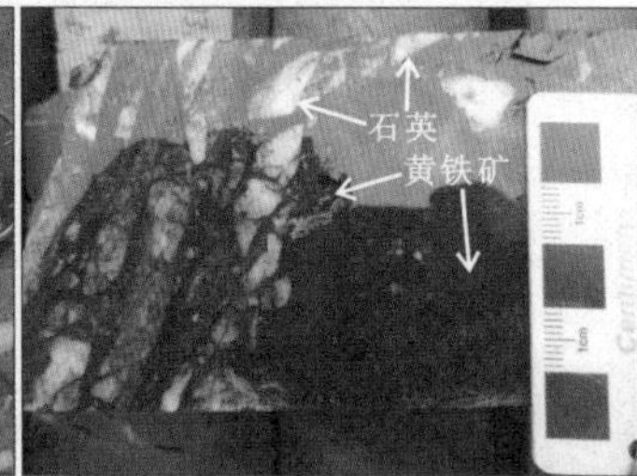

(e) 沉凝灰岩中的脉状、斑状石英，细粒黄铁矿呈浸染状分布

(f) 黄铁矿呈浸染状分布于沉凝灰岩中

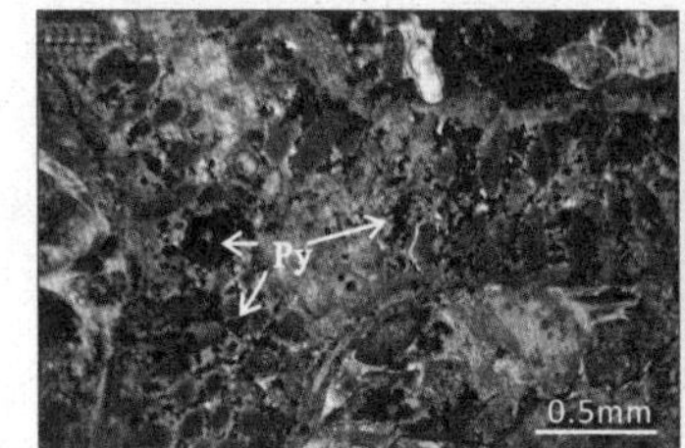

(g) 铸模孔隙组构(单偏光)

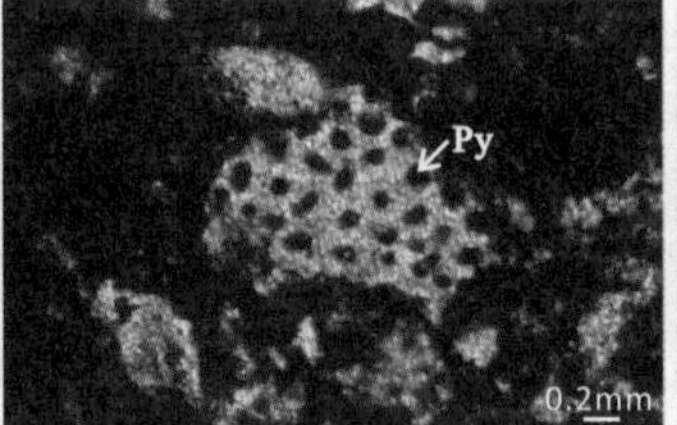

(h) 粒内孔隙组构(反射光)

(i) Py—黄铁矿

图 3-6 泥堡金矿床矿石组构特征

② 脉(网脉)状构造:主要是石英沿节理裂隙形成网状、脉状[图 3-6(a)至图 3-6(c),图 3-6(e)],次为方解石、黄铁矿沿裂隙充填[图 3-6(d)]。

③ 角砾状构造:在构造应力作用下,岩(矿)石破碎形成的有角砾被方解石、石英、黏土等矿物胶结。

④ 条带(纹)状构造:黄铁矿密集呈条带(纹)状分布或由浅色和暗色矿物相间组成。

其中,与金矿化关系密切的构造主要为浸染状构造、脉(网脉)状构造、角砾状构造,它们记录了热液活动多期成矿的特征。块状构造、条带状构造与金成矿关系不大。

(2) 矿石结构

通过对原生矿石的显微组构进行研究发现,区内主要有砂状、岩屑-凝灰碎屑结构、不等粒结构、交代结构、生物碎屑结构、球状和鲕状结构,其中泥堡金矿床载金黄铁矿大多数充填于凝灰质岩屑、生物碎屑的微孔隙中。因此,应重点对与黄铁矿有关的矿石显微组构进行分析。

泥堡金矿床与黄铁矿有关的矿石组构主要有 3 种类型:

① 粒内孔隙组构:凝灰质岩屑的收缩孔隙、微孔隙气孔被细粒黄铁矿充填,黄铁矿沿着岩屑呈环带状生长[图 3-6(i)]。

② 铸模孔隙组构:生物化石腔体溶蚀孔隙被细粒黄铁矿充填[图 3-6(g)至图 3-6(h)]。

③ 镶边、铸模式生物矿化构造:生物碎屑表面或整个生物体被黄铁矿化[图 3-6(h)]。

3.3.3 矿物组成

通过详细的野外观察、显微鉴定、X 射线衍射(XRD)分析及扫描电镜观测(图 3-7),泥堡金矿区金属矿物主要为黄铁矿、毒砂,偶见锐钛矿、辉锑矿、雄黄(雌黄)及辰砂;非金属矿物主要为石英、黏土矿物(伊利石)、(含 Fe)白云石及方解石,少量高岭石、萤石,偶见蒙脱石、磷灰石、石膏。

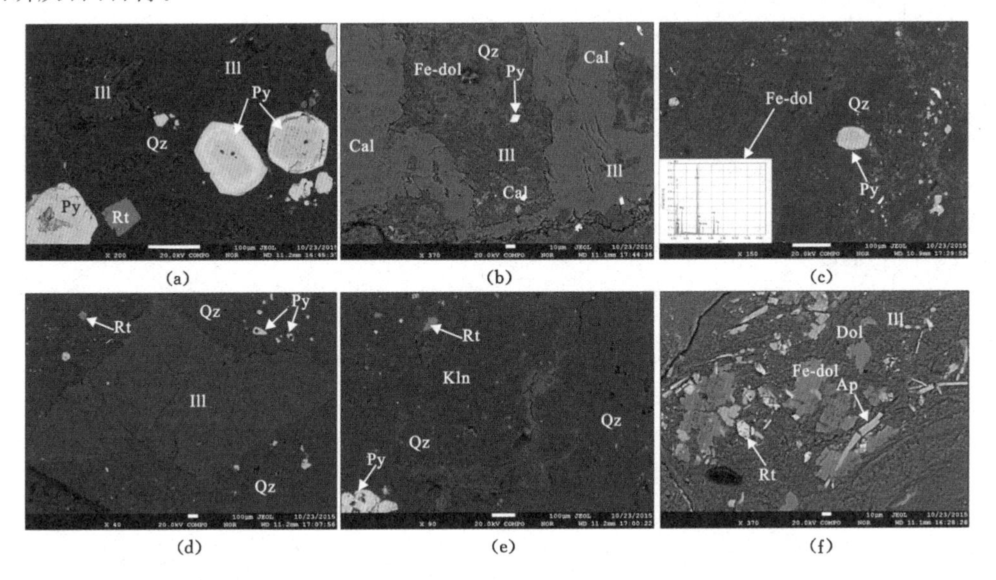

Py—黄铁矿;Rt—锐钛矿;Qz—石英;Fe-dol—铁白云石;Dol—白云石;

Cal—方解石;Ill—伊利石;Kln—高岭石;Ap—磷灰石。

图 3-7 泥堡金矿床矿物组成特征(BSE)

(1) 黄铁矿

按其成因及形成先后分为沉积成岩期和热液成矿期。沉积成岩期主要为立方体状、草莓状黄铁矿,上述两种黄铁矿常成为环带状黄铁矿内核[图 3-7(a)],热液成矿期黄铁矿主要包括细粒状、粗粒状、长条状黄铁矿和环带状黄铁矿环带,典型特征是细粒黄铁矿常呈星散状、浸染状分布,与矿化石英关系密切,环带状黄铁矿具环带结构,且环带为重要的载金部位。

(2) 毒砂

主要呈毛发状、针柱状及少量矛状、菱角状晶形,颗粒细小,粒径一般小于0.02 mm,在矿石中以浸染状分布为主。黄铁矿和毒砂的具体特征详见 4.2 节。

(3) 石英

根据野外手标本观察和室内显微镜下鉴定,石英在不同赋矿地层和赋矿岩石中具有不同的特征。

① 凝灰岩类(沉凝灰岩、凝灰岩)中的石英:根据石英颗粒及赋存形态,主要分为两种类型。第一种石英颜色洁白、透明,主要呈自形、半自形粒状,粒径介于 0.001~0.2 mm,局部组成粒状集合体,常沿裂隙充填呈细脉(网脉)状,脉宽 0.1~0.5 mm[图 3-8(a)];第二种石英常呈顺层状分布于凝灰岩中,部分产于沉凝灰岩中,脉宽 0.1~8 cm[图 3-8(b)]。

② 强硅化碳酸盐岩:岩石中的矿物组分 95%以上为石英,粒径大多介于 0.01~0.2 mm,可见少量的残余白云石[图 3-8(c)]。

③ 构造蚀变体中次生石英岩:主要由不同自形程度的石英组成,粒径大多介于 0.01~8 mm,一般呈半自形、自形的石英粒度大于 0.1 mm[图 3-8(d)]。局部可见白云石或方解石残余在石英内部。

(4) 白云石

与金成矿相关的主要为铁白云石,图 3-7(b)、图 3-7(c)可见被交代后的残余铁白云石与石英、黄铁矿一起被后期形成的伊利石、方解石包裹。

(5) 方解石

通常为成矿晚期产物,与石英脉共生或穿插石英脉,在破碎带中,方解石脉发育[图 3-6(d)],而层状矿体凝灰岩中方解石比较少见。

(6) 黏土矿物

矿物组分主要为伊利石[图 3-7(a)至图 3-7(b)、图 3-7(d)、图 3-7(f)],其次是高岭石[图 3-7(e)],常见于凝灰岩类(沉凝灰岩、凝灰岩)岩石中,主要由火山物质遭受脱玻化分解所形成,一部分为成矿晚期围岩蚀变的产物。

(7) 萤石

目前仅见于茅口组顶部,多数呈无色透明状,少数呈现出浅紫色、淡蓝色及淡粉红色等。萤石主要为成矿期后热液活动的产物,呈豆荚状及小透镜体状顺层分布于灰岩中。

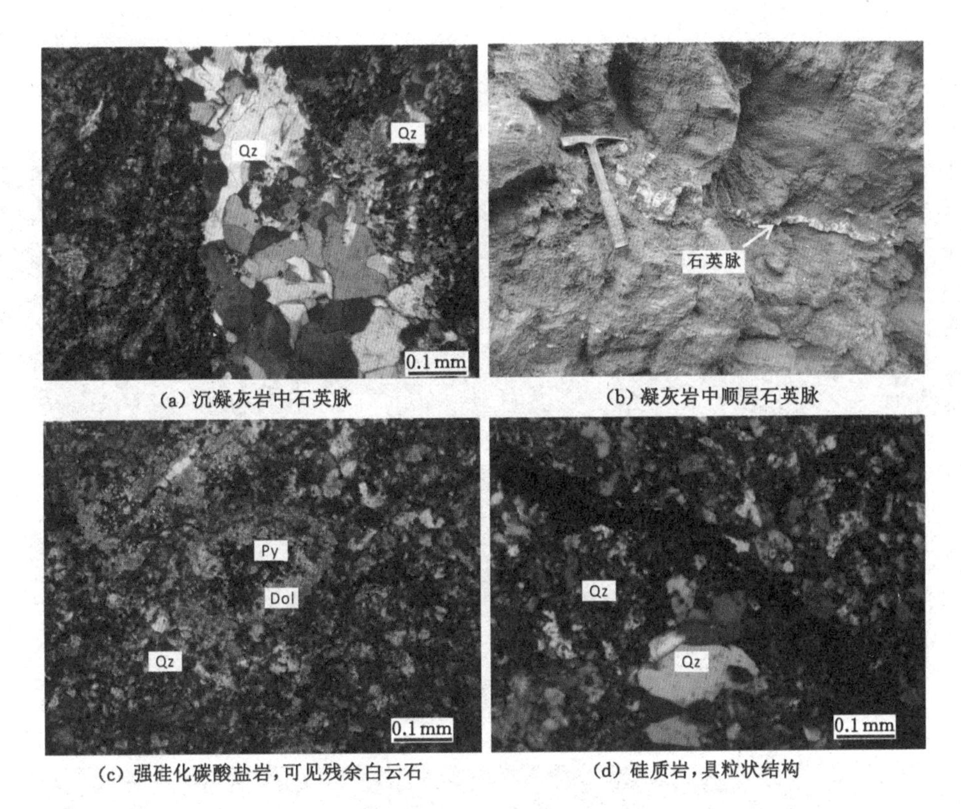

(a) 沉凝灰岩中石英脉　(b) 凝灰岩中顺层石英脉　(c) 强硅化碳酸盐岩，可见残余白云石　(d) 硅质岩，具粒状结构

Py—黄铁矿；Qz—石英；Dol—白云石。

图 3-8　泥堡金矿床石英宏观及显微镜下特征

3.4 热液蚀变

广泛而强烈的蚀变作用是热液成矿作用的重要表现形式之一，黔西南地区卡林型金矿床尤其以中、低温热液蚀变作用为特征。通过野外观察、室内显微镜鉴定及扫描电镜研究，泥堡金矿区的热液蚀变类型主要有硅化、黄铁矿化、碳酸盐化(白云石化、方解石化)、黏土化(主要是伊利石化，图 3-9)以及少量毒砂化、雄(雌)黄化、辉锑矿化、萤石化及表生蚀变作用的褐铁矿化。硅化、黄铁矿化(因矿石中毒砂含量少，故毒砂化仅处于相对较次要的位置)、碳酸盐化等“三化”组合是成矿的必备条件，矿石品位的高低，取决于热液黄铁矿含量的多少。

(1) 硅化

硅化是泥堡金矿区主要蚀变类型之一，原生金矿体赋矿岩石均具不同程度的硅化。与金矿化关系密切的硅化常伴随黄铁矿化、毒砂化，石英通常呈细脉状、网脉状及斑状产出，黄铁矿沿脉状石英呈浸染状分布[图 3-6(c)和图 3-6(e)]，此种硅化现象常见于 F1 断层破碎带、构造蚀变体及龙潭组第一、二段层间破碎带中，赋矿岩石主要为沉凝灰岩和凝灰岩。显微镜下观察发现，石英可呈自形、半自形、他形粒状以及少量隐晶质玉髓，自形-半自形石英常以集合体形态沿岩石裂隙呈脉状或网状产出。

(2) 黄铁矿化

与金矿化关系密切的黄铁矿常常呈浸染状、星散状产出，黄铁矿颗粒细小，常与(网)脉状石英、毒砂相伴，黄铁矿在显微镜及扫描电镜下常表现为细粒状及环带状黄铁矿，主要分布于沉凝灰岩和凝灰岩中。

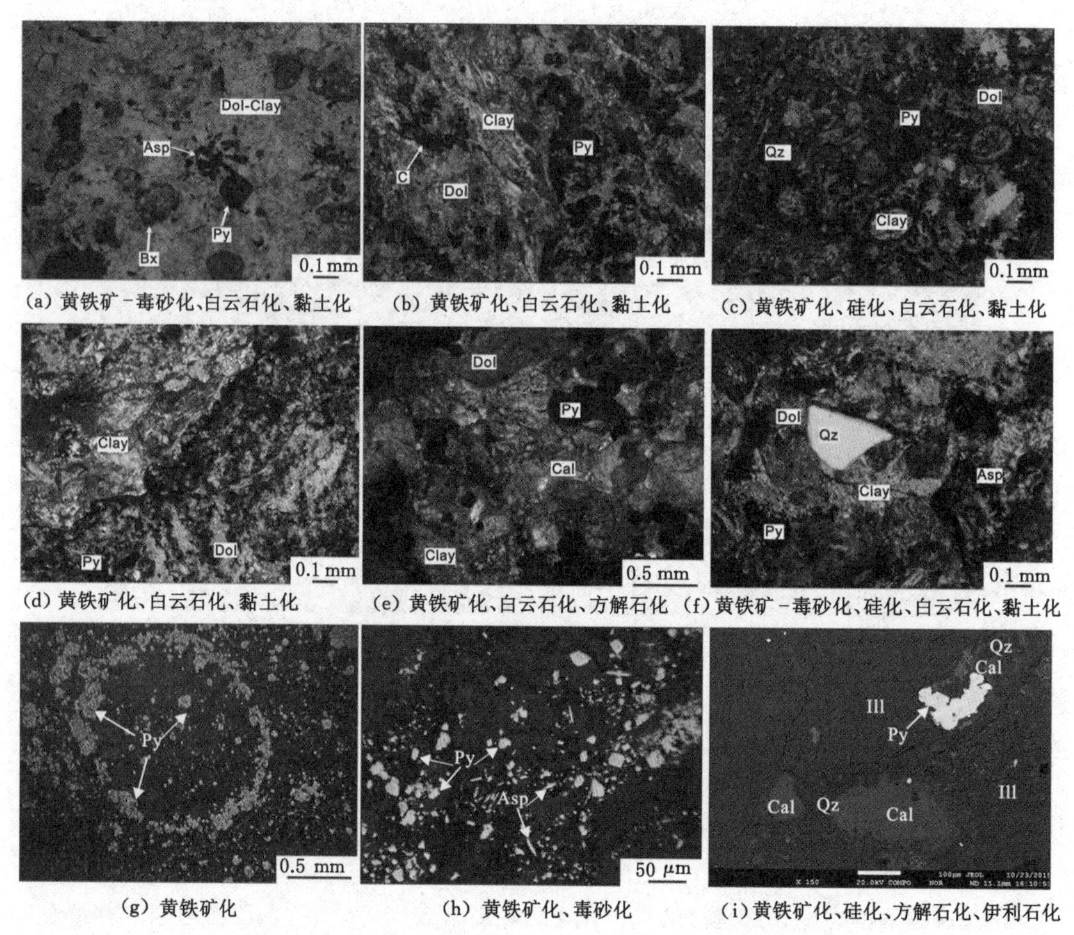

(a) 黄铁矿-毒砂化、白云石化、黏土化　(b) 黄铁矿化、白云石化、黏土化　(c) 黄铁矿化、硅化、白云石化、黏土化

(d) 黄铁矿化、白云石化、黏土化　(e) 黄铁矿化、白云石化、方解石化　(f) 黄铁矿-毒砂化、硅化、白云石化、黏土化

(g) 黄铁矿化　(h) 黄铁矿化、毒砂化　(i) 黄铁矿化、硅化、方解石化、伊利石化

Py—黄铁矿；Rt—锐钛矿；Qz—石英；Fe-dol—铁白云石；Dol—白云石；Cal—方解石；Ill—伊利石；Asp—毒砂；Clay—黏土；Kln—高岭石；(a)～(f)—正交偏光；(g)～(h)—反射光；(i)—背散射。

图 3-9　泥堡金矿床围岩蚀变特征

(3) 毒砂化

毒砂化常与脉状或浸染状黄铁矿相伴出现，主要呈毛发状、针柱状及少量矛状、菱角状，部分交代、穿插黄铁矿或沿黄铁矿边缘生长，是矿区仅次于黄铁矿的载金矿物。

(4) 碳酸盐化

碳酸盐化可分为两个阶段：一是成矿前或成矿早期热液与赋矿岩石发生热液蚀变，产生白云石(铁白云石)、方解石；二是成矿晚期，方解石化形成大量方解石脉。

(5) 黏土化

黏土化在矿区普遍发育，常伴随碳酸盐化，经 XRD 和扫描电镜分析显示，黏土矿物以伊利石为主，其次是高岭石。泥堡金矿区凝灰岩类原岩基本上都经历了黏土化(伊利石化)，该类型热液蚀变常见于沉凝灰岩、凝灰岩、含凝灰质砂岩中。

从矿体的空间形态、容矿岩石及矿化蚀变特征可知，泥堡金矿床的形成严格受控于构造、地层及岩性，矿体的形成对赋矿岩石有很强的选择性，断裂及有利的容矿构造是矿体主要的就位场所，譬如区内呈北东东向展布的F1断层、二龙抢宝背斜；硅化、黄铁矿化、碳酸盐化与金矿化关系密切，矿石组构特征、强烈的围岩蚀变及与金矿化关系密切的浸染状、脉（网脉）状、角砾状构造反映了后期热液作用叠加改造的特点。原生矿各矿体、容矿岩石及围岩蚀变特征见表3-2。

表3-2 泥堡金矿床各原生金矿体、容矿岩石及围岩蚀变特征

<table>
<tr><th>矿体编号</th><th>空间位置</th><th>容矿岩石</th><th>围岩蚀变</th><th>控矿构造</th></tr>
<tr><td>Ⅰ</td><td>F1断层下盘
P_3l^1 中下部</td><td>含凝灰质砂岩</td><td>主要为黏土化、碳酸盐化。与矿化密切关联的蚀变为黄铁矿化、硅化</td><td rowspan="2">F1断层
及次级构造</td></tr>
<tr><td>Ⅱ</td><td>F1断层下盘
P_3l^2 中上部</td><td>沉凝灰岩</td><td>主要为黏土化、碳酸盐化。与矿化密切关联的蚀变为黄铁矿化、硅化</td></tr>
<tr><td rowspan="3">Ⅲ</td><td rowspan="3">F1断层破碎带中部为主体</td><td>沉凝灰岩</td><td rowspan="2">主要为黏土化、碳酸盐化，与矿化密切关联的蚀变为黄铁矿化、硅化、毒砂化</td><td rowspan="3">F1断层</td></tr>
<tr><td>凝灰岩</td></tr>
<tr><td>粉砂岩、粉砂质黏土岩、灰岩及黏土岩</td><td>黄铁矿化、硅化、黏土化</td></tr>
<tr><td>Ⅳ</td><td>Sbt顶部及
中部</td><td>凝灰岩、凝灰质次生石英岩</td><td>主要为黏土化、碳酸盐化，与矿化密切关联的蚀变为黄铁矿化、硅化，次为毒砂化、褐铁矿化</td><td rowspan="2">F1断层及其上盘牵引褶皱的二龙抢宝背斜</td></tr>
<tr><td>Ⅵ</td><td>F1断层上盘
P_3l^2 中上部</td><td>沉凝灰岩</td><td>主要为黏土化、碳酸盐化，与矿化密切关联的蚀变为黄铁矿化、硅化</td></tr>
</table>

3.5 成矿期次及矿物生成顺序

根据矿石组构、热液蚀变及矿物组成特征，可将泥堡金矿床热液成矿期划分为3个成矿阶段（图3-10）：

（1）成矿早期阶段

石英-黄铁矿阶段，石英多呈层状、细（网）脉产出，黄铁矿主要呈条带状、颗粒状，自形程度较高。

（2）成矿主阶段

石英-含砷黄铁矿-毒砂阶段，为金的主要成矿阶段，石英沿节理裂隙形成网状、细脉状以及斑点状，并发育大量微细粒浸染状黄铁矿、含砷黄铁矿，多具环带结构；毒砂呈菱角状、针柱状、毛发状产出。

（3）成矿晚期阶段

石英-碳酸盐岩-黏土矿物阶段，石英和方解石中常发育晶洞构造，黏土矿物以伊利石为主。

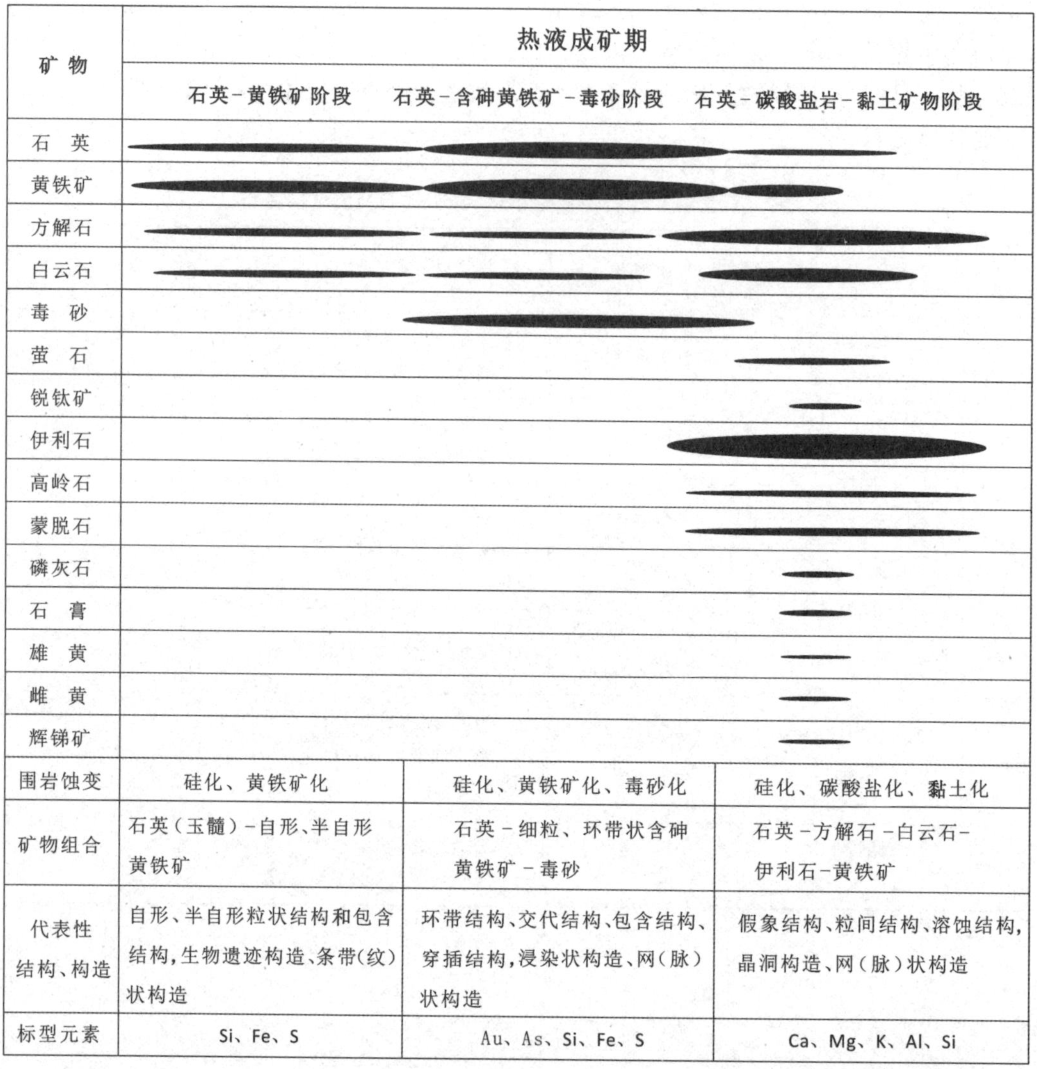

矿物	热液成矿期		
	石英-黄铁矿阶段	石英-含砷黄铁矿-毒砂阶段	石英-碳酸盐岩-黏土矿物阶段
石　英			
黄铁矿			
方解石			
白云石			
毒　砂			
萤　石			
锐钛矿			
伊利石			
高岭石			
蒙脱石			
磷灰石			
石　膏			
雄　黄			
雌　黄			
辉锑矿			
围岩蚀变	硅化、黄铁矿化	硅化、黄铁矿化、毒砂化	硅化、碳酸盐化、黏土化
矿物组合	石英（玉髓）-自形、半自形黄铁矿	石英-细粒、环带状含砷黄铁矿-毒砂	石英-方解石-白云石-伊利石-黄铁矿
代表性结构、构造	自形、半自形粒状结构和包含结构，生物遗迹构造、条带（纹）状构造	环带结构、交代结构、包含结构、穿插结构，浸染状构造、网（脉）状构造	假象结构、粒间结构、溶蚀结构，晶洞构造、网（脉）状构造
标型元素	Si、Fe、S	Au、As、Si、Fe、S	Ca、Mg、K、Al、Si

图 3-10　泥堡金矿床矿物生成顺序简图

第 4 章 金的赋存状态

研究金矿石中的载金矿物标型特征，对探讨金的赋存状态、形成过程及指示矿床成因均有重要意义[24-25,28-30,32,108-111]，尤其是对不同类型黄铁矿的标型特征进行系统划分和研究，对厘清金在矿物中的分布规律具有更加直接的效果，指示意义更明确。利用电子探针(EPMA)分析技术，可以获得金矿床中黄铁矿和毒砂的 Au、As、Fe、S 等元素含量变化和分布规律，从而探讨载金矿物类型、元素之间的关系和金的赋存状态，为成矿作用过程研究提供基础支撑依据。

4.1 分析样品及方法

样品主要采自 F1 断层破碎带(Ⅲ号矿体)、构造蚀变体(Ⅳ号矿体)和龙潭组一段(Ⅰ号矿体)、二段(Ⅵ号矿体)，对应的样品编号、岩性及采样位置等，见表 4-1。在对黄铁矿、毒砂进行电子探针点分析和扫面之前，首先对样品进行系统的显微组构观察和场发射扫描电镜(FESEM)研究，划分黄铁矿类型和矿物生成顺序，确定待测目标矿物。

表 4-1　泥堡金矿床样品简要特征

赋矿层位	矿体编号	样品编号	采样位置	岩性	黄铁矿分布特征
F1 断层	Ⅲ号矿体	558-4	钻孔 558,172.6 m	沉凝灰岩	黄铁矿呈浸染状分布
		543-2	钻孔 543,34.0 m	沉凝灰岩	黄铁矿呈颗粒状、星点状分布
Sbt	Ⅵ号矿体	110A-43	钻孔 110A,129.2 m	凝灰岩	黄铁矿呈颗粒状分布
P_3l^1	Ⅰ号矿体	110A-5	钻孔 111A,428.5 m	凝灰质砂岩	黄铁矿呈浸染状、星点状分布
P_3l^2	Ⅵ号矿体	CY03	露天采场剖面	沉凝灰岩	黄铁矿呈颗粒状、星点状分布

分析测试在中国科学院地球化学研究所矿床地球化学国家重点实验室完成。其中，场发射扫描电镜试验仪器为 JSM-7800F；电子探针试验仪器为 EPMA-1600；运行条件为：加速电压 25 kV，加速电流 5 nA，束斑 10 μm。分析元素 Fe、S、As、Au、Se、Te、Sb，检出限约 0.02%，主量元素分析误差小于 1%，微量元素分析误差小于 5%。

4.2 黄铁矿和毒砂形貌特征

4.2.1 黄铁矿形貌特征

如图 4-1 所示，通过对野外岩矿石手标本及显微镜下观察，发现黄铁矿具有 6 种不同的矿物组构和形貌特征，分别是立方体状、草莓状、细粒状、粗粒状、环带状和长条状。如图 4-2所示，按成因类型和形成期次可将黄铁矿划分为两种：一种是沉积成因，为成岩阶段形成的黄铁矿，通常为立方体状、草莓状黄铁矿和环带状黄铁矿内核，将该类型黄铁矿统称为 Py1；另一种是热液成因黄铁矿，主要包括细粒状、粗粒状、长条状黄铁矿和环带状黄铁矿环带，将其统称为 Py2。各类型黄铁矿形貌特征详述如下：

（1）立方体状黄铁矿

立方体状黄铁矿自形程度高，切面多呈四边形，少数呈三角形，粒径介于 10～80 μm，大多为 30～50 μm。此类黄铁矿主要由沉积作用形成，为成岩期产物，通常呈层纹状或条带状分布。

（2）草莓状黄铁矿

草莓状黄铁矿多呈单体产出，部分为集合体，具圆形或草莓状外形，粒径一般小于 50 μm[图 4-1(b)和图 4-1(c)]。草莓状黄铁矿在泥堡金矿各类岩石中均有产出。对于卡林型金矿中的草莓状黄铁矿，普遍认为它是成岩期的产物[24-25,112-114]。

（3）细粒状黄铁矿

细粒状黄铁矿呈半自形-他形，自形程度较高，粒径小于 20 μm，少数甚至小于 1 μm。细粒状黄铁矿以浸染状或星点状产于矿化程度较好的矿石中，常沿石英（方解石）细脉（脉宽一般小于 0.5 cm）分布[图 4-1(h)]，含量为 1%～3%。细粒状黄铁矿常与毒砂共生，发育黄铁矿化、毒砂化，该类型黄铁矿常赋存于沉凝灰岩之中。

（4）粗粒状黄铁矿

粗粒状黄铁矿呈自形-半自形，自形程度高，粒径大于 50 μm，一般为 80～200 μm，少数大于 400 μm。粗粒黄铁矿多为后期热液作用的产物，大多遭受了重结晶作用，因此，可见因构造热液活动而形成的微孔隙和干裂纹；同时，可见少量毒砂沿黄铁矿边缘生长，反映了多期次热液叠加改造的特征。粗粒状黄铁矿多呈颗粒状散布于矿石中，或以矿物集合体（团块状）形式存在。

（5）环带状黄铁矿

环带状黄铁矿根据其形貌特征及自形程度，可将其分为两种类型，第一类型自形程度低，具皮壳状、球状、椭球状、不规则状形貌特征，粒径介于 20～120 μm，大多为 50～100 μm。由于后期热液改造或重结晶作用，常形成次生加大边或圆形环带，一部分环带状黄铁矿在重结晶作用过程中，因后期构造热液活动而产生裂纹和微孔隙；另一类型为自形程度高的五角十二面体黄铁矿，切面多呈六边形，粒径大多为 100～200 μm，甚至少量大于 500 μm。环带状黄铁矿为后期热液对前期黄铁矿（一般为沉积成因）改造的产物，是不同期次、不同成因的黄铁矿结合体。根据显微镜下观察显示，环带状黄铁矿可分为两期，通常一期黄铁矿（Py1）被二期含砷黄铁矿（Py2）包裹，区内以五角十二面体为主，内核多为球状、草莓状黄铁矿，常发育收缩裂纹；环带为重结晶形成的自形边。该类型黄铁矿多呈颗粒状散布

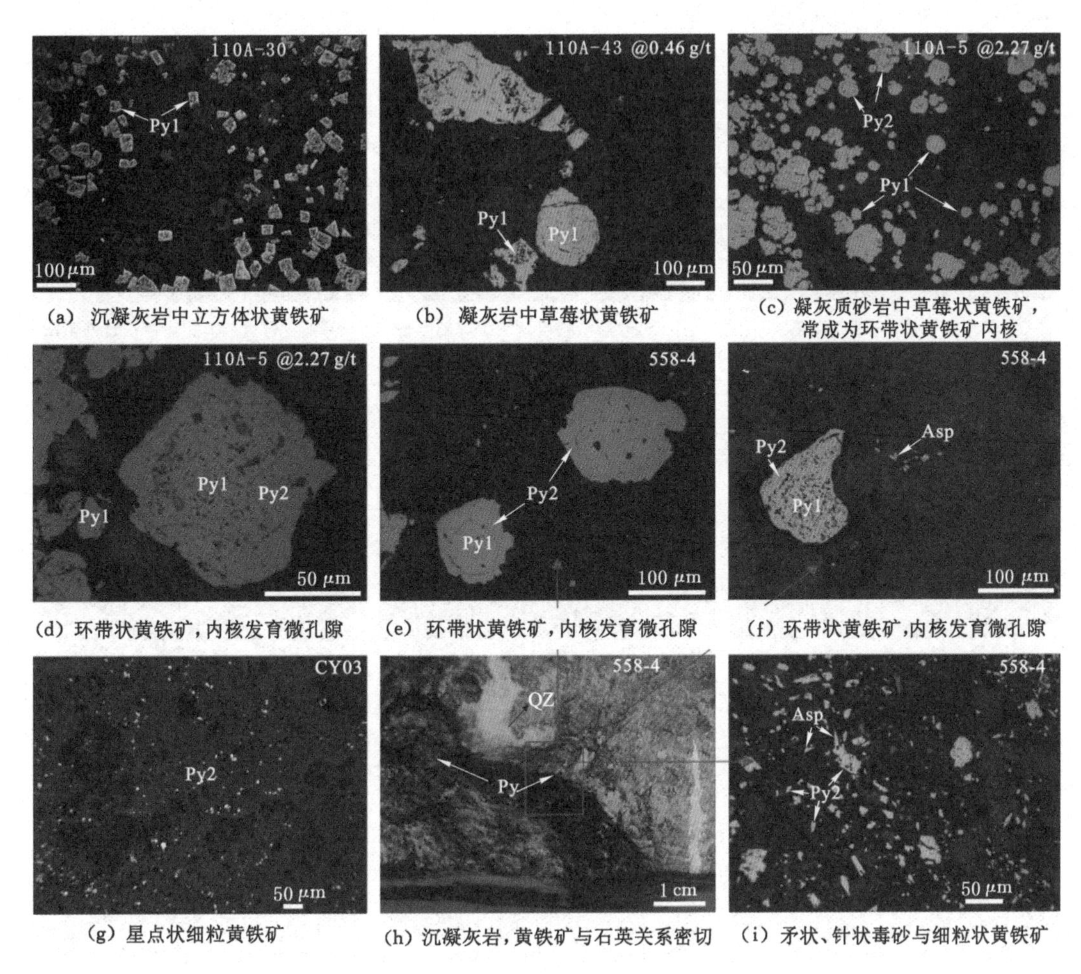

(a) 沉凝灰岩中立方体状黄铁矿　(b) 凝灰岩中草莓状黄铁矿　(c) 凝灰质砂岩中草莓状黄铁矿，常成为环带状黄铁矿内核

(d) 环带状黄铁矿，内核发育微孔隙　(e) 环带状黄铁矿，内核发育微孔隙　(f) 环带状黄铁矿，内核发育微孔隙

(g) 星点状细粒黄铁矿　(h) 沉凝灰岩，黄铁矿与石英关系密切　(i) 矛状、针状毒砂与细粒状黄铁矿

Py—黄铁矿；Asp—毒砂；Q_Z—石英。

图 4-1　泥堡金矿床草莓状、细粒状及环带状黄铁矿显微组构(反射光)

(注：照片右上角编号为采集样品的钻孔编号及矿石品位)

于矿石中，在泥堡金矿区多见于沉凝灰岩、凝灰岩中。

(6) 长条状黄铁矿

长条状黄铁矿多呈他形-半自形，粒径一般介于 150～500 μm，部分大于 1 200 μm。

上述几种类型黄铁矿中，长条状黄铁矿粒径最大，呈颗粒状或浸染状分布于矿石中。长条状黄铁矿表面(切面)多见微孔隙或干裂纹，反映了后期热液改造活动强烈。

4.2.2　毒砂形貌特征

泥堡金矿区赋矿岩石中可见少量毒砂，显微镜下观察发现，金矿石中毒砂形态较为单一，主要呈细小的针柱状、毛发状、矛状及少量菱形状晶形，常见于浸染状金矿石中。其显微特征具有自形-半自形结构，正高突起，强反射光，长轴直径为 5～50 μm。

从毒砂的存在形式以及与其他矿物之间的共生组合关系来看，毒砂常与黄铁矿共生，通常具有以下 3 种类型：

① 与细粒状黄铁矿呈浸染状或星点状分布。

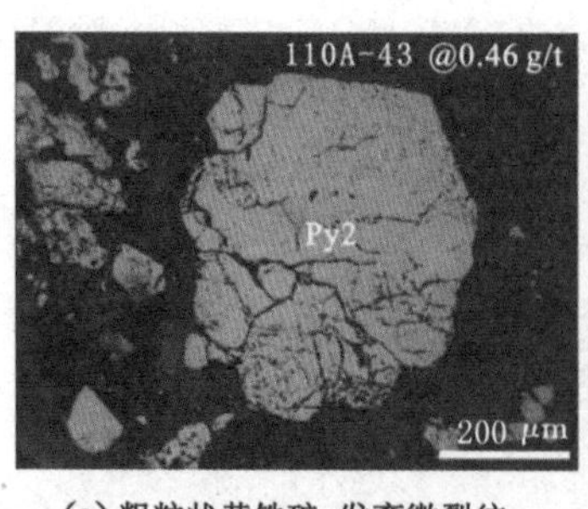

(a) 粗粒状黄铁矿，发育微裂纹

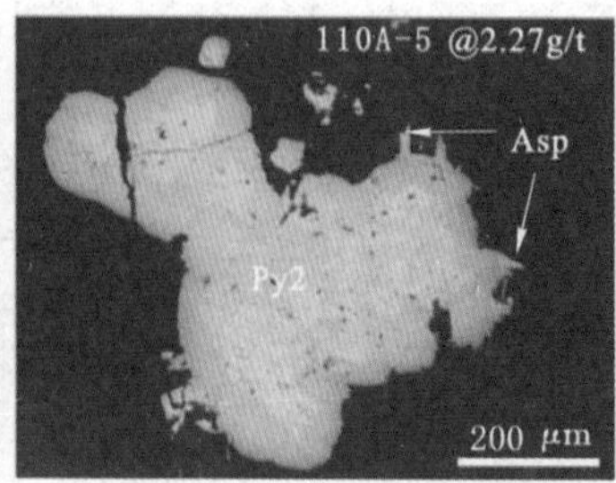

(b) 毒砂沿粗粒状黄铁矿边部生长

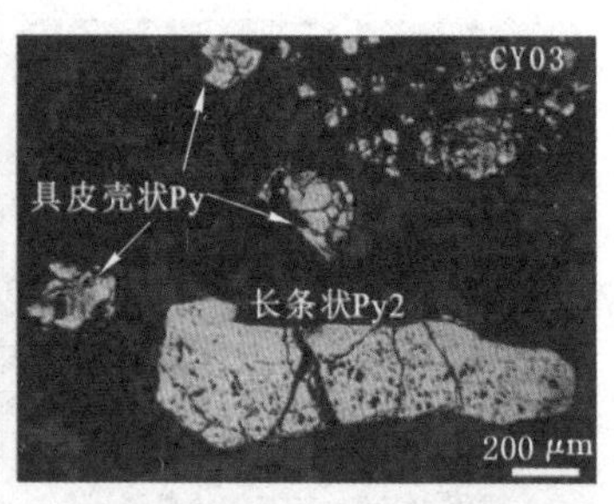

(c) 具皮壳状结构的环带状黄铁矿及长条状黄铁矿，后者发育微裂纹、孔隙

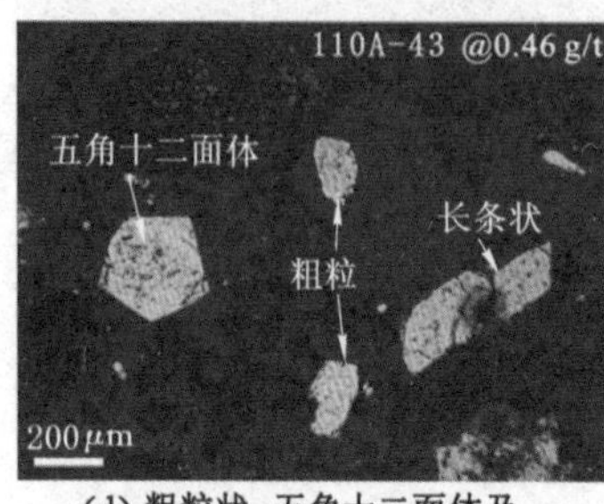

(d) 粗粒状、五角十二面体及长条状黄铁矿

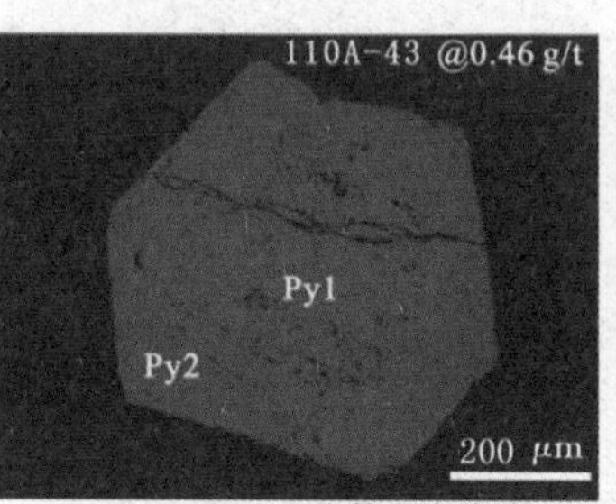

(e) 五角十二面体内核发育收缩微裂纹、孔隙，具环带结构

(f) 五角十二面体内核发育收缩微裂纹、孔隙，具环带结构

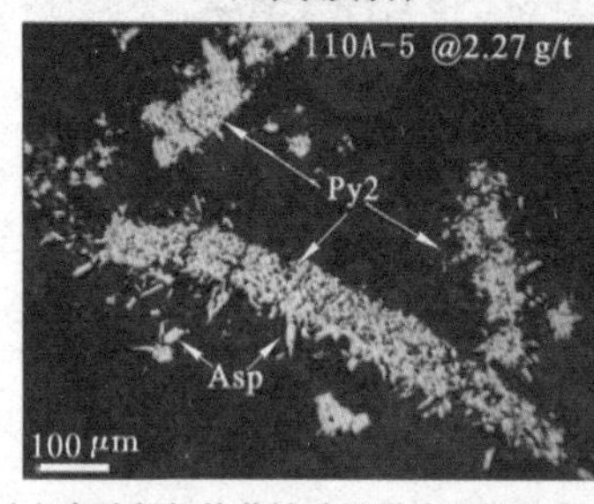

(g) 毒砂与细粒黄铁矿沿裂隙呈带状生长

(h) 矛状、针状、菱形状毒砂

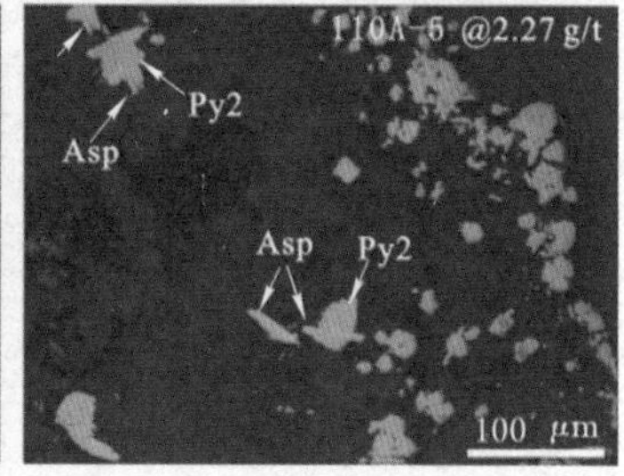

(i) 毒砂穿插细（粗）粒状黄铁矿

Py—黄铁矿；Asp—毒砂。

图 4-2　泥堡金矿床粗粒状、环带状、长条状黄铁矿及毒砂显微组构特征（反射光）

② 与细粒黄铁矿沿裂隙呈带状生长。

③ 沿粗（细）粒黄铁状矿边缘生长，部分穿插早期黄铁矿。

4.3　结果及讨论

4.3.1　EPMA 分析结果

根据黄铁矿特征及类型划分，重点对环带状黄铁矿、细粒状黄铁矿、毒砂以及少量粗粒状黄铁矿、长条状黄铁矿进行 EPMA 点测试（图 4-3），由测试结果（表 4-2）可以看出：

（1）黄铁矿核部普遍贫 As、Au，富 Fe、S，各元素平均含量分别为 0.995%（Au）、46.554%（Fe，理论值 46.55%）、52.775%（S，理论值 53.45%），W_{Fe}/W_S 接近黄铁矿（FeS_2）的理论比值 1∶2；已有研究认为，沉积成因黄铁矿 Fe、S 含量与理论值接近[114]。

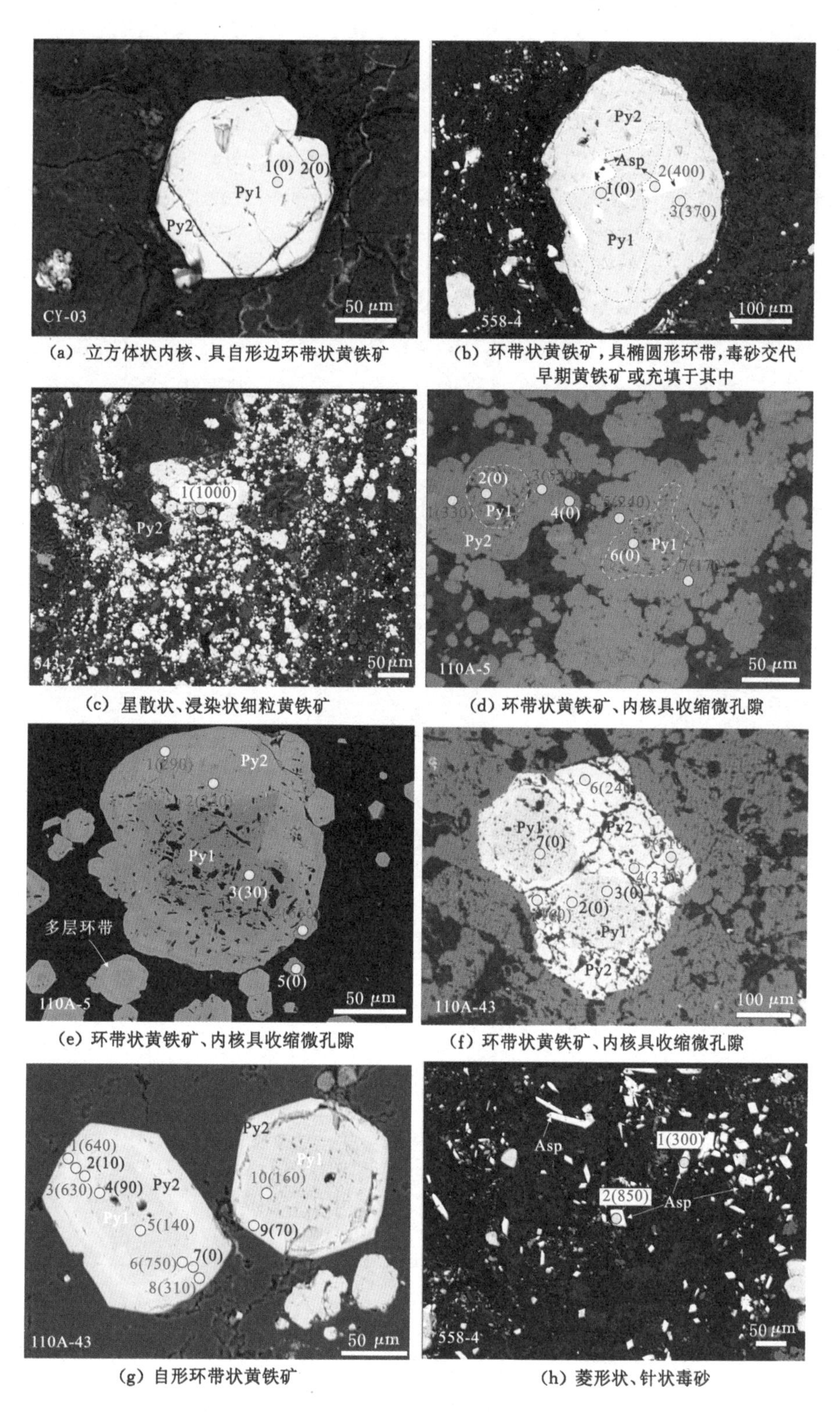

(a) 立方体状内核、具自形边环带状黄铁矿

(b) 环带状黄铁矿，具椭圆形环带，毒砂交代早期黄铁矿或充填于其中

(c) 星散状、浸染状细粒黄铁矿

(d) 环带状黄铁矿、内核具收缩微孔隙

(e) 环带状黄铁矿、内核具收缩微孔隙

(f) 环带状黄铁矿、内核具收缩微孔隙

(g) 自形环带状黄铁矿

(h) 菱形状、针状毒砂

Py—黄铁矿；Asp—毒砂。

图 4-3　泥堡金矿床黄铁矿、毒砂 EPMA 测试点

因此，泥堡金矿黄铁矿 Fe、S 含量反映内核具有沉积成因特征。对核部进行了 22 个测点，Au 平均含量为 0.004%，仅有 2 个测点 Au 含量(0.015%～0.036%)大于检出限，暗示核部也可能含有一定的金，但整体表现为贫金或不含金。值得一提的是，有 6 个测点 As 含量较高，介于 1.058%～3.221%，类似于黄铁矿环带的测点值，反映这部分黄铁矿核部可能为遭受一定热液蚀变交代(沉积热液改造)的沉积黄铁矿。其他微量元素 Sb、Se、Te 含量较低，多数低于检出限，其平均含量分别为 0.003%(Sb)、0.011%(Se)、0.010%(Te)。

(2) 黄铁矿环带表现为富 As、Au 贫 Fe、S，恰好与核部相反，为热液成因产物。其中，As 平均含量为 5.661%，明显高于核部；Fe、S 含量平均值分别为 45.097%和 49.423%，与核部相比，Fe 含量基本一致，As 含量则明显增加，S 含量急剧减少，反映 As 主要取代 S 而进入黄铁矿晶格。黄铁矿环带中 Au 平均含量为 0.025%，在 37 个测点中，有 23 个测点的金含量大于检出限，Au 含量在 0.016%～0.075%，其高值远高于核部，说明黄铁矿环带是金的主要赋存部位。其他元素与核部相比，Sb 含量高于检出限的测点值相对增多，而 Se、Te 变化不大。

表 4-2　泥堡金矿床黄铁矿(毒砂)EPMA 点分析结果表　　单位：%

样号	测点位置	W_{S}	W_{Fe}	W_{As}	W_{Au}	W_{Se}	W_{Sb}	W_{Te}	W_{Total}
110A-5 黄铁矿	颗粒 1 中环	49.027	45.920	5.956	0.011	0	0	0	100.914
	颗粒 1 内环	47.916	45.097	7.317	0.033	0	0.037	0	100.400
	颗粒 1 核部	52.971	47.024	0.642	0.003	0	0	0	100.640
	颗粒 1 外环	47.683	44.944	7.187	0.065	0	0.020	0.057	99.956
	颗粒 2 细粒状	50.004	46.141	4.432	0	0	0	0	100.577
	颗粒 3 环带	47.382	45.137	8.043	0.046	0	0.013	0	100.621
	颗粒 3 核部	52.387	47.331	1.058	0	0	0	0.064	100.840
	颗粒 3 环带	46.982	44.697	8.963	0.024	0	0	0	100.666
	颗粒 3 环带	46.806	45.740	9.171	0.012	0	0	0	101.729
	颗粒 4 环带	48.445	44.594	4.958	0.043	0	0.020	0	98.060
	颗粒 4 核部	53.048	46.935	0.704	0	0	0	0	100.687
	颗粒 4 环带	47.185	45.653	7.352	0.056	0	0.024	0	100.270
	颗粒 5 粗粒状	46.853	42.830	9.869	0	0	0.001	0.039	99.592
	粗粒 6 粗粒状	46.991	43.092	8.015	0	0.056	0	0.043	98.197
	颗粒 7 粗粒状	47.103	43.680	9.649	0.047	0	0	0	100.479
	颗粒 8 粗粒状	46.232	43.280	10.414	0.020	0	0	0.050	99.996
	颗粒 9 细粒状	46.190	43.708	10.171	0	0	0.018	0	100.087
	颗粒 10 细粒状	45.658	42.955	10.097	0.073	0.019	0	0.023	98.825
	颗粒 11 细粒状	46.790	43.924	9.522	0	0	0	0.026	100.262

表 4-2(续)

样号	测点位置	W_S	W_{Fe}	W_{As}	W_{Au}	W_{Se}	W_{Sb}	W_{Te}	W_{Total}
558-4 黄铁矿	颗粒 1 核部	52.945	46.600	0.783	0	0	0.013	0	100.341
	颗粒 1 环带	50.496	45.664	4.599	0.012	0	0	0	100.771
	颗粒 2 核部	51.823	46.217	3.221	0	0.082	0	0	101.343
	颗粒 2 环带	48.360	42.644	7.509	0.005	0.005	0	0	98.523
	颗粒 3 核部	52.917	46.413	2.097	0	0	0.004	0	101.431
	颗粒 3 环带	49.191	44.858	6.959	0	0.004	0.016	0	101.028
	颗粒 4 核部	52.761	46.105	1.106	0.008	0	0	0	99.980
	颗粒 4 环带	51.307	45.138	3.719	0.037	0	0	0	100.201
	颗粒 5 粗粒状	51.546	45.945	3.809	0.043	0.016	0	0.013	101.372
	颗粒 6 粗粒状	49.559	45.305	3.693	0	0	0	0.055	98.612
	颗粒 7 粗粒状	51.413	45.171	3.220	0	0.011	0.010	0.047	99.872
	颗粒 8 细粒状	53.202	46.907	0.849	0.051	0	0.001	0	101.010
	颗粒 9 细粒状	53.514	46.788	1.569	0.016	0	0	0.007	101.894
	颗粒 10 细粒状	52.063	45.558	1.983	0.053	0	0.026	0	99.683
	颗粒 11 细粒状	52.343	45.153	0.828	0.001	0.009	0	0.001	98.335
	颗粒 12 细粒状	53.114	44.880	0.577	0.067	0.006	0	0.004	98.648
CY03 黄铁矿	颗粒 1 核部	52.559	48.118	0.612	0	0.025	0	0.020	101.334
	颗粒 1 环带	51.819	44.861	2.595	0	0.007	0	0	99.282
	颗粒 2 核部	53.826	45.452	0.581	0	0	0	0.037	99.896
	颗粒 2 环带	51.183	47.821	2.163	0.053	0.051	0	0	101.271
	颗粒 3 环带	51.654	44.704	2.911	0	0	0.013	0	99.282
	颗粒 4 粗粒状	53.352	46.693	1.310	0	0	0	0	101.355
	颗粒 5 粗粒状	48.492	44.123	8.090	0.039	0	0	0.026	100.770
	颗粒 6 粗粒状	51.934	46.236	3.086	0.027	0.012	0.003	0	101.298
	颗粒 7 长条状	52.501	46.009	2.381	0.024	0	0.028	0	100.943
	颗粒 8 细粒状	52.577	45.094	1.842	0	0.033	0.021	0.009	99.576
	颗粒 9 细粒状	49.533	44.026	6.242	0.111	0.023	0.189	0	100.124
	颗粒 10 细粒状	50.521	44.265	4.453	0	0	0.030	0.018	99.287
	颗粒 11 细粒状	51.424	46.016	2.571	0.018	0.014	0.001	0	100.044

表 4-2(续)

样号	测点位置	W_{S}	W_{Fe}	W_{As}	W_{Au}	W_{Se}	W_{Sb}	W_{Te}	W_{Total}
110A-43 黄铁矿	颗粒 1 环带	50.174	45.940	4.540	0.016	0	0.009	0	100.679
	颗粒 1 核部	52.209	47.075	0.652	0	0	0.000	0	99.936
	颗粒 1 核部	51.648	46.703	0.808	0	0	0.002	0	99.161
	颗粒 1 环带	47.246	43.960	8.035	0.033	0	0.029	0	99.303
	颗粒 1 环带	50.300	45.781	4.609	0.051	0	0.019	0	100.760
	颗粒 1 环带	46.982	44.697	8.963	0.024	0	0.000	0	100.666
	颗粒 1 核部	52.135	46.973	0.606	0	0	0.000	0	99.714
	颗粒 2 外环	50.885	45.114	3.985	0.064	0.037	0	0.015	100.100
	颗粒 2 中环	47.107	43.301	9.647	0.001	0.033	0	0.013	100.102
	颗粒 2 内环	50.570	45.878	4.867	0.063	0.001	0	0.026	101.405
	颗粒 2 核部	53.719	46.687	0.551	0.009	0.006	0	0	100.972
	颗粒 2 核部	54.110	46.816	0.427	0.014	0.005	0.001	0	101.373
	颗粒 2 内环	49.532	44.592	4.837	0.075	0	0	0.019	99.055
	颗粒 2 中环	50.108	44.834	5.665	0	0	0	0.033	100.640
	颗粒 2 外环	51.241	45.400	3.814	0.031	0	0	0	100.486
	颗粒 3 环带	48.346	45.519	6.845	0.007	0	0	0	100.717
	颗粒 3 核部	52.338	46.467	0.692	0	0	0	0	99.497
	颗粒 4 环带	52.920	47.022	0.732	0.028	0	0	0	100.702
	颗粒 4 核部	52.804	47.016	0.179	0.036	0	0	0	100.035
	颗粒 4 环带	51.487	46.239	1.316	0.005	0	0	0	99.047
	颗粒 5 核部	53.517	45.789	0.736	0	0	0	0.040	100.082
	颗粒 5 内环	47.265	44.081	8.823	0.021	0.020	0	0.010	100.220
	颗粒 5 内环	50.257	44.484	4.089	0.015	0.035	0	0.013	98.893
	颗粒 5 中环	47.390	43.703	9.383	0	0	0	0.007	100.483
	颗粒 5 外环	51.102	45.253	3.122	0	0	0	0	99.477
	颗粒 6 核部	52.199	46.511	2.009	0.015	0.025	0.020	0.022	100.801
	颗粒 6 环带	48.302	44.085	8.164	0	0.025	0	0	100.576
	颗粒 7 核部	51.887	45.941	2.471	0	0.046	0	0.042	100.387
	颗粒 7 环带	51.058	45.763	3.093	0.036	0.020	0	0.001	99.971
	颗粒 8 环带	48.121	44.844	7.231	0.015	0.015	0.025	0.045	100.296
	颗粒 9 细粒状	52.379	45.686	0.586	0.024	0	0	0	98.675
	颗粒 10 细粒状	52.845	45.187	0.648	0.057	0.017	0	0	98.754
	颗粒 11 长条状	50.888	45.748	4.084	0.047	0.029	0	0.009	100.805
	颗粒 12 长条状	53.931	45.557	0.596	0.011	0	0	0	100.095
	颗粒 13 长条状	49.479	44.737	6.220	0	0.029	0.025	0	100.490
	颗粒 14 长条状	54.019	46.558	0.627	0	0	0	0.048	101.252

表 4-2(续)

样号	测点位置	W_S	W_{Fe}	W_{As}	W_{Au}	W_{Se}	W_{Sb}	W_{Te}	W_{Total}
543-2 黄铁矿	颗粒 1 核部	52.849	45.611	0.635	0	0	0	0	99.095
	颗粒 2 核部	53.214	46.011	0.769	0	0.016	0.020	0	100.030
	颗粒 3 核部	53.185	45.397	0.545	0	0.031	0	0	99.158
	颗粒 3 环带	50.418	45.936	4.408	0.055	0.044	0	0.031	100.892
	颗粒 4 环带	51.414	44.685	3.914	0	0.071	0.018	0.072	100.174
	颗粒 5 细粒状	50.717	45.674	3.756	0.100	0	0	0.020	100.267
	颗粒 6 细粒状	50.972	45.485	4.664	0	0.037	0.021	0.029	101.208
558-4 毒砂	颗粒 1 针柱状	24.131	35.792	39.651	0.035	0	0.116	0.004	99.729
	颗粒 2 针柱状	24.318	35.809	38.795	0.040	0	0.191	0	99.153
	颗粒 3 条状	23.053	35.471	41.514	0.025	0	0.195	0.047	100.305
	颗粒 4 矛状	22.428	33.377	42.671	0.030	0	0	0	98.506
	颗粒 5 菱形状	22.433	34.838	42.311	0.085	0	0.034	0.028	99.729
	颗粒 6 矛状	24.380	35.645	38.799	0	0	0	0	98.824
	颗粒 7 菱形状	22.500	35.485	41.689	0.058	0	0.130	0	99.862
CY03 毒砂	颗粒 1 菱形状	19.373	34.126	44.697	0.016	0	0	0.005	98.217

(3) 细粒状、粗粒状及长条状黄铁矿中，As、Au 及 Fe、S 元素分布特征与黄铁矿环带基本一致，具有富 As、Au 贫 Fe、S 的特点，元素含量值介于环带状黄铁矿的核部和环带之间，但具有一定的差别。其中，细粒状黄铁矿 EPMA 点分析平均值(W_B)为 4.013%(As)、45.110%(Fe)、50.717%(S)、0.034%(Au)。16 个测点中，9 个测点的金含量大于检出限，Au 高达0.024～0.111%；粗粒状黄铁矿中各元素的平均值(W_B)分别为 3.868%(As)、45.579%(Fe)、51.049%(S)、0.018%(Au)。在 10 个测点中，有 5 个测点的金含量(0.020%～0.043%)大于检出限。相对于细粒状和粗粒状黄铁矿，长条状黄铁矿 As 含量较低，平均为2.782%，S 较为富集，平均为52.164%，Fe 含量变化不大，平均为 45.722%，Au 平均含量为0.016%，5 个测点中，2 个测点 Au 含量(0.024%～0.047%)大于检出限。对于 Sb、Se、Te 元素，Sb 在细粒黄铁矿中含量相对较高，而 Se、Te 变化不大。

从表 4-2 及上述叙述中可以发现，各元素含量在不同类型黄铁矿中存在一定的变化规律：

① S 含量：环带状黄铁矿核部(52.775%)＞长条状黄铁矿(52.164%)＞粗粒状黄铁矿(51.049%)＞细粒状黄铁矿(50.717%)＞环带状黄铁矿环带(49.423%)。

② Fe 含量：环带状黄铁矿核部(46.554%)＞长条状黄铁矿(45.722%)＞粗粒状黄铁矿(45.579%)＞细粒状黄铁矿(45.110%)＞环带状黄铁矿环带(45.079%)，但 Fe 含量值变化不大。

③ As 含量：环带状黄铁矿核部(0.995%)＜长条状黄铁矿(2.782%)＜粗粒状黄铁矿(3.868%)＜细粒状黄铁矿(4.013%)＜环带状黄铁矿环带(5.662%)。

④ Au 含量：环带状黄铁矿核部(0.004%)＜长条状黄铁矿(0.016%)＜粗粒状黄铁矿(0.018%)＜环带状黄铁矿环带(0.025%)＜细粒状黄铁矿(0.034%)；反映在不同类型的黄

铁矿中,细粒状黄铁矿及环带状黄铁矿环带是主要的载金矿物。

⑤ Sb 含量:环带状黄铁矿环带和细粒状黄铁矿中相对富集。此外,细粒状、粗粒状及长条状黄铁矿中 S、Fe、As 及 Au 含量大致介于环带状黄铁矿核部和环带之间,主要表现为富 As、Au 贫 Fe、S。

(4) 毒砂 EPMA 点分析显示,As、Fe、S 平均含量(W_B)分别为 41.266%、35.068%和 22.827%。在 8 个测点中,有 7 个测点的金含量(0.016%~0.085%)大于检出限,平均达 0.036%。其他元素含量特征与热液黄铁矿的相似。毒砂含金性优于黄铁矿的,但由于毒砂在矿石中所占比例小,一般认定其为次要载金矿物(图 4-4)。

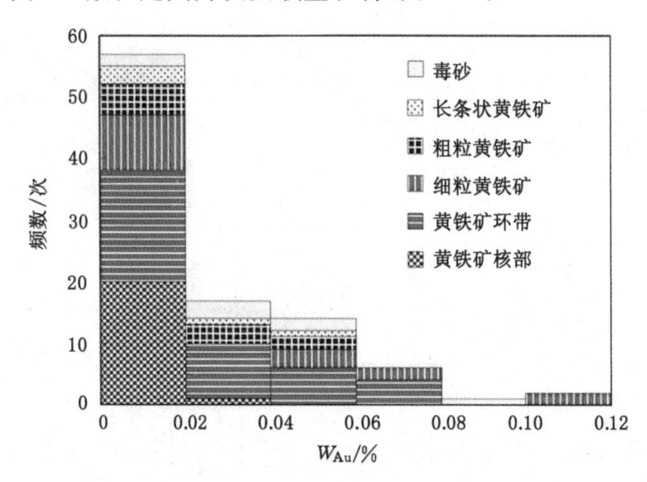

图 4-4 泥堡金矿床各类型黄铁矿(毒砂)含金性直方图

综上所述,细粒状黄铁矿、环带状黄铁矿环带及毒砂的含金性最好,优于其他类型黄铁矿,而环带状黄铁矿核部不含金或含微量的金,整体表现为含金性差。从黄铁矿粒度来看,通常粒度越细,含金性相对越好。根据矿物组成特征,泥堡金矿床中载金矿物的结晶顺序大致为:贫砷沉积成因黄铁矿(核部)、富砷黄铁矿环带和细粒黄铁矿、毒砂,这一特征与区域范围内其他卡林型金矿床特征相似[108,110]。

4.3.2 环带状黄铁矿元素变化特征

对于环带状黄铁矿,从核部中心到环带边缘,矿物中各主、微量元素与 Au 之间存在一定的变化规律,具体表现在 3 个方面:

① Au 与 As 具有同步变化的趋势,从核部到环带,As 含量升高,Au 含量随之升高,表现为正相关关系。

② Fe 含量在核部及环带变化均不大,而 S 含量在核部表现为高值,环带呈现低值,Fe、S 亦具有良好的协同变化特征。

③ As 的变化特征与 S 正好相反(图 4-5)。As 与 S 具有明显的负相关性,As 在黄铁矿环带富集,其原因主要是 As 取代 S 进入黄铁矿晶格所致。

Au 和 As 从元素含量上来看,As 含量较高的部位,Au 含量可能很低,甚至不含 Au [图 4-3(g)],110A-43 中的黄铁矿 EPMA 线性点分析亦反映具高亮的 As 环带不含 Au,而 As 含量相对较低的内环和外环具高 Au 含量,说明 Au 在含砷黄铁矿环带中的分布不均匀。

通过对 Au 测试数据进行系统统计分析发现，高 Au 含量往往与中等 As 含量(2%～6%)相对应。对于环带状黄铁矿，从核部到环带，As 含量逐渐增加或呈波动式增加，但 Au 含量却未出现类似的变化规律，反映 Au 与 As 在黄铁矿中的分布并不呈线性正相关，而成一种“楔形”正相关[图 4-6(b)]，这与水银洞金矿床载金矿物(砷黄铁矿、毒砂)中 Au、As 关系特征相同[28-29]。泥堡金矿床部分环带状黄铁矿呈现出多级环带[图 4-3(g)]，揭示热液活动呈脉动式或多幕式特征；其对应元素或元素对表现出一定的变化规律，说明含矿热液的化学成分具有一定差别。据此可以推测，Au 与富砷环带形成于同期热液活动[110]。

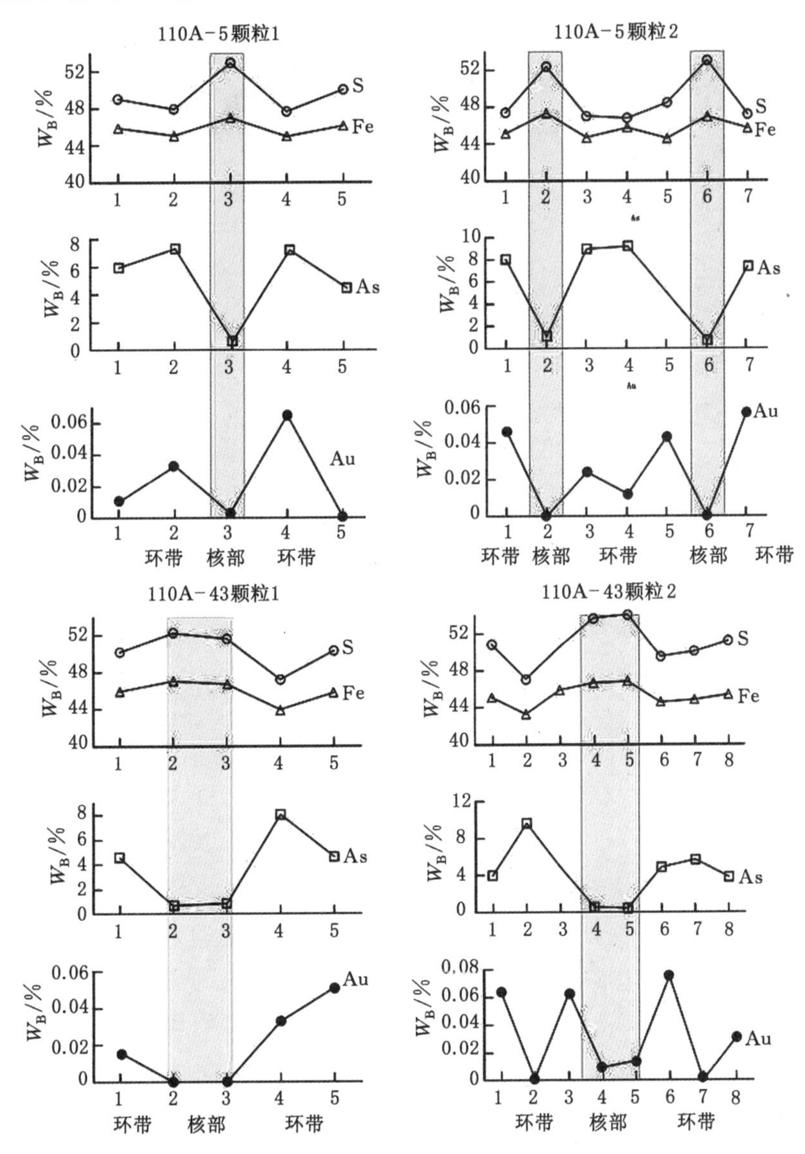

图 4-5　泥堡金矿床典型环带状黄铁矿 Au、As、Fe、S 含量变化图

(注：样品号与测点号同表 4-2、图 4-3 相一致)

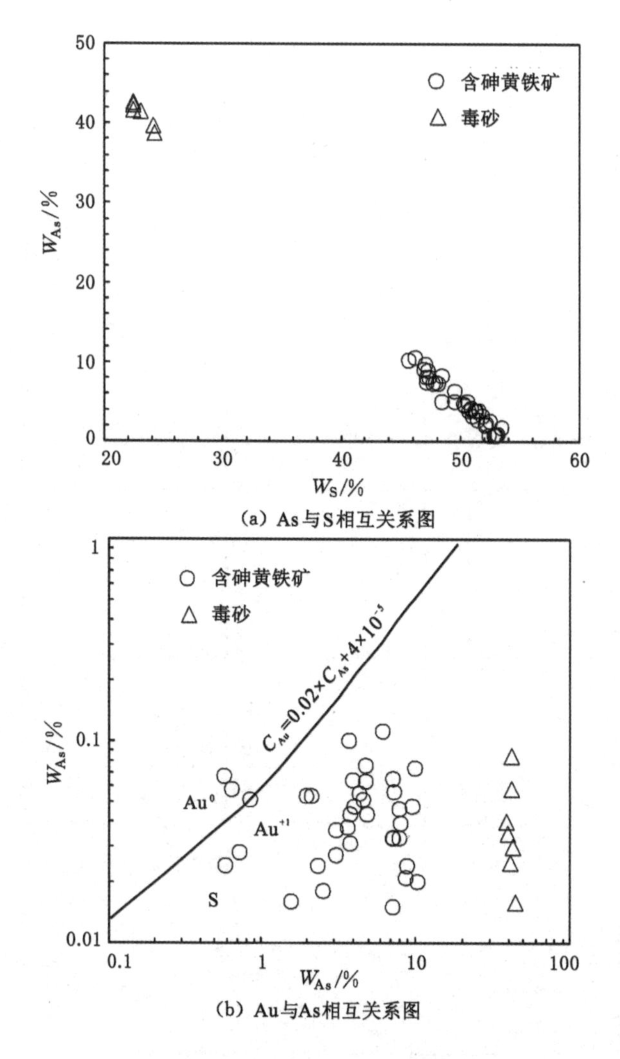

图 4-6　泥堡金矿床含砷黄铁矿 As-S、Au-As 关系图

4.3.3　金的赋存状态

在卡林型金矿床中,金赋存状态的一大特点就是以"不可见金"形式赋存于含砷黄铁矿和毒砂中[9,28,115-123]。黔西南卡林型金矿床以往的物相分析表明,金主要赋存于硫化物(含砷黄铁矿和毒砂)中,硅酸盐矿物及碳酸盐矿物中也含少量金[25,79,124]。泥堡金矿大量硫化物的 EMPA 测点分析显示,无论是在含砷黄铁矿还是在毒砂中,均发现有一些测点不含金,由此揭示金的分布具有不均匀性,可能存在金的富集点,但未形成"可见金"。同时,扫描电镜下未发现自然金颗粒,说明 Au 主要以"不可见金"形式赋存于黄铁矿富砷环带、细粒状含砷黄铁矿和毒砂中。对于具有较高品位的金矿床,局部可见少量微米级"可见金"聚集在黄铁矿颗粒表面或其边缘,如水银洞金矿[27,125],但"可见金"在矿石中所占比例较小,一般不超过 5%[108]。

如图 4-7 所示,环带状黄铁矿 EPMA 波谱面扫描显示具有高亮 As 环带、暗色核部,说明 As 主要赋存于黄铁矿环带中。另外,核部也有一定的高砷亮点,暗示核部也受到了一定的热液作用改造。Au 的面扫描未发现与 As 环带相对应的高金环带，未见金富集点，呈均质结构分布，但黄铁矿颗粒位置与基质成像完全不同，隐约显示出黄铁矿结构形态，说明黄铁矿是载金矿物，这与 Au 的 EPMA 测点分析结果基本相吻合。EPMA 测点分析结果表明，环带状黄铁矿总体表现为核部 As 低 Au 低，环带 As 高 Au 高。陈懋弘等[108]对贵州水银洞金矿、烂泥沟金矿及广西明山金矿、林旺金矿的载金环带状黄铁矿（4 个金矿床的载金黄铁矿环带金含量一般小于 500×10^{-6}）进行 EPMA 波谱面扫描，仍未发现 Au 的高亮环带；但是，前人对水银洞金矿高品位矿石（黄铁矿环带金含量介于 600×10^{-6}～$1\ 800\times10^{-6}$）开展环带状黄铁矿 EPMA 波谱面扫描，发现 As 和 Au 均显示出高亮环带（图 4-8）[25]。由此可知，Au 未显示高亮环带的原因可能主要是矿石品位较低且金具有不均匀分布的特征所致。

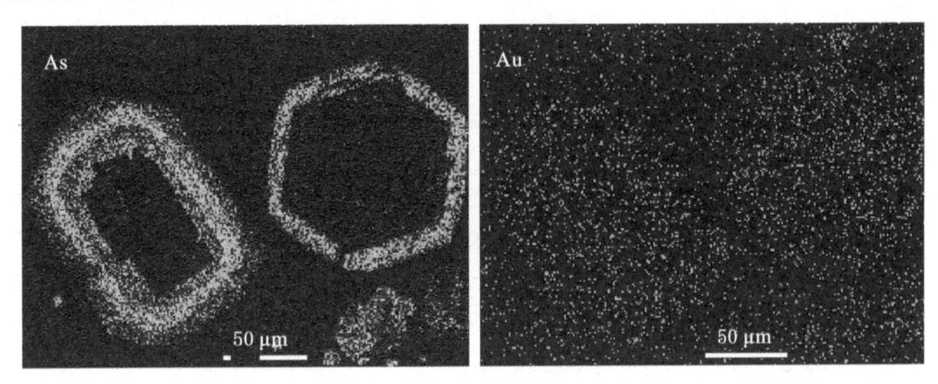

图 4-7　泥堡金矿床环带状黄铁矿 EPMA 波谱 As、Au 成分扫描图像

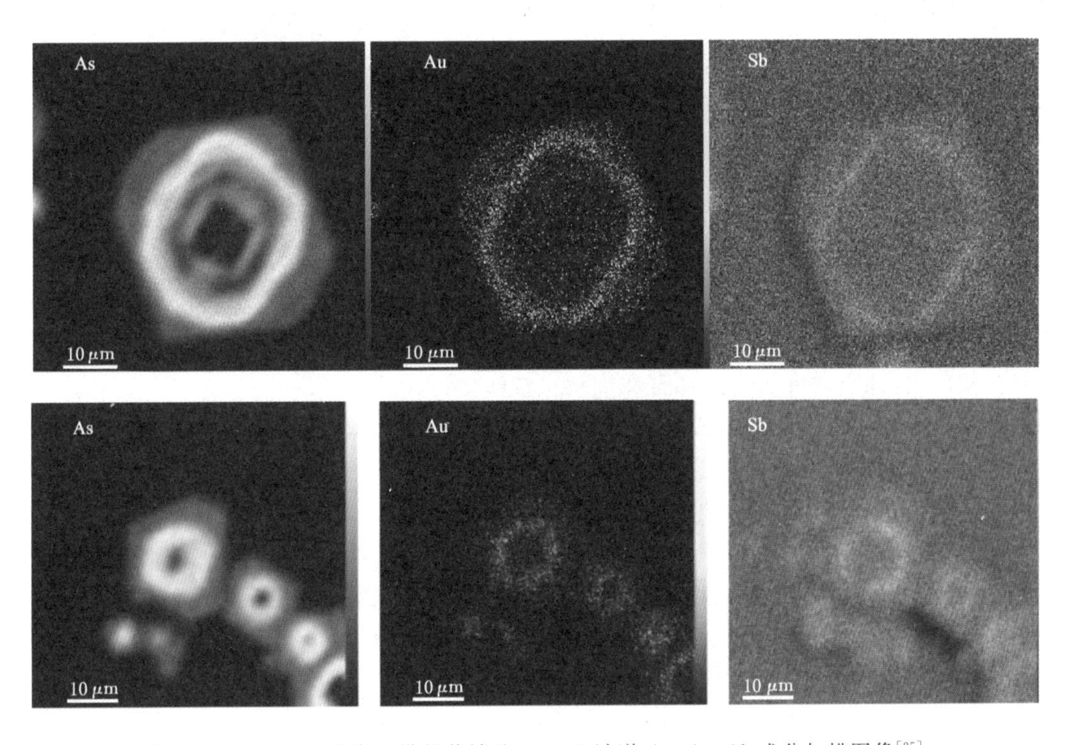

图 4-8　水银洞金矿床环带状黄铁矿 EPMA 波谱 As、Au、Sb 成分扫描图像[25]

以上研究表明，Au 主要以“不可见金”形式存在，少量为微米级“可见金”颗粒。但“不可见金”究竟以显微-超显微包裹金还是以固溶体金存在，需要进一步研究和证实。Reich 等[123]对美国卡林型金矿床的含砷黄铁矿研究认为，金的赋存状态主要为固溶体金(Au^{+1})，以 Au_2S^0 形态吸附于含砷黄铁矿，并根据 Au 和 As 含量的相互关系，确定了 Au 在含砷黄铁矿中的溶解度极限($C_{Au}=0.02\times C_{As}+4\times10^{-5}$)。当 Au 在含砷黄铁矿中的含量超过其溶解度极限时，会发生过饱和而沉淀，形成自然金颗粒，并利用 lg As-lg Au 相互关系图，判别 Au 在含砷黄铁矿中的赋存形式，即位于溶解度极限斜率曲线下方的测点可能为“不可见”的固溶体金(Au^{+1})；反之，位于斜率曲线上方的测点区域可能为因过饱和而沉淀的纳米级“可见”自然金(Au^0)。本次对泥堡金矿的 EPMA 测点分析及面扫描均未发现自然金颗粒，通过对 Au 含量大于检出限的测点进行 lg As-lg Au 投点作图显示[图 4-6(b)]，测点大多位于溶解度极限斜率曲线下方，推测泥堡金矿床中的 Au 可能主要以固溶体金(Au^{+1})形式赋存于含砷黄铁矿和毒砂中，有 2 个测点落入溶解度极限斜率曲线上方，暗示有极少量 Au 可能以纳米级自然金(Au^0)形式赋存。

苏文超团队对水银洞金矿床的形成过程进行了深入研究，提出了金成矿的“三部曲”，即经历了去碳酸盐化、金和硫化物沉淀、碳酸盐脉形成 3 个阶段，总结了金形成的化学反应公式及过程[27,29,48,125]，并明确了 Au 的赋存形式主要为化学结合态金(Au^{+1})和显微-次显微自然金(Au^0)。卢焕章等[110]对中国卡林型金矿赋存状态进行总结研究也认为，滇黔桂“金三角”卡林型金矿载金矿物和赋存状态均无本质区别，金主要以“不可见金”形式赋存，并以化学结合态金(Au^{+1})进入含砷黄铁矿的富砷环带和毒砂中，金矿的形成具有相同的成矿作用，且黄铁矿和毒砂的粒度越细，金含量越高。

4.4 本章小结

通过系统的显微镜鉴定、扫描电镜观察以及电子探针点分析测试和波谱面扫描，对泥堡金矿床黄铁矿、毒砂标型特征及金的赋存状态进行研究，取得以下主要认识：

(1) 泥堡金矿床中发育有立方体状、草莓状、细粒状、粗粒状、环带状和长条状六种类型黄铁矿，其中环带状、细粒状黄铁矿和毒砂为主要载金矿物。其结晶顺序依次为：贫砷沉积成因黄铁矿(核部)、富砷黄铁矿环带和细粒状黄铁矿、毒砂。

(2) 环带状黄铁矿核部贫 As、Au 富 Fe、S，环带富 As、Au 贫 Fe、S；Au 与 As 在一定的楔形空间呈正对应关系，当 As 含量为 2%～6%时，含金性最优；As 与 S 呈明显负相关。富砷黄铁矿环带形成的原因可能是由于 As 取代 S 所致。

(3) 环带状黄铁矿核部和环带均含金，但环带的含金性明显优于核部。泥堡金矿区未发现显微自然金颗粒，载金矿物中的金具有不均匀分布特征，主要以“不可见”固溶体金(Au^{+1})形式赋存，极少量可能为纳米级自然金(Au^0)。

第 5 章 金的三维富集规律

随着勘探工作不断深入、积累了大量矿山数据,包括钻孔柱状图和样品测试信息。同时,随着计算机技术的不断提高,在收集矿山数据的基础上,利用现代信息理论和可视化技术建立矿床空间特征和自身属性的三维模型,使主要地质构造和物质组成三维可视化,进而可以清晰地观察金在地层、断层、褶皱中的富集变化规律[126]。因此,利用 3Dmine 软件对泥堡金矿床进行三维可视化地质建模,建立地层模型、断层模型和矿体模型,分析 Au 的三维富集规律,可以有效地指示 Au 的富集位置,从而指导找矿工作。

5.1 地质模型的建立

5.1.1 建立实体模型

随着三维地质建模技术逐渐成熟,不断涌现出 Surpac、Micromine、Gocad、Minesight、Creatar、Datamine、3Dmine 等三维建模软件。在上述软件中,3Dmine 软件侧重于服务矿山三维地质建模,具有空间立体感强、可视化性高、操作简便、效率高、准确性强等优点[127-128]。因此,采用 3Dmine 软件进行三维地质建模,建模平面位置选择9 100～10 460 勘探线,空间位置选择 F1 断层、Sbt、P_2m、P_3l^1、P_3l^2、P_3l^3 和 Q。建模方式为钻孔柱状图建模,共利用 90 个钻孔数据,平均深度为 182 m,按 80 m×80 m 工程间距布置钻孔,钻孔控制的建模高程为800～1 600 m。建模流程依次为:

(1) 从钻孔柱状图中提取钻孔名称、孔口坐标、孔深、钻孔倾角、钻孔方位角、地层层位、岩性、采样位置及样品中 Au 含量等信息,建立定位表、测斜表、化验表、岩性表,后导入 3Dmine 内,建立钻孔数据库。

(2) 利用全地层建模依次对 F1、P_2m、Sbt、P_3l^1、P_3l^2、P_3l^3 和 Q 建模(图 5-1)。在建模中,层位尖灭处理方式选择趋势延伸、浅孔记录连续和顶、底板边界封闭处理,部分位置钻孔间距较远或存在钻孔缺失,利用网格估值进行插值,以便减小误差,其中网格间距设为 20 m,并利用曲面拟合进行插值。此时得到 F1 断层与各地层的三维地质模型,它存在地层、断层实体模型重叠、交叉等问题,这主要是由于 F1 断层逆冲运动。利用 F1 断层面将实体模型切割成上、下两盘,分别建模后组合,这样在单盘内就不存在地层重复现象,从而解决严重交叉问题。此外，在地层实体模型中存在重叠部分，将钻孔数据库设置为钻孔显示，透明化处理实体模型或沿着多条勘探线切割剖面观察，确定重叠部分所属地层，再利用布尔运算中的交集、并集和差集对地层进行处理，从而得到 F1 断层和各地层准确的空间实体模型，并组合得到总模型(图 5-2)。

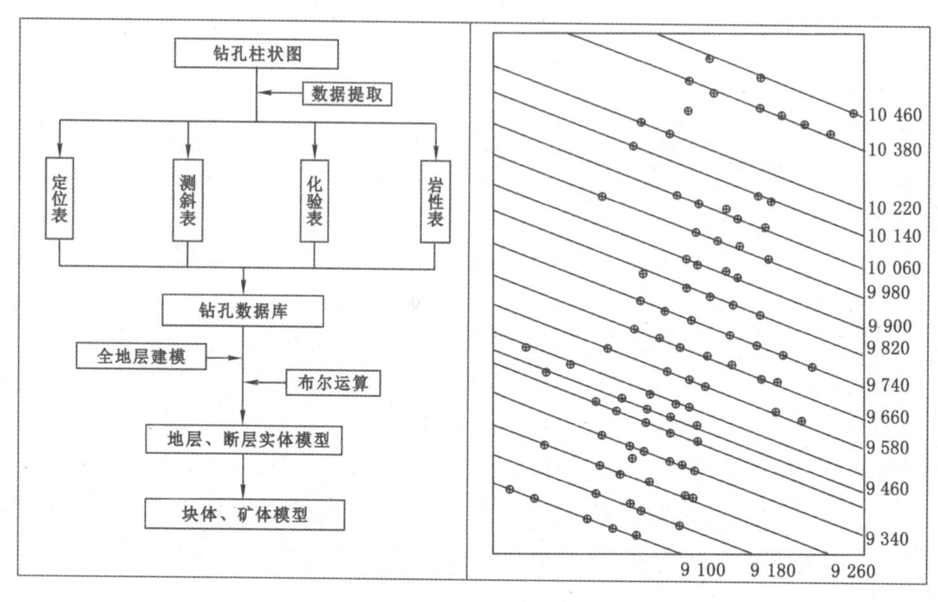

图 5-1　建模流程图与钻孔布置图

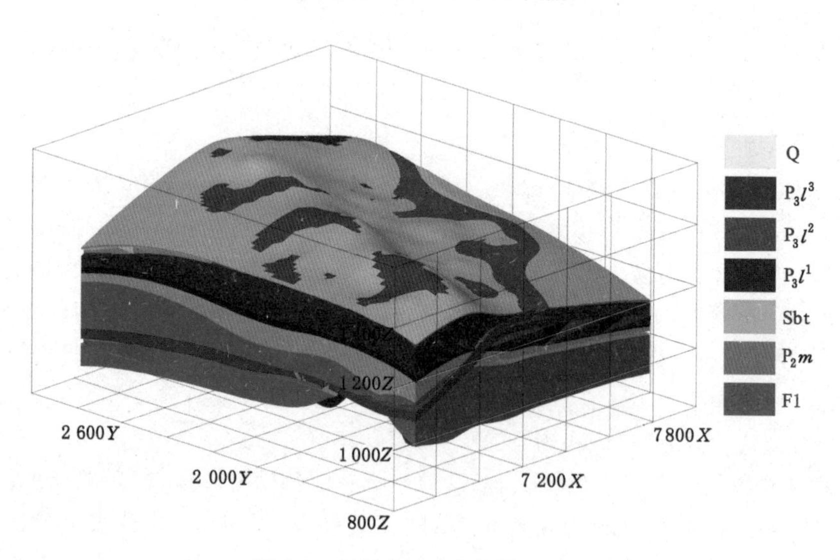

图 5-2　泥堡金矿床实体模型图

5.1.2　建立块体模型

研究 Au 的三维富集规律，需在建立断层和各地层实体模型的基础上创建块体模型分析，其中单个块体尺寸(X、Y、Z)分别为 10 m×10 m×10 m，次级块体的尺寸为 5 m×5 m×5 m。将块体模型进行实体模型约束，从而得到 F1 断层和各地层的块体模型，对块体进行新建 Au 含量属性并赋值。在块体中，各样品点距待估值块的距离不同，其品位对待估值块的影响程度不同，距离待估值块近的样品，其品位对待估值块品位影响越大。因此，选择距离幂次反比法对块体进行赋值。在利用距离幂次反比法进行赋值中，主要是估值参数中 Au 样品点文件生成和确定搜索参数，样品点文件包括原始样品长度点文件，Au 组合样品点文件。原始样品长度点文件共收集样品 6 835 件，样品长为 0.52～1.72 m，而样品长度中数和平均长度均为 1.14 m(图 5-3)。因此，以 1.14 m 为 Au 点的提取组合长度，可减少组合样品对原样品的破坏。

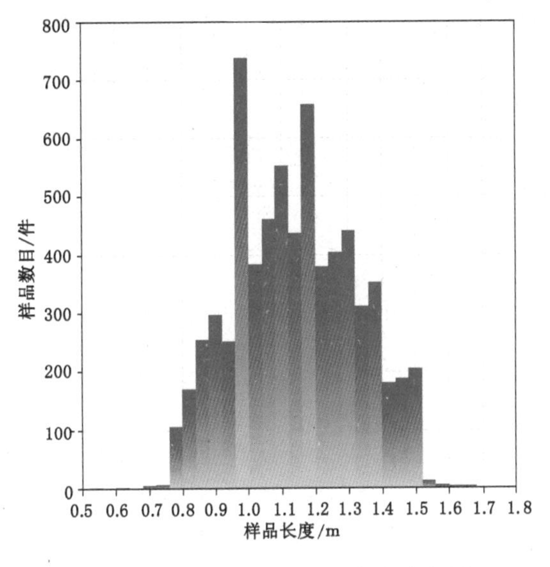

图 5-3　泥堡金矿床中样品长度直方图

实体建模区域位于二龙抢宝背斜内，包括核部及两翼部分地层，表现出两翼产状明显差异，且被 F1 断层切穿。在 F1 断层上盘，主要为二龙抢宝背斜核部，是次建模的重点区域，各地层表现出走向约为 0°，倾向约为 270°，倾角为 10°，不存在显著侧伏现象。因此，在利用距离幂次反比法进行赋值时，搜索参数中的主轴、次轴和短轴搜索半径分别为 300 m、150 m、75 m，主轴方位角、主轴倾伏角和次轴倾角分别为 0°、0°、10°，待估值块利用其他样品估值时，最多使用 12 块样品，最少 3 块，单孔最多 4 块，以此得到 F1 断层和各地层 Au 品位块体模型(图 5-4)。

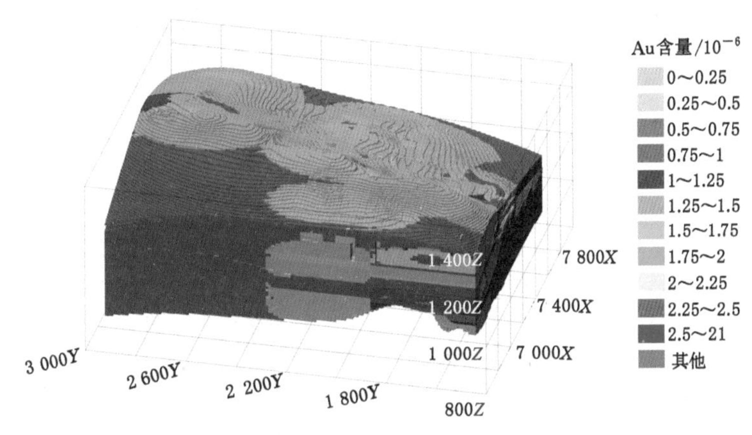

图 5-4　泥堡金矿床块体模型图

5.2 含金性分析

泥堡金矿床中，Au的含量在整体上、纵向上、横向上以及各地层、断层、二龙抢宝背斜之间均存在较大差异。因此，在三维地质建模的基础上，开展含金性统计分析和三维含金性分析，以此细化对Au富集规律研究。而金矿床中原生矿和氧化矿的工业指标不同，原生矿中Au的边界品位为1.0×10^{-6}，工业品位为2.5×10^{-6}，氧化矿的边界品位为0.5×10^{-6}，所以在建矿体模型时，原生矿和氧化矿分别按1.0×10^{-6}和0.5×10^{-6}提取矿体。同时，为直观观察Au在矿床中的三维分布情况，将块体模型图(图5-4)中Au含量按$0\sim0.25\times10^{-6}$、$0.25\times10^{-6}\sim0.5\times10^{-6}$、$0.5\times10^{-6}\sim0.75\times10^{-6}$、$0.75\times10^{-6}\sim1\times10^{-6}$、$1\times10^{-6}\sim1.25\times10^{-6}$、$1.25\times10^{-6}\sim1.5\times10^{-6}$、$1.5\times10^{-6}\sim1.75\times10^{-6}$、$1.75\times10^{-6}\sim2\times10^{-6}$、$2\times10^{-6}\sim2.5\times10^{-6}$、$>2.5\times10^{-6}$等品位区间着色，以便增加空间立体感强，而品位区间还有“其他”，是指未被赋值的块体，由部分区域的钻孔间距较大或钻孔缺失造成。

5.2.1 含金性统计分析

从提取钻孔柱状图信息到建立钻孔数据库，随后依次建立矿床的三维实体模型和块体模型。在块体模型中，每个块都具有Au含量属性和体积量属性，通过3Dmine软件的统计功能，可以清晰地分析矿床在整体上、各地层和F1断层中Au的含量与对应岩石体积之间的关系，通过由统计分析可知，矿床整体上Au含量为$0.01\times10^{-6}\sim20.41\times10^{-6}$，平均值为$0.39\times10^{-6}$，集中分布于$0.01\times10^{-6}\sim0.67\times10^{-6}$，将Au含量按$0.25\times10^{-6}$为一个区间梯度，划分出22个品位区间，并统计区间的岩石体积，得出泥堡金矿床中Au含量分布图(图5-5)。图5-5表明，含Au岩石的量随Au含量增加而减少，但在Au含量为2.5×10^{-6}之后出现异常，不减反增，表明存在一定作用使Au异常富集。

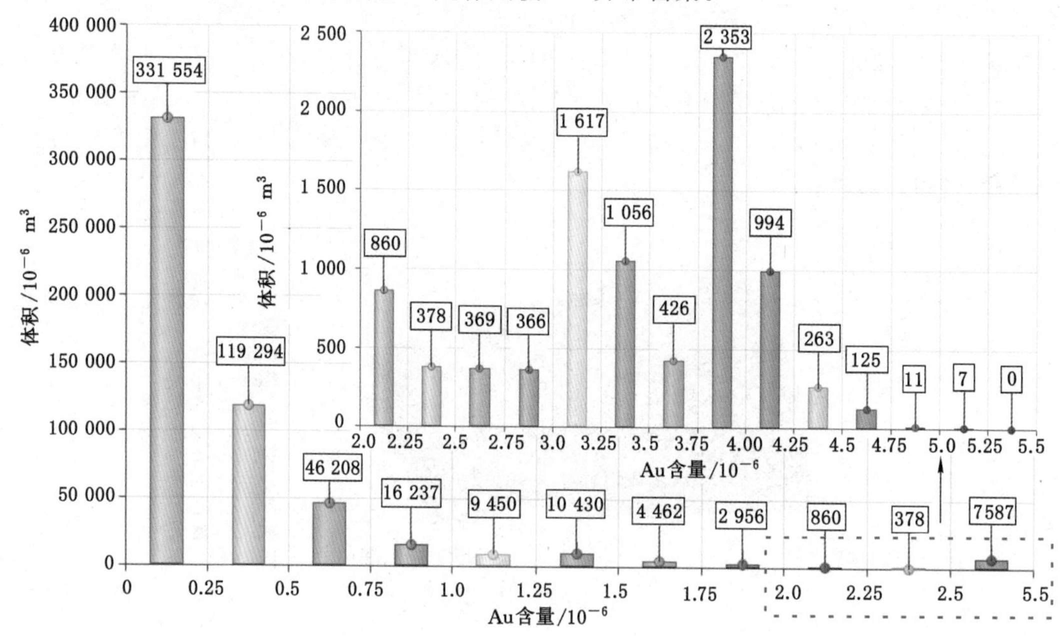

图5-5 泥堡金矿床中Au含量分布图

研究表明，金主要以离子金赋存于含砷黄铁矿（主）和毒砂（次）中[129-130]，硫化作用是形成含砷硫化物的主要机制[86,129,131-132]，也是Au富集的主要成矿机制。同时，统计出P_2m、Sbt、P_3l^1、P_3l^2、P_3l^3、Q和F1断层中的Au含量和对应的岩石体积量，在此基础上得出矿床中地层内Au含量分布图（图5-6）。由图5-6可知，含矿岩石的量随Au含量增加而减少，但在Au含量为2.5×10^{-6}之后出现异常，不减反增，且Au主要富集于F1断层以及Sbt、P_3l^1、P_3l^2中。

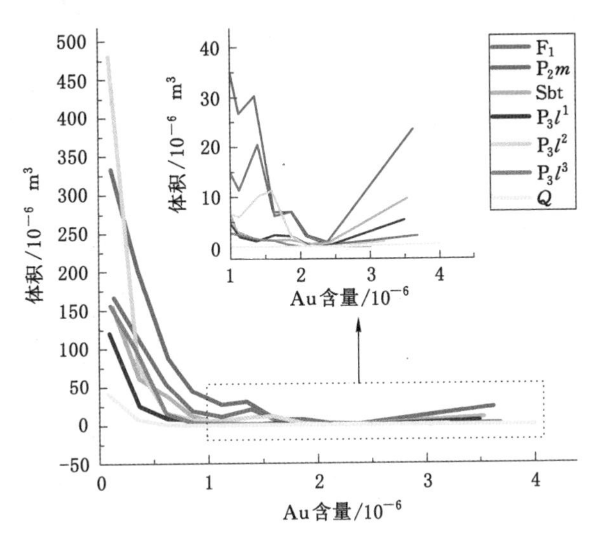

图5-6　泥堡金矿床中地层Au含量分布图

5.2.2　三维含金性分析

对泥堡金矿床进行三维地质建模及可视化处理后，发现Au含量在纵向上、横向上，以及各地层、断层、二龙抢宝背斜轴面之间均存在较大差异（图5-7）。在纵向上，对二龙抢宝背斜核部轴线方向切割剖面（图5-8），剖面中出露的Au矿体较多，表现出斑块状分布及色带连续分布，Au在斑块处含量高，并向四周逐渐减少。

在横向上，F1断层具有较好的连续性，F1断层中Au含量分布不均匀，在建模区域的西南部Au含量高，以及在F1、Sbt和背斜轴面交汇带品位高，从西南部向北（X）东（Y）向减少[图5-7(j)、图5-7(m)、图5-7(n)]。同时，F1断层中也存在斑块状分布及色带连续分布现象，Au在斑块处含量高，向四周逐渐减少，不存在太大跳跃[图5-7(n)]。而Au在地层中富集程度存在明显差异，在P_2m中，地层较厚，被F1断层错断，矿体主要分布在F1断层上盘中与Sbt和F1断层接触部位附近，随F1断层和Sbt产状产出，尤其在轴面、Sbt、F1、P_2m接触带周围品位最高[图5-7(k)、图5-7(l)]，这主要是由于F1断层运动以及P_2m内灰岩蚀变。因此，把F1断层上盘内P_2m内蚀变矿体划入F1和Sbt内，而原生P_2m内的灰岩含金量较低，不成矿。在Sbt、P_3l^1和P_3l^2中，矿体顺层产出，主要分布在F1断层两侧、背斜轴面附近、背斜轴面与F1断层之间、背斜轴面倾向一侧的背斜翼部，且在地层与上、下地层底顶部位、断层和背斜轴面交汇处，Au含量较高[图5-7(e)至图5-7(j)]。在P_3l^3中，矿体主要分布在F1断层下盘，断层与P_3l^3接触部位附近，品位较低[图5-7(c)和图5-7(d)]。而Q中矿体为氧化矿，主要分布在背斜轴线附近[图5-7(a)和图5-7(b)]。此外，在图5-8中，F1断

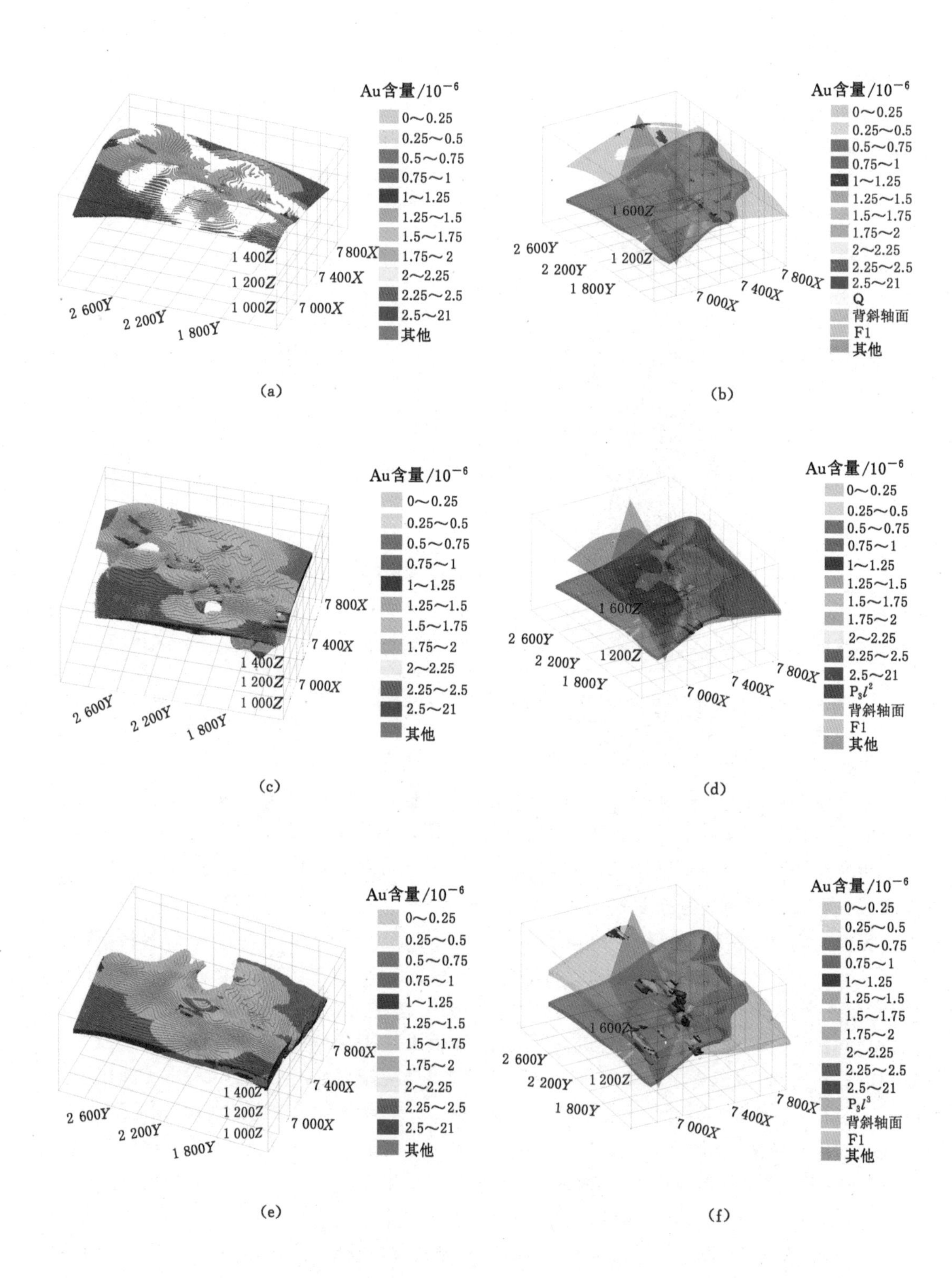

图 5-7 泥堡金矿床中 Au 含量分布图与对应矿体分布图

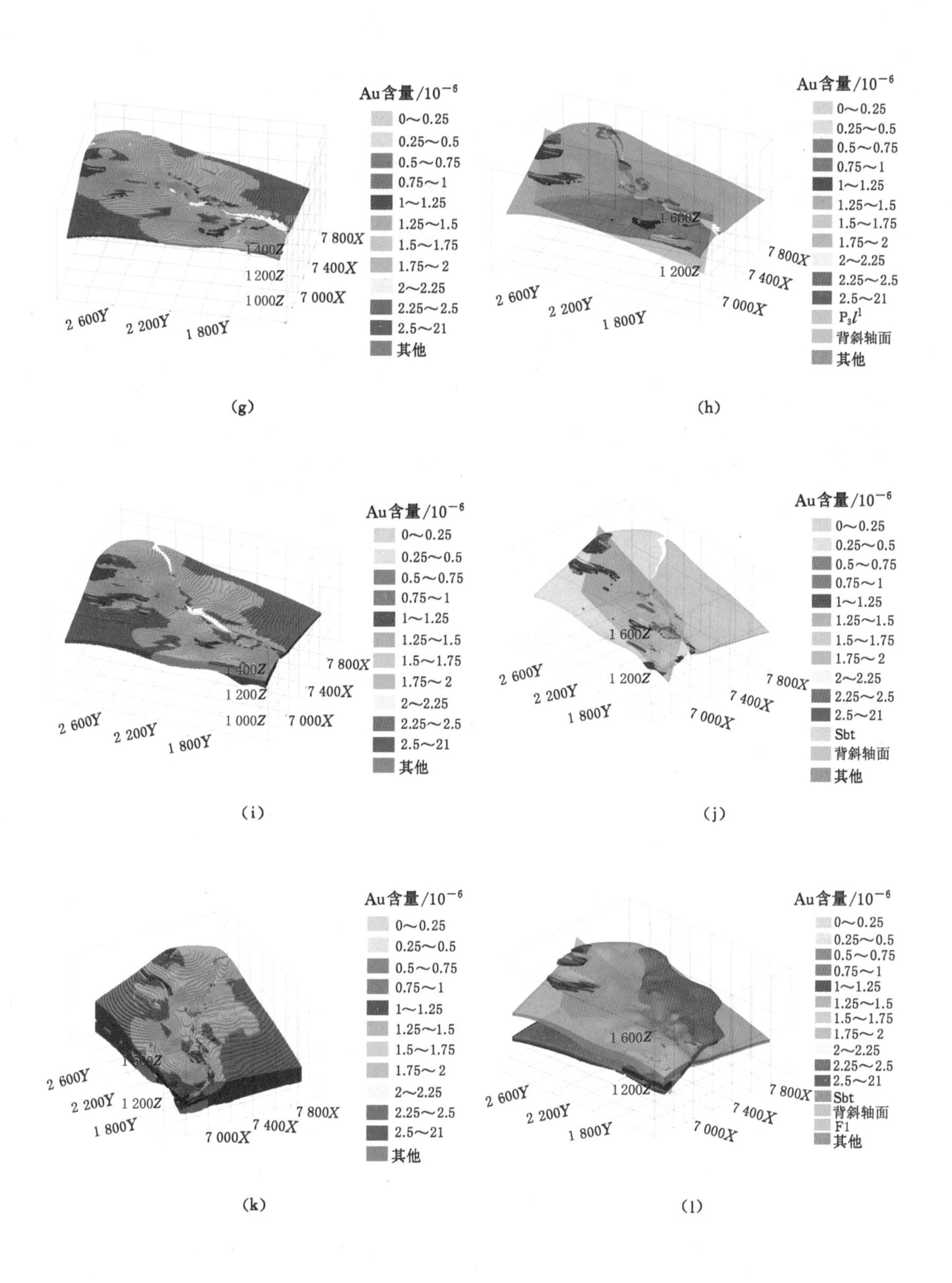
Au含量/10⁻⁶
0～0.25
0.25～0.5
0.5～0.75
0.75～1
1～1.25
1.25～1.5
1.5～1.75
1.75～2
2～2.25
2.25～2.5
2.5～21
P₃l¹
Sbt
背斜轴面
F1
其他
2 600Y
2 200Y
1 800Y
7 800X
7 400X
7 000X
1 600Z
1 400Z
1 200Z
1 000Z
(g)
(h)
(i)
(j)
(k)
(l)

图 5-7 (续)

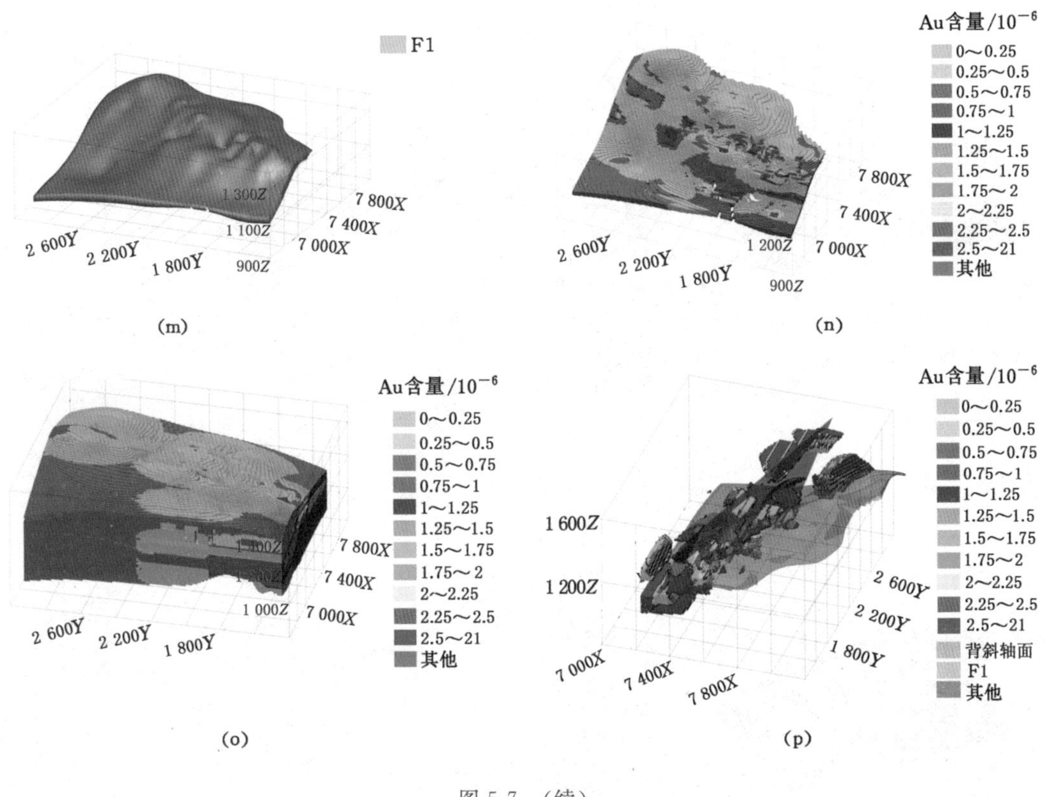

图 5-7 （续）

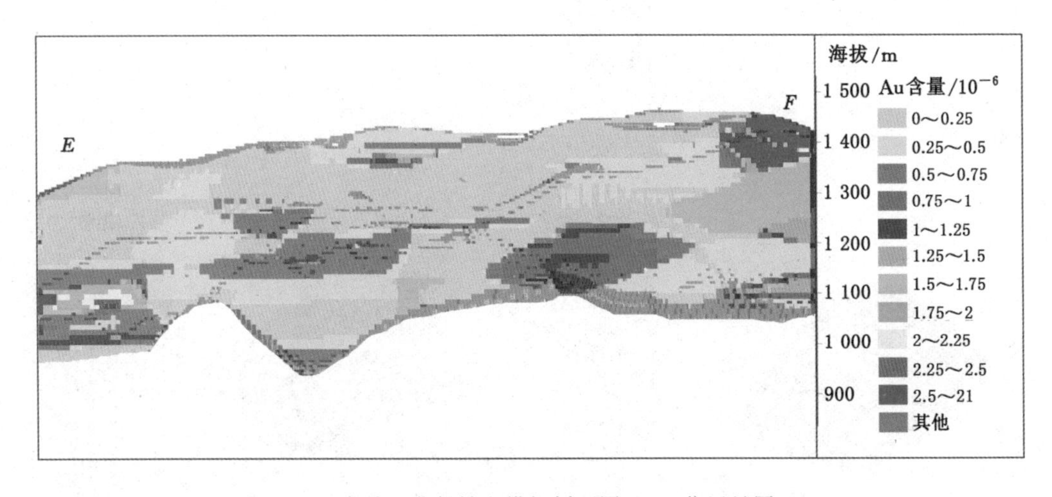

图 5-8 二龙抢宝背斜轴向横切剖面图（*E*、*F* 位置见图 3-1）

层下盘几乎不含矿，而在实际生产研究中，有部分矿体产出，主要是矿体埋藏深、前期施工钻孔未对下盘矿体进行有效控制所致。

因此，利用整个模型图、矿床中 Au 含量分布图、地层中 Au 含量分布图、二龙宝背斜轴向横切剖面图以及断层 F1 与各地层矿体分布图对泥堡金矿床进行含金性统计分析和三维含金性分析。由分析可知，矿床中 Au 含量为 $0.01\times10^{-6}\sim20.41\times10^{-6}$，平均值为 0.39×10^{-6}，集中分布于 $0.01\times10^{-6}\sim0.67\times10^{-6}$。而 Au 矿体主要富集层位为 P_3l^2、P_3l^1，赋存位置为 Sbt、F1 断层内、F1 断层两侧、背斜轴面附近、背斜轴面与 F1 断层之间，背斜轴面倾向一侧的背斜翼部；同时，Au 随地层和断层层状产出，在纵向和横向上分布不均匀，具有斑块状分布及带状连续分布特点，表现出 Au 在斑块处含量高，并且向四周持续递减，不存在较大跳跃。

图 5-7 中，(a)、(c)、(e)、(g)、(i)、(k) 和 (b)、(d)、(f)、(h)、(j)、(l) 分别对应 Q、P_3l^3、P_3l^2、P_3l^1、Sbt、P_2m 中的 Au 含量分布图和矿体分布图。图 5-7(m) 为 F1 断层实体模型图，图 5-7(n) 为 F1 断层 Au 含量分布图，图 5-7(o) 为矿床的 Au 含量分布图，图 5-7(p) 为矿床的矿体分布图。

5.3 本章小结

(1) 泥堡金矿床 Au 的含量从低到高整体上对应的岩石体量呈下降趋势，但在 Au 含量为 2.5×10^{-6} 之后出现异常，不减反增，表明存在一定作用使 Au 异常富集。

(2) 金的三维富集规律体现为矿体主要富集层位为 P_3l^2 和 P_3l^1，赋存位置为 Sbt、F1 断层内、F1 断层两侧、背斜轴面附近、背斜轴面与 F1 断层之间，背斜轴面倾向一侧的背斜翼部。同时，Au 随地层和断层层状产出，在纵向和横向上分布不均匀，具有斑块状分布及带状连续分布特点，表现出 Au 在斑块处含量高，并向四周持续递减过程。

第6章 元素地球化学

中二叠世末期，峨眉地幔热柱强烈活动，喷发出大量峨眉山玄武岩及凝灰物质。泥堡金矿区虽未见玄武岩出露，但有大量凝灰岩、沉凝灰岩等火山灰物质产出，主要赋存于构造蚀变体及龙潭组二段地层中。现有地质资料表明，沉凝灰岩和凝灰岩是泥堡金矿区最主要的容矿岩石，F1断层在切穿沉凝灰岩和凝灰岩岩性段时所形成矿体厚度大，矿石品位高且较为均匀。因此，利用矿石的主量、微量及稀土元素地球化学组成特征，分析成岩、成矿物质来源，并用微量元素组合特征指示成矿信息；同时，方解石作为金矿体中的主要脉石矿物，是成矿晚期的主要产物，利用方解石稀土元素特征参数能够有效判别热液流体来源。

6.1 矿石元素地球化学

6.1.1 样品采集及分析方法

泥堡金矿床9460勘探线110A钻孔揭露了区内层控型和断裂型两种类型金矿体(图3-4)，且矿化蚀变、赋矿岩石类型齐全。因此，选择该钻孔进行了详细的岩矿石样品采集，深度介于23.31～436.02 m(图6-1)。采样以F1断层破碎带为主体，并涵盖了构造蚀变体及龙潭组一、二段，共采集51件样品，从中挑选出具有代表性的岩/矿石样品33件进行微量、稀土元素及含金性分析，另外选择15件样品进行主量元素分析。采集样品见表6-1。

表6-1　泥堡金矿床样品采集一览表

岩性	数量/件	样品编号
沉凝灰岩	17	110A-20、110A-23、110A-25～110A-27、110A-29、110A-30 110A-32～110A-39、110A-47、110A-49
含凝灰质砂岩	8	110A-1、110A-2、110A-5、110A-7、110A-9、110A-12、110A-18、110A-47
凝灰岩	4	110A-40、110A-41、110A-43、110A-46
黏土质粉砂岩	2	110A-19、110A-48
含凝灰质次生石英岩	1	110A-45
硅质岩	1	110A-44

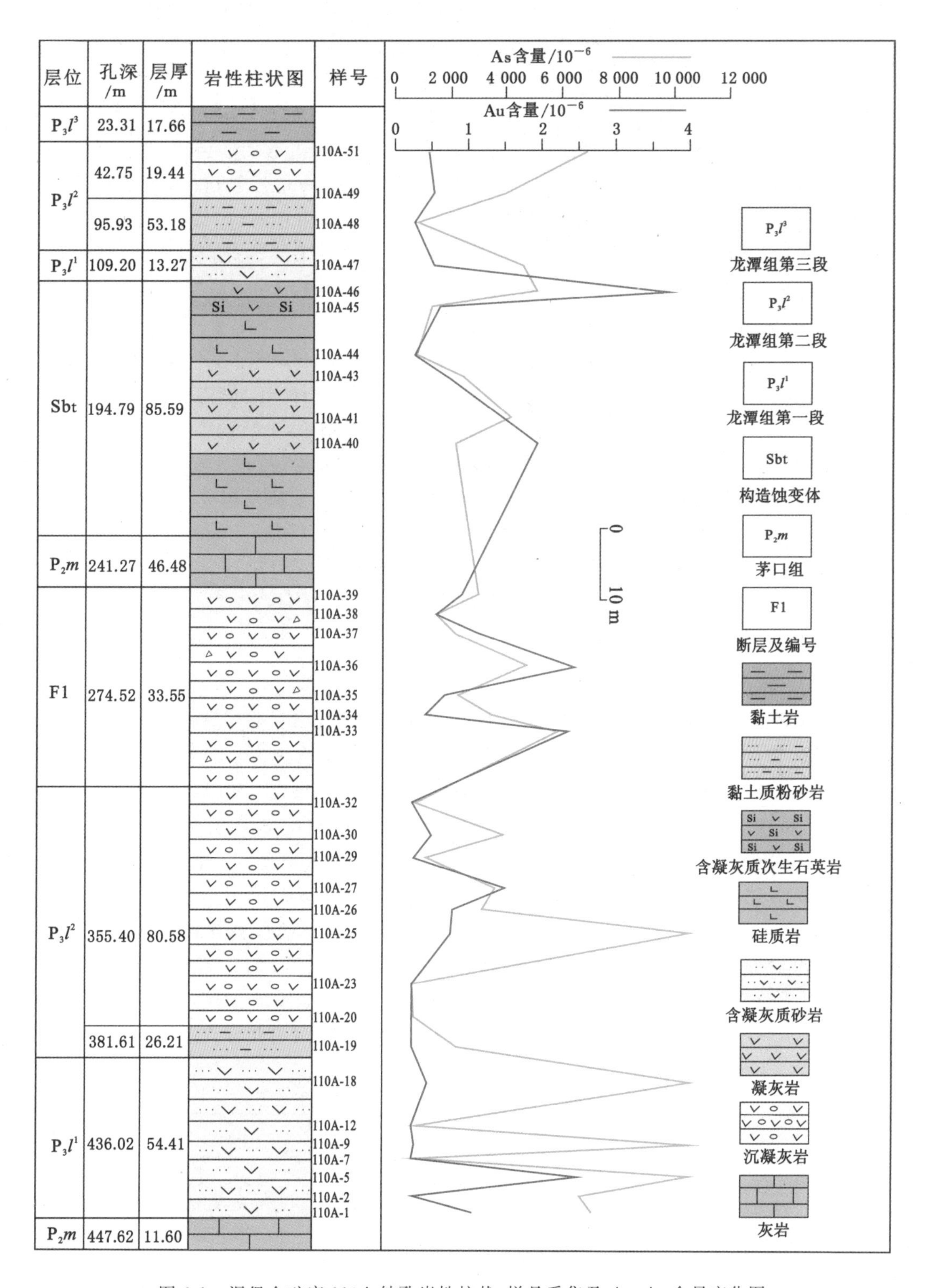

图6-1　泥堡金矿床110A钻孔岩性柱状、样品采集及Au、As含量变化图

岩矿石主量、微量、稀土元素及 Au 含量均在澳实分析检测(广州)有限公司检测完成。采用 MK3 型破碎机将低温烘干的新鲜岩石一次鄂破至 2 mm 以下,用 800305 型无污染研磨钵(钨钢)振动研磨至约 200 目,以备测试所用。

全岩主量元素分析采用 ME-XRF15bg 法,测试仪器型号为 PANanalytical AXIOS,利用偏硼酸锂—焦硼酸锂—硝酸钠熔融,X 荧光光谱定量。测试过程如下:首先在已制备好的粉样(200 目)中加入 $Li_2B_4O_7$-$LiBO_2$ 助熔物,使样品与助熔物充分混合;然后使混合样在 1 000 ℃的熔炉中熔化,待熔融物冷却后加入稀 HCl 和稀 HNO_3 溶解;最后利用 X 射线荧光融片法进行定量测试,元素之间的光谱干扰经矫正后,得到最终的分析结果,分析误差优于 2%。烧失量分析主要是将制备好的定量样品放入马弗炉中,于 1 000 ℃加热 1 h,待冷却后称重,样品加热前后的重量差即是烧失百分比。

微量元素采用 ME-MS61 四酸消解法,用 $HClO_4$、HNO_3、HF 和 HCl 进行消解,静置一周后烘干,蒸至近干后的样品用稀 HCl 溶解定容,再用等离子体发射光谱仪(ICP-MS)进行测试分析,元素之间的光谱干扰得到矫正后,即得最后分析结果,分析误差优于 3%。

稀土元素采用 ME-MS81 法,试样利用硼酸锂熔融,混合均匀,在 1 025 ℃以上的熔炉中熔化,待熔液冷却后,用 HNO_3、HCl 和 HF 定容,再用等离子体发射光谱仪(ICP-MS)定量分析,分析误差优于 3%。

Au 含量采用 Au-AA23 火试法,利用原子吸收光谱仪(AAS)定量,仪器测试曲线由匹配母体标准溶液构成。

6.1.2 地球化学特征

6.1.2.1 主量元素特征

主量元素分析测试结果见表 6-2。由表 6-2 可以看出,SiO_2 含量除样品 110A-45(SiO_2含量为 79%)外,其余为 23.30%~40.30%。具有较低的 TiO_2 含量(0.82%~2.99%,均值 1.82%),较高的 Al_2O_3(5.58%~19.05%,平均值为 11.65%)及 Fe_2O_3 含量(5.74%~28.60%,均值 12.52%),高 K_2O 含量(1.20%~5.21%,均值 2.42%)和低 Na_2O 含量(0.01%~2.18%,平均值为 0.19%),K_2O 含量远大于 Na_2O 含量。除采自 Sbt 中的样品外(CaO+MgO 含量为0.18%~0.59%),其余样品均具有较高的 CaO+MgO 含量(7.67%~26.63%),与前文所述样品普遍遭受黏土化、碳酸盐化相一致,说明 CaO+MgO 高含量除少部分因含方解石外,更可能是热液蚀变作用的结果,而 Sbt 中表现出极低 CaO+MgO 值,可能是因为强烈的硅化作用过程中 SiO_2 取代 CaO+MgO 所致。其余主量元素含量低(均小于 0.5%),且变化范围较小。Al_2O_3/TiO_2 比值介于 4.71~12.21,变化范围较小,具有基性火山岩的比值特征。

表 6-2 泥堡金矿床含矿岩系主量元素分析结果表 单位:%

采样位置	F1 断层下盘龙潭组一段			F1 断层下盘龙潭组二段				F1 断层				构造蚀变体		F1 断层上盘龙潭组一、二段	
样号	110A-1	110A-2	110A-12	110A-23	110A-25	110A-27	110A-30	110A-33	110A-36	110A-37	110A-39	110A-40	110A-45	110A-47	110A-49
SiO_2	33.30	33.50	23.30	36.20	40.30	32.80	32.40	31.70	28.50	35.10	24.40	24.60	79.00	32.30	41.20
TiO_2	1.67	1.11	1.19	2.26	2.06	2.08	2.38	2.58	2.41	1.52	0.82	2.99	1.13	0.98	2.14

表 6-2(续)

采样位置	F1 断层下盘龙潭组一段			F1 断层下盘龙潭组二段				F1 断层				构造蚀变体		F1 断层上盘龙潭组一、二段	
Al_2O_3	19.05	13.55	11.35	11.10	10.40	9.79	11.45	12.70	11.65	8.30	8.80	17.25	5.58	13.15	10.70
Fe_2O_3	14.45	11.50	12.45	10.50	10.55	10.05	14.10	12.10	12.35	8.87	8.86	28.60	5.74	11.00	16.70
MgO	2.02	2.29	2.13	4.57	4.74	4.71	4.66	5.12	5.87	5.69	2.23	0.41	0.12	3.81	2.42
MnO	0.12	0.22	0.71	0.28	0.23	0.21	0.15	0.17	0.26	0.25	0.62	0.01	0.01	0.41	0.10
CaO	5.80	13.05	20.40	14.00	8.42	13.90	8.86	9.48	12.05	14.45	24.40	0.18	0.06	12.85	5.25
Na_2O	0.07	0.07	0.07	2.18	0.04	0.04	0.04	0.05	0.04	0.04	0.01	0.11	0.03	0.03	0.05
K_2O	5.21	3.68	3.01	1.26	2.65	2.55	2.55	3.43	3.13	2.16	2.37	4.33	1.20	2.60	2.42
P_2O_5	0.50	0.31	0.32	0.52	0.36	0.45	0.30	0.33	0.37	0.32	0.35	0.07	0.06	0.25	0.50
SO_3	3.73	15.25	0.17	1.55	15.85	17.35	21.90	17.65	14.50	13.25	13.45	>50.00	9.95	13.35	28.10
LOI	13.79	12.12	24.54	15.87	15.59	13.95	17.93	16.26	16.95	14.38	14.32	19.96	6.61	12.65	15.18
Al_2O_3/TiO_2	11.41	12.21	9.54	4.91	5.05	4.71	4.81	4.92	4.83	5.46	10.73	5.77	4.94	13.42	5.00

注:LOI 为烧失量。

6.1.2.2 微量元素特征

微量元素分析测试结果见表 6-3,由表 6-3 可以看出,样品 As 异常富集,含量为 $28\times10^{-6}\sim9\ 980\times10^{-6}$,个别样品大于 $10\ 000\times10^{-6}$,相对于上地壳(1.5×10^{-6})富集系数高达 6667 倍。对分析数据进行原始地幔均一化处理并作微量元素蛛网图(图 6-2),蛛网图原始地幔数据见文献[133]。图 6-2 显示,泥堡金矿床各含矿岩系岩/矿石大多具有相似的微量元素组成,微量元素丰度相对于原始地幔富集系数变化于 10~100 倍,其中 F1 断层破碎带的蛛网图曲线相似度极高[图 6-2(c)]。高场强元素 Nb、Ta、Zr 及 Hf 均无亏损或弱亏损,而 Ba 和 Sr 均具有明显亏损,这可能与蚀变作用引起的元素活化、迁移有关[134],主要为碳酸盐化和黏土化,尤其是碳酸盐化[3,135-136],与样品显微镜下特征相一致(图 3-9)。同时,图 6-2(d)反映了不同层位(含矿岩系)的岩石,其性质和矿化程度不同,元素的迁移形式、元素组合规律及富集程度各具特征。

利用 SPSS 软件,对泥堡金矿床 33 件样品的 13 个微量元素与 Au 之间的关系作相关性分析,以了解不同样品间各变量(微量元素)及微量元素组合间的亲疏关系。

F1 断层破碎带及断层上、下盘各含矿岩系的相关性特征如下:

注意:在 Sbt 中,110A-44 样品的蛛网图与其他样品表现不一致,其主要原因可能是 110A-44 的原岩成分为灰岩,经强烈硅化,而其他岩石均含凝灰物质,整体表现出对原岩的继承性,即原岩物质组成不同所致。

(1) F1 断层下盘 P_3l^1 含矿岩系

从图 6-3(a)可以看出,Au 与 Ag 十分显著相关,相关系数高达 0.99。根据 14 个元素的聚合特征,在相关系数大于 0.3 的情况下,可将其元素组合分为 5 类:第一类为 Au-Ag-Zn;第二类为 As-Sb-Tl-Cr-Ni-Mo;第三类为 Pb 和 Bi;第四类为 Cu 和 Sr;Co 单独聚为一类。上述聚类特征显示,各元素之间的相关性不大,元素分布比较分散。该组元素与 Au 成矿关系密切,Ag、Zn、As、Sb 和 Tl 为中低温热液矿床的主要成矿元素,反映了金的富集成矿与中

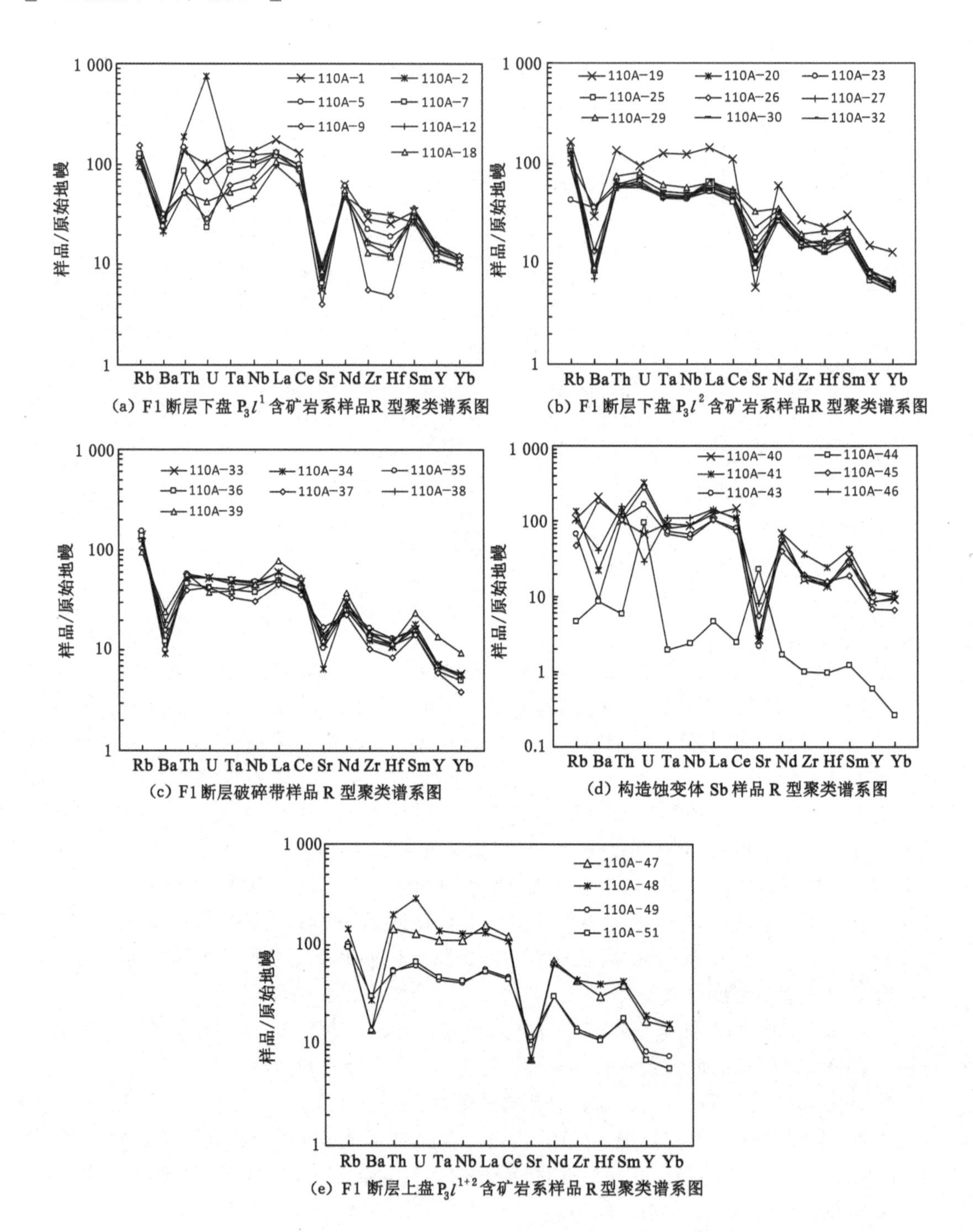

(a) F1断层下盘 P_3l^1 含矿岩系样品R型聚类谱系图

(b) F1断层下盘 P_3l^2 含矿岩系样品R型聚类谱系图

(c) F1断层破碎带样品R型聚类谱系图

(d) 构造蚀变体Sb样品R型聚类谱系图

(e) F1断层上盘 P_3l^{1+2} 含矿岩系样品R型聚类谱系图

图6-2　泥堡金矿床样品微量元素原始地幔标准化蛛网图

低温热液作用密切相关。流体包裹体资料显示，泥堡金矿区层控型金矿体成矿温度为220～280 ℃，断裂型金矿体成矿温度为160～240 ℃，与典型卡林型金矿的成矿温度(180～240 ℃)[3,12]基本一致，指示成矿流体属中低温热液。Co单独聚为一类，Pb和Bi、Cu和Sr分别聚为一类。Co、Pb、Bi、Cu和Sr与金成矿关系不密切。

表 6-3 泥堡金矿床岩/矿石微量、稀土元素分析结果及稀土特征参数表

单位：10^{-6}

位置	F1断层下盘 P_3l^1 含矿岩系							F1断层下盘 P_3l^2 含矿岩系								
样号	110A-1	110A-2	110A-5	110A-7	110A-9	110A-12	110A-18	110A-19	110A-20	110A-23	110A-25	110A-26	110A-27	110A-29	110A-30	110A-32
岩性	含凝灰质砂岩							黏土质粉砂岩	沉凝灰岩							
Rb	68.0	79.1	74.1	80.8	96.7	67.1	60.4	104.5	64.4	27.4	85.3	79.7	74.7	94.5	79.9	58.1
Ba	176.0	151.5	167.0	205.0	223.0	144.5	202.0	210.0	259.0	257.0	60.6	93.4	49.4	64.4	57.1	95.1
Th	11.4	15.8	12.4	7.2	4.4	4.5	4.5	11.4	5.4	4.9	4.8	5.0	4.9	6.4	5.2	4.9
U	2.1	15.9	1.4	0.5	0.6	2.2	0.9	2.0	1.3	1.4	1.3	1.4	1.3	1.7	1.5	1.2
Ta	5.7	4.7	4.3	3.6	2.5	1.5	2.2	5.2	2.0	1.8	1.9	1.9	1.8	2.5	2.2	1.9
Nb	96.7	74.0	88.9	68.9	52.6	32.6	43.8	87.8	33.6	31.7	32.0	32.6	32.0	41.5	35.9	32.7
Sr	119.0	149.0	174.0	137.0	85.0	207.0	183.0	124.0	209.0	386.0	189.0	305.0	224.0	711.0	279.0	482.0
Zr	323.0	377.0	254.0	181.0	62.0	191.0	147.0	307.0	201.0	183.0	169.0	183.0	162.0	220.0	190.0	186.0
Hf	8.0	9.6	5.9	3.8	1.5	4.6	3.7	7.2	4.6	5.0	4.7	5.2	4.7	6.5	3.9	4.0
Sm	15.10	11.60	12.10	12.95	16.05	12.75	15.65	13.55	8.32	8.79	7.23	7.95	9.86	9.50	7.08	9.51
Y	63.90	51.30	51.80	58.90	72.10	72.90	66.00	69.40	34.80	35.00	31.20	33.90	38.50	38.00	33.70	39.20
Au	0.819	0.043	2.270	0.009	0.038	<0.005	0.2110	0.013	<0.005	<0.005	0.522	0.562	1.265	0.015	0.265	<0.005
Ag	0.12	0.04	0.33	<0.01	0.03	0.01	0.08	0.03	0.02	0.03	0.20	0.14	0.36	0.01	0.16	0.01
Cu	27.4	27.9	29.6	18.2	33.3	60.8	59.9	106.0	94.8	81.1	82.2	83.6	72.5	102.0	92.6	84.9
Pb	15.8	8.8	5.7	16.6	5.9	3.4	2.8	21.4	4.8	4.7	5.1	4.8	5.4	6.6	7.8	4.8
Zn	96	66	156	119	138	118	47	137	105	110	102	96	95	104	105	109
Mo	0.53	0.46	0.50	0.71	0.75	0.50	0.53	2.47	1.00	2.3	1.45	0.94	1.24	1.03	1.03	0.64
Bi	0.10	0.10	0.14	0.16	0.09	0.09	0.13	0.28	0.08	0.04	0.05	0.03	0.04	0.05	0.08	0.05
Cr	66.0	35.0	51.0	58.0	110.0	60.0	69.0	81.0	49.0	47.0	45.0	47.0	43.0	60.0	52.0	49.0
Co	49.0	31.6	26.9	19.9	31.9	35.6	23.6	39.1	31.0	37.0	30.5	34.9	26.6	45.1	48.2	39.7
Ni	55.3	44.2	48.3	30.1	81.6	65.6	50.5	58.1	47.1	49.9	45.4	45.9	42.4	58.8	60.5	45.9
As	6 450	5 990	>10 000	46	9 980	85	>10 000	1 620	112	28	>10 000	2 500	3 030	508	3290	60

表 6-3(续)

位置	F1 断层下盘 P_3l^1 含矿岩系							F1 断层下盘 P_3l^2 含矿岩系								
样号	110A-1	110A-2	110A-5	110A-7	110A-9	110A-12	110A-18	110A-19	110A-20	110A-23	110A-25	110A-26	110A-27	110A-29	110A-30	110A-32
岩性	含凝灰质砂岩							黏土质粉砂岩	沉凝灰岩							
Sb	19.45	20.00	25.80	5.89	58.20	2.77	18.00	30.40	11.35	0.27	34.40	14.55	30.10	25.90	24.80	6.00
Tl	1.66	1.14	2.28	0.75	2.60	0.57	1.66	1.88	0.77	0.30	2.34	1.44	2.25	1.98	1.97	0.75
La	119.00	88.80	88.80	83.30	91.40	67.20	72.90	99.20	39.90	40.10	35.90	42.20	44.20	44.50	37.20	45.90
Ce	230.00	173.00	174.50	159.50	150.00	108.50	160.50	195.00	84.70	84.60	73.90	86.10	89.40	97.40	78.50	94.90
Pr	23.50	17.95	17.95	18.10	21.30	15.50	18.10	21.50	10.00	10.25	8.82	10.00	10.45	11.80	9.08	11.25
Nd	85.90	65.30	67.10	68.70	83.90	64.30	74.90	80.90	41.20	42.70	36.20	40.50	43.80	48.30	37.40	46.70
Sm	15.10	11.55	12.10	12.95	16.05	12.75	15.65	13.55	8.32	8.79	7.23	7.95	9.86	9.50	7.08	9.51
Eu	3.79	3.17	3.49	2.77	3.29	2.88	4.09	2.68	2.64	2.75	2.25	2.38	3.34	2.56	1.89	3.13
Gd	12.45	10.25	10.25	11.25	13.65	12.30	14.00	11.50	7.63	8.13	6.72	6.96	9.90	8.21	5.70	8.77
Tb	1.93	1.58	1.57	1.82	2.11	1.84	2.04	1.93	1.13	1.16	0.98	1.05	1.40	1.16	0.89	1.26
Dy	10.80	9.12	8.77	10.65	12.60	10.90	11.40	11.90	6.35	6.38	5.62	6.01	7.11	6.68	5.61	7.23
Ho	2.21	1.84	1.79	2.16	2.60	2.30	2.26	2.44	1.29	1.24	1.10	1.18	1.30	1.35	1.19	1.41
Er	6.09	4.97	4.92	5.95	6.83	6.20	6.05	6.72	3.39	3.26	2.90	3.20	3.29	3.63	3.49	3.88
Tm	0.90	0.80	0.77	0.86	1.03	0.89	0.91	1.04	0.51	0.47	0.44	0.48	0.47	0.55	0.51	0.54
Yb	5.60	4.62	4.80	5.38	6.09	5.55	5.50	6.45	3.15	2.83	2.65	2.78	2.82	3.40	3.15	3.28
Lu	0.90	0.73	0.74	0.80	0.93	0.82	0.84	1.00	0.49	0.44	0.42	0.44	0.46	0.56	0.51	0.52
ΣREE	518.17	393.68	397.55	384.19	411.78	311.93	389.14	455.81	210.70	213.10	185.13	211.23	227.80	239.60	192.20	238.28
L/H	11.68	10.61	10.83	8.88	7.98	6.65	8.05	9.61	7.80	7.91	7.89	8.56	7.52	8.38	8.13	7.86
$(La/Yb)_N$	15.24	13.79	13.27	11.11	10.77	8.69	9.51	11.03	9.09	10.16	9.72	10.89	11.24	9.39	8.47	10.04
$(La/Sm)_N$	5.09	4.96	4.74	4.15	3.68	3.40	3.01	4.73	3.10	2.95	3.21	3.43	2.89	3.02	3.39	3.12
$(Gd/Yb)_N$	1.84	1.84	1.77	1.73	1.85	1.83	2.11	1.47	2.00	2.38	2.10	2.07	2.90	2.00	1.50	2.21
δEu	0.82	0.87	0.93	0.69	0.66	0.69	0.83	0.64	0.99	0.98	0.97	0.96	1.02	0.87	0.88	1.03
δCe	1.00	1.00	1.01	0.96	0.80	0.79	1.05	0.99	1.01	1.00	0.99	0.99	0.99	1.02	1.02	0.99

表 6-3(续)

位置	F1 断层破碎带							构造蚀变体 Sbt						F1 断层上盘 P_3l^{1+2} 含矿岩系			
样号	110A-33	110A-34	110A-35	110A-36	110A-37	110A-38	110A-39	110A-40	110A-41	110A-43	110A-44	110A-45	110A-46	110A-47	110A-48	110A-49	110A-51
岩性	沉凝灰岩							凝灰岩			硅质岩	次生石英岩	凝灰岩	凝灰质砂岩	黏土质粉砂岩	沉凝灰岩	
Rb	89.1	86.0	97.6	87.8	66.4	77.2	60.7	68.5	86.4	42.0	2.9	29.9	64.7	65.8	91.2	65.1	60.0
Ba	106.0	64.8	69.7	84.8	111.0	133.0	168.5	1 475.0	157.0	64.0	60.4	1 280.0	283.0	98.9	196.0	97.9	214.0
Th	4.5	4.7	4.9	3.9	3.4	4.6	4.9	8.6	11.2	9.2	0.5	8.8	13.3	12.1	16.9	4.7	4.6
U	1.1	1.1	1.1	0.9	0.9	1.1	0.8	1.4	6.7	3.5	2	5.8	0.6	2.7	6.1	1.3	1.4
Ta	2.0	2.1	2.1	1.7	1.4	1.9	1.6	3.7	3.2	2.7	0.1	3.0	4.5	4.5	5.6	1.8	1.9
Nb	33.3	33.5	34.5	27.3	21.6	31.5	32.5	61.4	62.1	42.7	1.7	47.5	79.3	78.9	92.2	29.4	30.9
Sr	247.0	136.0	224.0	271.0	355.0	300.0	262.0	57.0	63.0	46.0	480.0	118.0	169.0	154.0	152.0	211.0	252.0
Zr	169.0	140.0	185.0	147.0	115.0	168.0	159.0	188.0	406.0	185.0	11.0	218.0	209.0	>500.0	>500.0	164.0	152.0
Hf	3.4	3.3	4.0	3.5	2.6	4.0	3.6	4.2	7.4	4.6	0.3	4.8	4.2	9.5	12.5	3.6	3.5
Sm	7.15	8.11	6.86	6.39	6.33	7.30	10.55	14.9	18.45	12.35	0.54	8.25	11.85	17.70	19.40	7.93	8.27
Y	32.5	33.1	31.4	28.1	26.9	33.2	62.4	39.1	50.0	37.8	2.7	31.0	51.6	79.2	90.0	39.5	32.2
Au	2.120	0.162	0.432	2.220	0.920	0.313	0.665	1.700	1.165	0.460	0.024	0.368	3.470	0.272	0.010	0.305	0.209
Ag	0.43	0.15	0.21	0.39	0.29	0.29	0.06	8.82	2.86	1.76	0.18	2.04	0.41	0.19	<0.01	0.10	0.06
Cu	101.0	94.8	103.0	87.9	72.9	90.1	21.8	1100.0	259.0	156.0	14.4	51.3	35.1	9.3	171.5	83.5	96.5
Pb	5.2	5.2	5.2	4.0	4.5	4.2	3.4	71.6	39.3	33.3	14.3	21.7	7.8	4.0	15.0	5.1	4.2
Zn	114	106	115	114	106	136	120	6	85	146	37	9	82	92	190	62	114
Mo	0.96	0.92	1.17	0.97	0.78	1.26	0.43	1.81	0.49	1.31	2.62	2.81	0.70	0.33	2.18	1.13	1.88
Bi	0.06	0.06	0.06	0.05	0.04	0.05	0.06	1.03	6.41	0.69	0.13	0.43	0.16	0.11	0.23	0.05	0.07
Cr	49.0	53.0	62.0	42.0	35.0	44.0	34.0	167.0	102.0	111.0	61.0	66.0	44.0	25.0	73.0	45.0	68.0
Co	39.8	42.0	44.2	38.3	22.9	34.5	20.2	48.3	67.4	54.6	2.5	10.9	31.5	13.4	36.2	32.9	46.1
Ni	58.1	60.5	68.4	57.0	35.5	50.0	31.4	80.9	70.2	49.4	6.5	30.7	33.4	23.2	35.5	46.9	66.3
As	5230	2830	1640	4180	1580	908	2420	1610	3530	1860	151.5	731	4530	3990	73.6	3310	6300

表 6-3(续)

位置	F1 断层破碎带							构造蚀变体 Sbt						F1 断层上盘 P_3l^{1+2} 含矿岩系			
样号	110A-33	110A-34	110A-35	110A-36	110A-37	110A-38	110A-39	110A-40	110A-41	110A-43	110A-44	110A-45	110A-46	110A-47	110A-48	110A-49	110A-51
岩性	沉凝灰岩							凝灰岩			硅质岩	次生石英岩	凝灰岩	凝灰质砂岩	黏土质粉砂岩	沉凝灰岩	
Sb	32.5	40.0	29.0	26.3	18.85	20.2	20.1	35.9	71	26.3	15.2	21.9	19.35	11.25	17.9	39.8	32.5
Tl	3.05	2.76	2.78	2.50	1.65	1.84	1.52	1.24	5.25	3.85	0.1	0.37	2.16	1.68	0.94	2.44	2.25
La	41.20	41.00	33.50	34.20	30.90	34.50	54.00	84.40	94.40	71.30	3.20	70.40	98.50	107.00	90.70	38.40	37.00
Ce	85.30	85.80	72.30	73.10	3.90	72.40	92.80	264.00	3.00	40.50	4.30	131.00	190.00	213.00	191.00	83.20	81.10
Pr	0.20	10.15	8.58	8.41	7.56	8.59	2.45	23.80	22.50	18.60	0.57	14.65	19.90	24.20	21.20	9.91	9.73
Nd	0.70	41.50	35.50	34.30	0.70	35.90	50.70	94.80	92.70	3.30	2.30	53.90	71.60	93.00	86.30	41.20	41.00
Sm	7.15	8.11	6.86	6.39	6.33	7.30	10.55	14.90	18.45	2.35	0.54	8.25	11.85	17.70	19.40	7.93	8.27
Eu	2.06	2.42	2.16	2.12	2.00	2.24	2.82	1.79	3.36	1.81	0.17	1.43	2.91	3.32	3.84	2.48	2.80
Gd	6.23	7.15	6.22	5.71	6.15	7.16	10.85	6.65	12.85	6.89	0.78	4.69	9.14	15.00	18.25	7.46	7.33
Tb	0.94	1.02	0.93	0.83	0.91	1.05	1.70	1.06	1.65	0.98	0.10	0.72	1.36	2.34	2.64	1.10	1.06
Dy	5.66	5.97	5.59	4.85	4.84	5.85	9.40	7.02	9.27	6.56	0.49	5.00	8.41	13.85	14.75	6.55	5.88
Ho	1.18	1.19	1.12	1.03	0.92	1.17	1.92	1.61	1.95	1.48	0.08	1.10	1.74	2.80	3.10	1.38	1.19
Er	3.31	3.29	3.01	2.77	2.29	3.11	5.28	4.55	5.58	4.57	0.24	3.33	4.94	7.86	8.62	3.97	3.17
Tm	0.51	0.46	0.43	0.41	0.34	0.49	0.75	0.71	0.83	0.72	0.04	0.51	0.75	1.19	1.28	0.61	0.45
Yb	2.85	2.79	2.68	2.45	1.92	2.68	4.66	4.41	5.26	4.72	0.13	3.23	4.70	7.56	7.98	3.83	2.88
Lu	0.49	0.43	0.45	0.41	0.33	0.40	0.71	0.70	0.84	0.76	0.03	0.54	0.73	1.19	1.28	0.65	0.45
ΣREE	207.78	211.28	79.33	176.98	159.09	182.84	258.59	510.40	462.64	344.54	12.97	298.75	426.53	510.01	470.34	208.67	202.31
L/H	8.81	8.47	7.78	8.59	7.99	7.35	6.33	18.11	11.10	11.91	5.86	14.63	12.43	8.85	7.12	7.17	8.03
$(La/Yb)_N$	10.37	10.54	8.97	10.01	11.54	9.23	8.31	13.73	12.87	10.84	17.66	15.63	15.03	10.15	8.15	7.19	9.22
$(La/Sm)_N$	3.72	3.26	3.15	3.46	3.15	3.05	3.30	3.66	3.30	3.73	3.83	5.51	5.37	3.90	3.02	3.13	2.89
$(Gd/Yb)_N$	1.81	2.12	1.92	1.93	2.65	2.21	1.93	1.25	2.02	1.21	4.96	1.20	1.61	1.64	1.89	1.61	2.11
δEu	0.92	0.95	0.99	1.05	0.97	0.94	0.80	0.48	0.63	0.55	0.80	0.64	0.82	0.61	0.61	0.97	1.08
δCe	0.99	1.00	1.02	1.03	0.99	1.00	0.84	1.42	0.99	0.92	0.72	0.95	0.99	0.99	1.03	1.02	1.03

注:L/H 为ΣLREE/ΣHREE缩写。

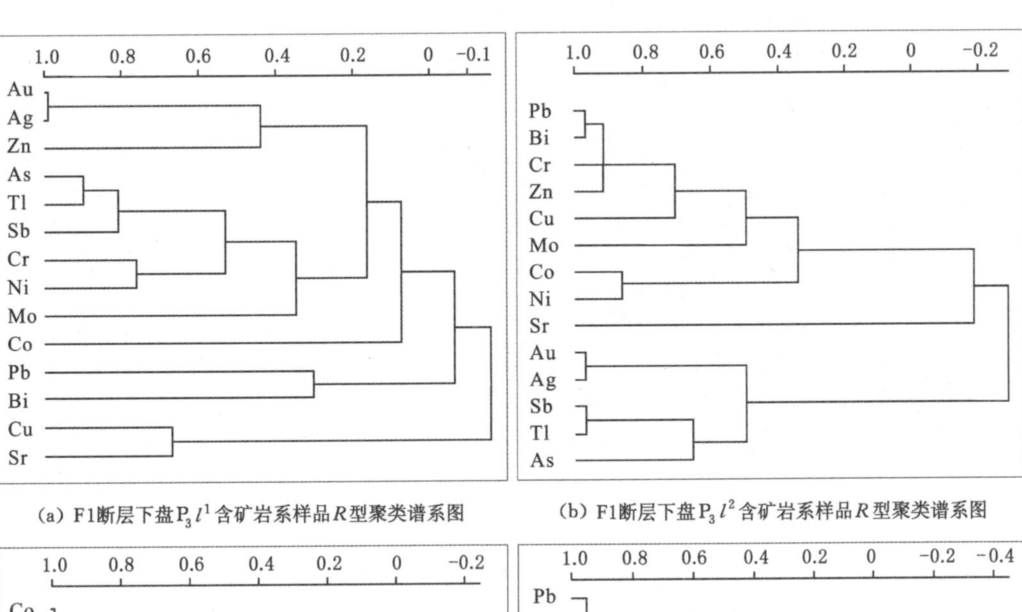

(a) F1断层下盘P_3l^1含矿岩系样品R型聚类谱系图

(b) F1断层下盘P_3l^2含矿岩系样品R型聚类谱系图

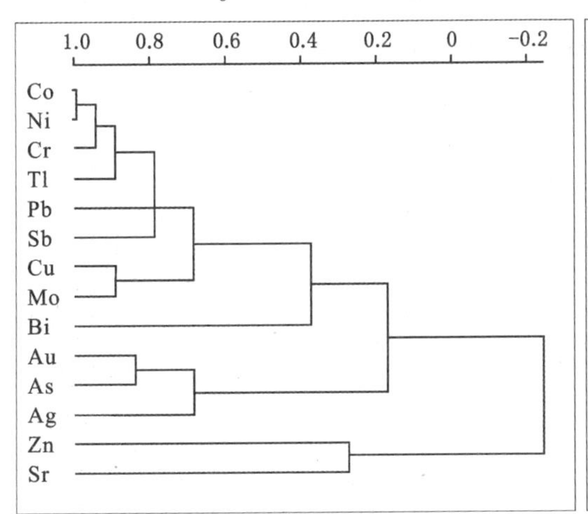

(c) F1断层破碎带样品R型聚类谱系图

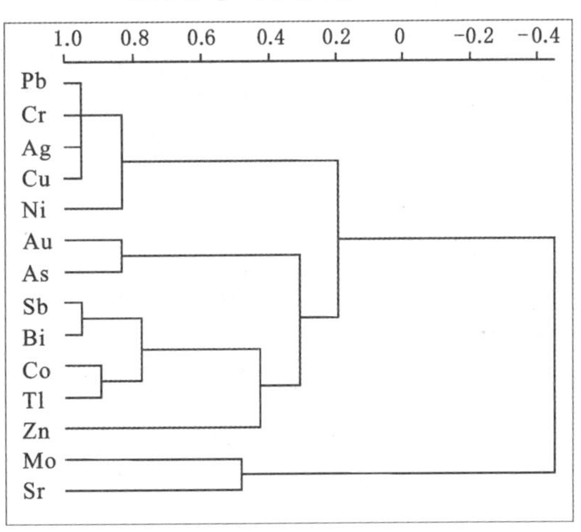

(d) 构造蚀变体Sbt样品R型聚类谱系图

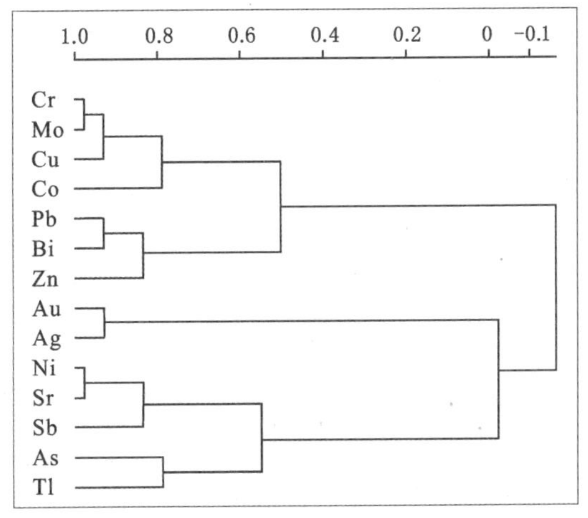

(e) F1断层上盘P_3l^{1+2}含矿岩系样品R型聚类谱系图

图 6-3　泥堡金矿床样品 R 型聚类分析谱系图

(2) F1 断层下盘 P_3l^2 含矿岩系

根据 R 型聚类分析谱系图[图 6-3(b)],在相关系数大于 0.3 的情况下,该岩系微量元素聚类为三类元素组合。第一类为 Au-Ag-Sb-Tl-As,Ag 为 Au 的伴生元素,相关性十分显著,相关系数为 0.97;第二类为 Pb-Bi-Cr-Zn-Cu-Mo-Co-Ni,该组元素聚合复杂,Pb 和 Sn、Cr 和 Zn 的显著相关,反映热液活动频繁,壳幔物质发生了交换;Sr 单独为一类,并凸显与 Au 呈负相关关系 。

(3) F1 断层破碎带

该组样品为含金性较好的矿化样,具强烈的硅化、黄铁矿化及毒砂化。从谱系图[6-3(c)]可以看出,在相关系数大于 0.3 的情况下,元素主要聚合为 3 类。第一类为 Au-As-Ag,其中 Au 与 As 显著相关,相关系数高达 0.83,这可能与该样品组中出现大量的热液成因含砷黄铁矿和毒砂有关。从含矿岩系柱状图(图 6-1)显示,Au 与 As 含量变化规律十分一致,整体呈现 As 高 Au 高的态势。第二类为 Co-Ni-Cr-Tl-Pb-Sb-Cu-Mo-Bi,从谱系图和元素组合特征可以看出,该组元素聚合极其复杂,除高温热液元素 Mo、Bi 和中低温热液元素 Cu、Pb、Sb 和 Tl 外,聚合了幔源元素 Cr、Co 及 Ni,反映成岩过程中热液活动频繁,Cr、Co 及 Ni 之间具有较高的相关性。第三类为 Sr-Zn,与 Au 呈负相关关系。

(4) 构造蚀变体 Sbt

Sbt 含矿岩系为矿化样品组,岩石具强烈的硅化和黄铁矿化。R 型谱系图[6-3(d)]可以看出,在相关系数大于 0.3 的情况下,元素主要聚合为三类。第一类为 Au-As-Sb-Bi-Co-Tl-Zn,其中 Au 与 As 具有显著正相关性,相关系数为 0.84;As、Sb、Bi、Zn 和 Tl 为中低温热液矿床的主要成矿元素,反映金的富集成矿与中低温热液作用密切相关。流体包裹体资料显示,泥堡金矿区层控型金矿体成矿温度为 220～280 ℃,断裂型金矿体成矿温度为 160～240 ℃,与典型卡林型金矿的成矿温度(180～240 ℃)基本一致,指示成矿流体属中低温热液。另外两类聚合元素分别为 Pb-Cr-Ag-Cu-Ni 及 Mo-Sr,其中 Pb-Cr-Ag-Cu-Ni 为辅助成矿元素,壳源元素(Pb、Ag 和 Cu)与幔源元素(Cr 和 Ni)相关性极好,尤其与 Cr 具有十分显著的相关性,能够体现流体与围岩之间的发生水岩反应;Mo-Sr 与 Au 呈负相关关系。

F1 断层破碎带和构造蚀变体 Sbt 含矿岩系中的元素组合特征共同体现,这两组含矿岩系中 Au 与 As 具有明显的正相关。

(5) F1 断层上盘 P_3l^{1+2} 含矿岩系

该组岩石为无矿化样品。在相关系数大于 0.3 的情况下,聚合为三大类元素组合[图 6-3(e)]:第一类为 Au-Ag;第二类为 Ni-Sr-Sb-As-Tl;第三类为 Cr-Mo-Cu-Co-Pb-Bi-Zn。该含矿岩系中,Au 与 As 相关性极差,矿石含金性差。

综上所述,含矿岩系微量元素 R 型聚类分析表明,在相关系数大于 0.3 的情况下,与 Au 成矿关系密切的元素组合分别为:Au-Ag-Zn、Au-Ag-Sb-Tl-As、Au-As-Ag、Au-As-Sb-Bi-Co-Tl-Zn 和 Au-Ag,元素组合特征反映,在矿化含矿岩系 F1 断层破碎带和构造蚀变体 Sbt 中,Au 与 As 具有较好的相关性,在矿化较弱或无矿化的岩系中,Au 与 As 相关性依次减弱,甚至不相关,暗示 As 可以作为找金的首选指示性元素,热液成因的黄铁矿、毒砂等矿物则可以作为找金标志。

6.1.2.3 稀土元素特征

稀土元素球粒陨石标准采用 Sun 等[133]数据,峨眉山玄武岩数据引自文献[58]。表 6-3

及图 6-4 表明，样品 110A-44 的稀土元素丰度、特征参数和与其他样品不一致（主要原因可能是 110A-44 的原岩成分为灰岩，经强烈硅化，而其他岩石均含凝灰物质，整体表现出对原岩的继承性），其中 $\sum REE=12.97\times10^{-6}$，$\sum LREE/\sum HREE=5.86$，$La_N/Yb_N=17.66$，稀土总量较低，但稀土配分曲线形态与其他矿石具有协同性，稀土配分图仍属轻稀土富集型，轻、重稀土分馏都较为明显（$La_N/Sm_N=3.83$、$Gd_N/Yb_N=4.96$），且重稀土分馏程度高于轻稀土；Eu 具弱负异常（$\delta Eu=0.80$），Ce 具弱负异常（$\delta Ce=0.72$）。F1 断层破碎带及断层上下盘各矿体的总稀土元素含量值均较高，$\sum REE=(179.33\sim518.17)\times10^{-6}$，$\sum LREE/\sum HREE=6.33\sim18.11$，$La_N/Yb_N=7.19\sim15.63$，稀土配分图属轻稀土富集型，轻稀土分馏明显（$La_N/Sm_N=2.89\sim5.51$），重稀土分馏不明显（$Gd_N/Yb_N=1.20\sim4.90$），Eu 具有中等负异常-无异常（$\delta Eu=0.48\sim1.08$，平均值为 0.84），Ce 具弱负异常或无异常（$\delta Ce=0.72\sim1.42$，平均值为 0.99）。

各含矿岩系具体特征如下：

(1) F1 断层下盘 P_3l^1 含矿岩系

F1 断层下盘 P_3l^1 含矿岩性为含凝灰质砂岩，表 6-3 及图 6-4(a)显示，总稀土含量较高，$\sum REE=311.93\sim518.17\times10^{-6}$，$\sum LREE/\sum HREE=6.65\sim11.68$，$La_N/Yb_N=8.69\sim15.24$，稀土配分图属轻稀土富集型，轻稀土分馏明显（$La_N/Sm_N=3.01\sim5.09$），重稀土分馏不明显（$Gd_N/Yb_N=1.73\sim2.11$），Eu 具有中等负异常-弱异常（$\delta Eu=0.66\sim0.93$，平均值为 0.78），Ce 具弱负异常或无异常（$\delta Ce=0.79\sim1.05$，平均值为 0.95）。

(2) F1 断层下盘 P_3l^2 含矿岩系

F1 断层下盘 P_3l^2 含矿岩石除一件样品为黏土质粉砂岩外（$\sum REE=455.81\times10^{-6}$，$\sum LREE/\sum HREE=9.61$，$La_N/Yb_N=11.03$，$La_N/Sm_N=4.73$，$Gd_N/Yb_N=1.47$，$\delta Eu=0.64$，$\delta Ce=0.99$），其余样品均为沉凝灰岩。表 6-3 及图 6-4(b)显示，沉凝灰岩样品的总稀土含量较高，$\sum REE=185.13\sim239.60\times10^{-6}$，$\sum LREE/\sum HREE=7.52\sim8.56$，$La_N/Yb_N=8.47\sim11.24$，稀土配分图属轻稀土富集型，轻稀土分馏明显（$La_N/Sm_N=2.89\sim3.43$），重稀土有一定程度的分馏（$Gd_N/Yb_N=1.50\sim2.90$），Eu 无异常（$\delta Eu=0.87\sim1.03$，平均 0.96），Ce 无异常（$\delta Ce=0.99\sim1.02$，平均值为 1.00），各特征参数值的变化范围均较小。

(3) F1 断层破碎带

F1 断层破碎带含矿岩石均为沉凝灰岩。表 6-3 及图 6-4(c)显示，样品总稀土含量较高，$\sum REE=(159.09\sim258.59)\times10^{-6}$，$\sum LREE/\sum HREE=6.33\sim8.81$，$La_N/Yb_N=8.31\sim11.54$，稀土配分曲线表现为轻稀土富集型。轻稀土分馏明显（$La_N/Sm_N=3.05\sim3.72$），重稀土有一定程度的分馏（$Gd_N/Yb_N=1.81\sim2.65$），Eu 具有弱负异常或无异常（$\delta Eu=0.80\sim1.05$，平均值为 0.95），Ce 具有弱负异常或无异常（$\delta Ce=0.84\sim1.03$，平均值为 0.98），各特征参数值的变化范围均较小，且各样品的配分曲线高度一致。

(4) 构造蚀变体 Sbt

Sbt 构造蚀变体的含矿岩石较为复杂，主体为凝灰岩，次为含凝灰质次生石英岩，硅质岩，由表 6-3 及图 6-4(d)显示，总稀土含量变化范围较大，$\sum REE=(12.97\sim510.40)\times10^{-6}$，$\sum LREE/\sum HREE=5.86\sim18.11$，$La_N/Yb_N=10.84\sim17.66$，稀土配分曲线表现为轻稀土富集型，轻稀土分馏明显（$La_N/Sm_N=3.30\sim5.51$），重稀土除样品 110A-44 分馏明

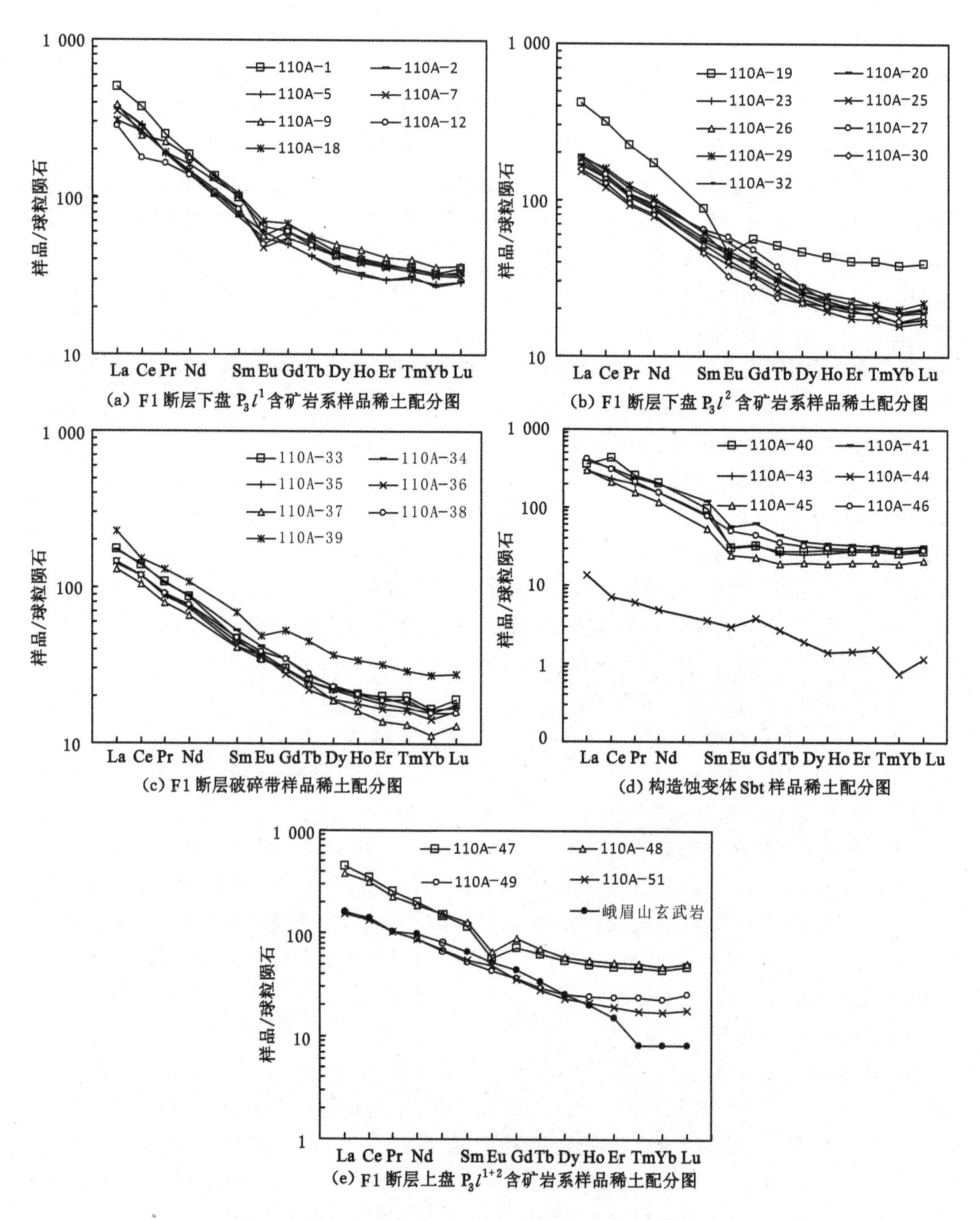

图 6-4 泥堡金矿床稀土元素球粒陨石标准化配分模式图

显外(Gd_N/Yb_N=4.96),其余样品的重稀土分馏不明显(Gd_N/Yb_N=1.20~2.02),Eu 具中等至弱负异常(δEu=0.48~0.82,平均值为 0.65),Ce 除 110A-40 具有弱正异常(δCe=1.42)外,其余样品具有弱负异常或无异常(δCe=0.72~0.99,平均值为 0.92),各特征参数值的变化范围均较大。

(5) F1 断层上盘 P_3l^{1+2} 含矿岩系

F1 断层上盘 P_3l^1 含矿岩石为含凝灰质砂岩，P_3l^2 含矿岩性为沉凝灰岩、黏土质粉砂岩。岩石总稀土含量均较高，$\sum REE=(470.34\sim510.01)\times10^{-6}$，$\sum LREE/\sum HREE=7.12\sim8.85$，$La_N/Yb_N=8.15\sim10.15$，稀土配分图属轻稀土富集型，轻稀土分馏明显（$La_N/Sm_N=3.02\sim3.90$），重稀土分馏不明显（$Gd_N/Yb_N=1.64\sim1.89$），Eu 具有中等负异常（$\delta Eu=0.61$），Ce 无异常（$\delta Ce=0.99\sim1.03$，平均值为 1.01）。

P_3l^2 中沉凝灰岩的总稀土含量相对较低，$\sum REE=(202.31\sim208.67)\times10^{-6}$，$\sum LREE/\sum HREE=7.17\sim8.03$，$La_N/Yb_N=7.19\sim9.22$，稀土配分图属轻稀土富集型，轻稀土分馏明显（$La_N/Sm_N=2.89\sim3.13$），重稀土具有一定的分馏（$Gd_N/Yb_N=1.61\sim2.11$），Eu 无异常（$\delta Eu=0.97\sim1.08$，平均值为 1.03），Ce 无异常（$\delta Ce=1.02\sim1.03$，平均值为1.02），各特征参数值的变化范围均较小。

由表 6-4 可知，不同岩性的容矿岩石具有各不相同的稀土元素组成特征，且具有一定的变化规律。其整体变化趋势是：含泥质较高的岩石，其稀土含量较高，含硅质较高的岩石，其稀土总量较低。各容矿岩石的总稀土含量由高到低依次为：黏土质粉砂岩→凝灰岩→含凝灰质砂岩→含凝灰质次生石英岩→蚀变凝灰岩→硅质岩，这与文献[137]对中国南部 22 个卡林型金矿床 225 件样品的稀土元素分析结果一致。硅质岩稀土总量过低，其主要原因可能与 SiO_2 的稀释作用有关。

表 6-4　泥堡金矿床不同容矿岩石稀土元素特征表

矿石类型	$\sum REE$	$\sum LREE/\sum HREE$	δEu	δCe	La_N/Yb_N	样品数
黏土质粉砂岩	463.08	8.37	0.63	1.01	9.59	2
凝灰岩	436.03	13.39	0.62	1.08	13.12	4
含凝灰质砂岩	414.56	9.19	0.76	0.95	11.56	8
含凝灰质次生石英岩	298.75	14.63	0.64	0.95	15.63	1
沉凝灰岩	206.17	7.92	0.96	1.00	9.67	17
硅质岩	12.97	5.86	0.80	0.72	17.66	1

不同岩/矿石样品的稀土含量及特征参数与岩性有很大的关系。黏土质粉砂岩、含凝灰质砂岩的稀土总量均较高，Eu 具有中等负异常，Ce 无异常；沉凝灰岩无论是在 F1 断层破碎带还是在断层的上盘或下盘，其稀土总量及各特征参数值基本一致，变化范围小，Ce 均为无异常，但 Eu 在断层破碎带中体现为弱负异常或无异常，而上下盘均无 Eu 异常，可能是破碎带中有其他更多流体参与的原因。黏土质粉砂岩稀土配分形式图与含凝灰物质的岩石存在一定差别，前者表现为 Eu 中等负异常（可能是继承了沉积岩的特征），而后者无 Eu 和 Ce 异常，这是火山灰或火山碎屑混入海水中后很难与海水达到物质平衡所导致[138]。

上述含矿岩系稀土元素组成及配分模式图显示，稀土元素组成体现出对原岩具有继承性，配分曲线的同步协调及一致性，整体表现为超基性-基性火成岩的稀土元素组成模式。

6.1.3　讨论

由于沉积岩中 Al_2O_3/TiO_2 比值受其在成岩之前所经历的风化、搬运、沉积及成岩作用的影响很小[139-141]，因此，利用 Al_2O_3/TiO_2 比值可以判别沉积岩的物质来源。泥堡金矿区

15 件样品 Al_2O_3/TiO_2 比值变化范围(4.71～12.21)较小，说明它们具有较为相同的物质来源。F1 断层下盘龙潭组一段 Al_2O_3/TiO_2 比值较高，这与其 Al_2O_3 含量高而 TiO_2 含量低有关，总体呈现出凝灰物质与 TiO_2 含量具一定的正相关性。泥堡金矿岩矿石的 Al_2O_3/TiO_2 比值与基性火山岩(3～14)[140-143]较为接近，反映岩石中所含的凝灰物质或凝灰岩具有基性火山岩的特征。

地球化学性质稳定的高场强元素 Nb、Ta、La、Zr 和 Hf，在地质作用过程(或火山灰蚀变)中能够很好地保留下来，从而能有效地指示原始成岩物质的性质[144]。尤其是 La/Nb、Th/Nb 和 Th/La 比值对指示物源更有参考意义。泥堡金矿床 La/Nb＝0.83～2.06，Th/Nb＝0.08～0.21，Th/La＝0.07～0.19，与文献[145]统计的 16 件峨眉山玄武岩及文献[146]对滇黔交界的威宁地区 17 件峨眉山玄武岩的分析结果进行对比(表 6-5)。La/Nb、Th/Nb 和 Th/La 与峨眉山玄武岩基本一致，远低于大陆地壳，说明泥堡金矿床赋矿岩石可能同属于峨眉山玄武岩系列；同时，Th/Ta 比值为 1.75～6.25，均值2.70，接近于原始地幔(2.30)而小于平均上地壳(一般大于 10)[142]，这说明岩石中大量的凝灰物质与峨眉山玄武岩具有同源性，来自深部地幔。

表 6-5　泥堡金矿床微量元素特征比值

元素比值	La/Nb	Th/Nb	Th/La	备注
F1 断层下盘 P_3l^1 含矿岩系	0.84～2.06	0.08～0.21	0.07～0.18	
F1 断层下盘 P_3l^2 含矿岩系	0.86～1.35	0.13～0.16	0.11～0.17	
F1 断层破碎带	0.92～1.66	0.14～0.16	0.09～0.15	
Sbt	0.83～1.94	0.14～0.22	0.13～0.17	
F1 断层上盘 P_3l^{1+2} 含矿岩系	0.97～1.29	0.15～0.18	0.13～0.19	
峨眉山玄武岩	0.8～1.6	0.1～0.2	0.1～0.15	文献[145]
滇黔交界(威宁)峨眉山玄武岩	0.65～1.35	0.12～0.21	0.12～1.18	文献[146]
原始地幔	0.94	0.117	0.125	文献[147]
大陆地壳	2.2	0.44	0.204	

稀土元素由于其相似的地球化学元素组成，在地质-地球化学作用过程中呈整体活动，能够较良好地示踪岩石成因、成矿物质来源及成矿演化过程。已有研究表明，稀土元素在热液成矿过程中具有一定的活动性，热液蚀变作用能使稀土元素被活化迁移，在不同物化条件(温度、压力、pH 值)下蚀变的岩石，其稀土配分模式将发生相应的改变[148]。

泥堡金矿稀土元素配分模式总体呈右倾平滑型曲线(图 6-4)，轻稀土分馏程度较大，富集轻稀土，铕呈弱或无异常，整体表现为基性-超基性火成岩稀土元素组成特征。各含矿岩系的稀土配分曲线形态及稀土参数特征主要与岩石类型相关，同一岩性的矿石在不同含矿岩系中的稀土元素组成无较大差别，这说明在成矿作用过程中，热液蚀变并没有改变岩石本身的稀土元素组成；矿石稀土曲线形态表现出较好的协调性，含凝灰物质的矿石与峨眉山玄武岩的配分曲线具有一致性，揭示矿石的稀土元素对玄武岩具有继承性，推测它们的物质组成可能来自同一源区，具有幔源特性。然而，无矿化的黏土质粉砂岩主要继承了正常沉积岩的特征，具有负异常。

6.2 方解石稀土元素地球化学

方解石作为卡林型金矿中常见的脉石矿物，是成矿晚阶段热液作用的主要产物，成矿期方解石脉常以石英—黄铁矿—方解石的组合形式出现。近年来，在低温热液矿床（金、锑）中，方解石稀土元素地球化学在示踪成矿热液流体来源及其演化方面得到了广泛的应用[37,42,149-152]。因此，对泥堡金矿床成矿期方解石进行稀土元素研究，可提供成矿流体来源与演化方面的指示信息。

6.2.1 样品采集及分析方法

用于稀土元素分析的方解石样品均采自于钻孔岩心，通过仔细的野外观察，采集方解石与石英、黄铁矿关系密切的矿石样品，方解石产状主要呈细脉状、网脉状及斑状（图 6-5）。室内将方解石破碎至 20～40 目，清洗烘干后在双目镜下进行挑纯。

(a) 脉状、网脉状方解石，具黄铁矿化、硅化

(b) 斑状方解石，与石英紧密共生

(c) 脉状、团块状方解石

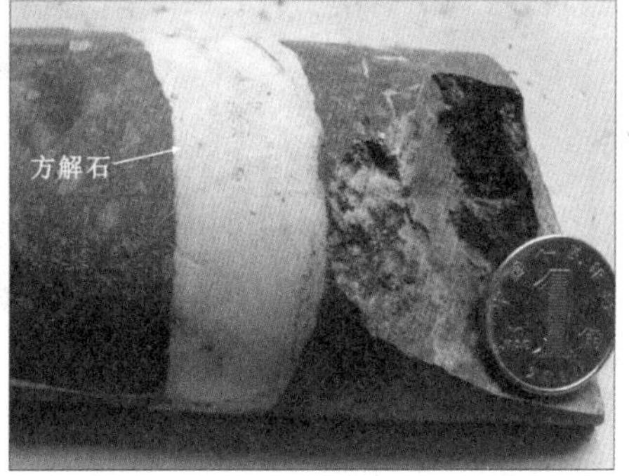

(d) 脉状方解石

图 6-5　泥堡金矿床含矿岩石中方解石产状

方解石（含灰岩）稀土元素测试工作在中国科学院地球化学研究所环境地球化学国家重点实验室完成。首先将挑纯的方解石磨至 200 目以下备用，然后加入适量比例的 HF 和 HNO_3 进行样品溶解。分析仪器为德国 FinniganMAT 高分辨率电感耦合等离子质谱仪（ICP-MS），分析误差优于 10%。分析流程见文献[153]。

6.2.2 分析结果

笔者分析了泥堡金矿区含矿方解石脉稀土元素含量，对一件远离矿层的茅口组灰岩做了稀土测试，以此作为对比。分析结果及稀土元素参数特征见表6-6；采用Sun等[133]球粒陨石进行标准化，并绘制稀土元素配分模式图（图6-6）。

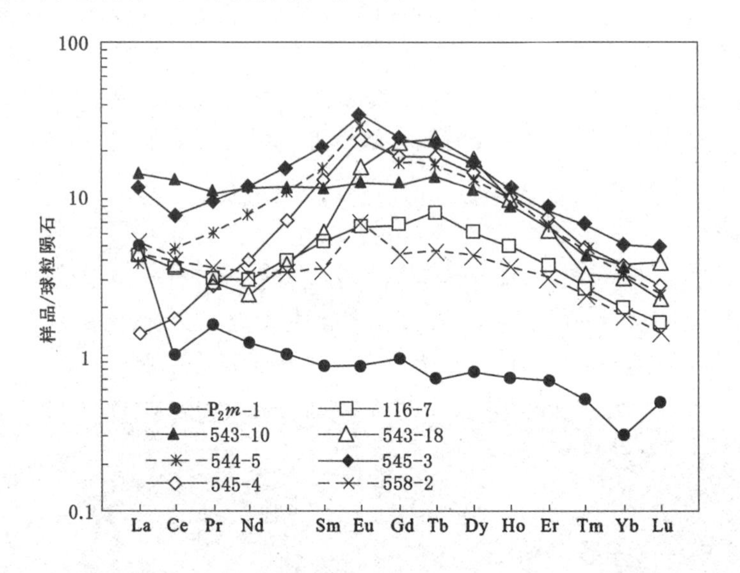

图6-6 泥堡金矿床方解石稀土元素配分模式图

表6-6显示，含矿方解石脉与灰岩具有不同的REE含量及特征参数，方解石脉相对更富集稀土，尤其是Sm～Ho(MREE)元素更为富集。8件含矿方解石脉∑REE介于9.83×10^{-6}～32.22×10^{-6}，平均值为20.13×10^{-6}，∑LREE/∑HREE介于0.54～2.45，平均值为1.38，La_N/Yb_N介于0.37～3.85，平均值为2.04，稀土总量较低，轻、重稀土分馏不明显。典型特征是配分模式图中部（Sm—Ho段）明显向上隆起，与水银洞金矿床成矿晚阶段方解石稀土配分模式基本一致[37,42]，具有Eu正异常，δEu介于1.05～1.85，平均值为1.41。而Ce具弱负异常或无异常，δCe介于0.71～1.03，平均值为0.92。远离矿层的茅口组灰岩稀土含量更低，∑REE=3.29×10^{-6}，∑LREE/∑HREE=4.04，La_N/Yb_N=15.91，轻稀土分馏明显，稀土配分模式图属于右倾型，相对富集轻稀土。Eu无异常，δEu=0.96，而Ce具强负异常，δCe=0.32。

表6-6 泥堡金矿床方解石稀土元素分析结果及特征参数表 单位：10^{-6}

样品编号	116-7	543-10	543-18	544-5	545-3	545-4	558-2	P_2m-1
样品名称	脉状方解石	脉状方解石	斑状方解石	斑状方解石	网脉状方解石	脉状方解石	斑状方解石	灰岩
La	1.040	3.470	1.070	0.917	2.780	0.325	1.260	1.160
Ce	2.210	8.090	2.340	2.900	4.680	1.050	2.450	0.590
Pr	0.289	1.050	0.280	0.568	0.946	0.263	0.337	0.148
Nd	1.440	5.450	1.140	3.650	5.510	1.880	1.540	0.560

表 6-6(续)

样品编号	116-7	543-10	543-18	544-5	545-3	545-4	558-2	P_2m-1
Sm	0.815	1.800	0.936	2.400	3.260	2.030	0.533	0.129
Eu	0.388	0.736	0.921	1.751	2.029	1.384	0.404	0.050
Gd	1.399	2.554	4.683	3.476	4.931	3.884	0.912	0.193
Tb	0.302	0.522	0.910	0.625	0.803	0.698	0.173	0.027
Dy	1.540	2.890	4.480	3.380	4.100	3.780	1.090	0.202
Ho	0.281	0.506	0.589	0.555	0.641	0.585	0.207	0.040
Er	0.615	1.090	1.050	1.070	1.380	1.270	0.523	0.113
Tm	0.069	0.113	0.084	0.119	0.173	0.124	0.062	0.013
Yb	0.347	0.647	0.543	0.538	0.864	0.638	0.305	0.052
Lu	0.040	0.100	0.059	0.062	0.126	0.071	0.035	0.013
ΣREE	10.78	29.02	19.08	22.01	32.22	17.98	9.83	3.29
LREE	6.18	20.60	6.69	12.19	19.20	6.93	6.52	2.64
HREE	4.59	8.42	12.40	9.83	13.02	11.05	3.31	0.65
L/H	1.35	2.45	0.54	1.24	1.48	0.63	1.97	4.04
La_N/Yb_N	2.15	3.85	1.41	1.22	2.31	0.37	2.96	15.91
δEu	1.10	1.05	1.10	1.85	1.54	1.48	1.76	0.96
δCe	0.97	1.03	1.02	0.96	0.71	0.83	0.90	0.30

6.2.3 讨论

方解石作为泥堡金矿床成矿过程中的贯穿性矿物，其稀土元素一般通过与 Ca^{2+} 发生置换而进入方解石晶体。除晶体溶解之外，其他过程不可能破坏方解石 REE 配分模式这个地质记录密码[154]。因此，方解石中的稀土元素特征可代表成矿流体中的稀土变化规律，能够指示成矿流体来源及演化。

由于 Ce 和 Eu 为易变价元素，热液体系中可随着物化条件的改变而导致 Ce 和 Eu 的价态发生变化，从而出现 Ce 和 Eu 异常特征。尤其是在成矿过程中，有深部高温热流体参与或干扰时，热液矿物常具有明显的 Eu 正异常，其异常值与热液流体参与程度呈明显的线性相关[155-157]；通常认为 Eu 的富集可反映流体呈高温状态且具还原性[158]。泥堡金矿区成矿期方解石富集中稀土(MREE)和具 Eu 正异常，明显不同于正常沉积的灰岩和区域上金矿床中成矿期后方解石[37]，揭示区内成矿热液流体可能来自深部，并活化或蚀变深部富 Eu^{2+} 的岩石，从而导致流体中富 Eu^{2+}[159-160]。区内普遍的碳酸盐化易形成方解石脉，当富 Eu^{2+} 的成矿流体进入赋矿地层时，由于物理化学条件改变，Eu^{2+} 氧化成 Eu^{3+}，从而与方解石中的 Ca^{2+} 发生类质同象，Eu^{3+} 置换 Ca^{2+} 进入方解石晶格而导致方解石中具正 Eu 异常。

方解石脉作为金矿床中成矿阶段的主要产物，在地表岩石裂隙中有一定的出露，成矿阶段热液成因方解石独具富 MREE 和 Eu 正异常的特征，可作为指导寻找隐伏矿体的标志，能够提供深部更多的信息。

6.3 本章小结

通过对泥堡金矿床岩矿石主量、微量、稀土元素地球化学组成，方解石稀土元素分析及Au的三维富集规律分析，得出以下主要结论：

（1）泥堡金矿床 Al_2O_3/TiO_2 比值（4.71～12.21）表明，区域内的凝灰岩或凝灰物质具有基性火山岩特征；矿石中Au与As呈一定的正相关性，在F1断层破碎中表现更为明显。

（2）含矿岩系微量元素R型聚类分析表明，与Au成矿关系密切的元素组合分别为：Au-Ag-Zn、Au-Ag-Sb-Tl-As、Au-As-Ag、Au-As-Sb-Bi-Co-Tl-Zn和Au-Ag。元素组合特征反映，在矿化含矿岩系F1断层破碎带和Sbt中，Au与As具有较好的相关性；在矿化较弱或无矿化的岩系中，Au与As相关性依次减弱，甚至不相关，暗示As可以作为找金的首选指示性元素，热液成因的黄铁矿、毒砂等矿物则可以作为找金标志。岩/矿石稀土总量的变化趋势是：含泥质较高的岩石，其稀土含量较高；含硅质较高的岩石，其稀土总量较低。

（3）泥堡金矿床沉积物形成于海陆过渡环境，矿石的La/Nb、Th/Nb、Th/La和Th/Ta比值表明，赋矿岩石可能同属于峨眉山玄武岩系列，来自深部地幔；稀土元素配分模式总体呈右倾平滑型曲线，轻稀土分馏程度较大，富集轻稀土，铕呈弱或无异常，整体表现为基性-超基性火成岩稀土元素组成特征，各含矿岩系的稀土配分曲线形态非常类似且与峨眉山玄武岩稀土曲线基本一致，表明它们具有同源性。

（4）成矿期方解石稀土配分模式图具典型中部隆起特征，明显不同于其他成因方解石，成矿流体来源深部，通常富MREE、具有Eu正异常，可作为寻找深部隐伏矿的重要标志。

第 7 章 流体包裹体及同位素地球化学

流体包裹体研究能够为成矿过程剖析提供有效的物理化学参数，有利于判别成矿流体性质、来源、演化及恢复成矿地质环境，从而揭示成矿作用过程。同位素地球化学研究可以提供成岩、成矿作用的多方面信息，为探索矿床成矿物质来源、成因及形成机制提供依据。成矿作用示踪理论、技术和方法作为矿床地球化学研究的重要基础，是了解矿床成矿物质源区及其活化、迁移、富集和成矿流体演化过程的主要手段[161]。对泥堡金矿床中与金成矿关系密切的脉石矿物（石英、方解石）开展流体包裹体及碳、氢、氧同位素研究，并结合载金矿物（环带状黄铁矿）微区硫同位素地球化学特征，厘清泥堡金床成矿物质来源、成矿流体性质及其演化规律，并阐明与金成矿作用的关系。

7.1 流体包裹体

7.1.1 分析样品及方法

研究的石英样品采自 Sbt 和 F1 断层破碎带，方解石采自 F1 断层破碎带。根据野外观察和室内显微鉴定，石英为成矿主阶段，方解石为成矿晚阶段产物。

流体包裹体岩相学、显微测温及激光拉曼分析在中国科学院地球化学研究所矿床地球化学国家重点实验室完成。流体包裹体显微测温仪器为英国 Linkam THMSG 600 型冷热台，采用标准物质对仪器进行温度标定，温控范围为－196～＋600 ℃、均一温度和冰点数据精度分别为 2 ℃±0.1 ℃，测温时升温速率一般为 5～10 ℃/min，接近相变时速率降为 0.1～1 ℃/min。显微测温过程中，为防止中低盐度包裹体在冷冻实验时由于结冰膨胀导致包裹体渗漏，整个试验过程均采用先加热均一，后冷冻的实验流程[162]。

流体包裹体激光拉曼分析仪器为英国 Renishaw InVia Reflex 型显微共焦拉曼光谱仪，光源为 Spectra-Physics Ar 离子激光器，激光功率 20 mW，波长 514 nm，空间分辨率为 1～2 μm，积分时间为 60 s，100～4 000 cm^{-1}全波段一次取谱。

7.1.2 流体包裹体类型及岩相学特征

根据 Roedder[163]和卢焕章等[164]提出的划分原生流体包裹体、次生流体包裹体和假次生流体包裹体的鉴定标准，仅对泥堡金矿床中的原生流体包裹体进行研究［图 7-1(a)至

图 7-1(f)]。用于显微测温的流体包裹体寄主矿物主要挑选自 Sbt 和 F1 断层破碎带中成矿主阶段石英，以及少量 F1 断层破碎带中金矿化晚阶段方解石，所获流体性质能够有效指示金矿床成矿流体性质及演化规律。石英和方解石岩相学观察发现，石英中流体包裹体十分发育，包裹体类型多样且个体相对较大，而方解石中流体包裹体少而小。根据室温状态(20 ℃)下的流体包裹体相态组合特征，将包裹体划分为 3 种类型，即 Ⅰ 型，NaCl-H_2O 溶液包裹体；Ⅱ 型，CO_2-H_2O 包裹体；Ⅲ 型，CO_2 包裹体。

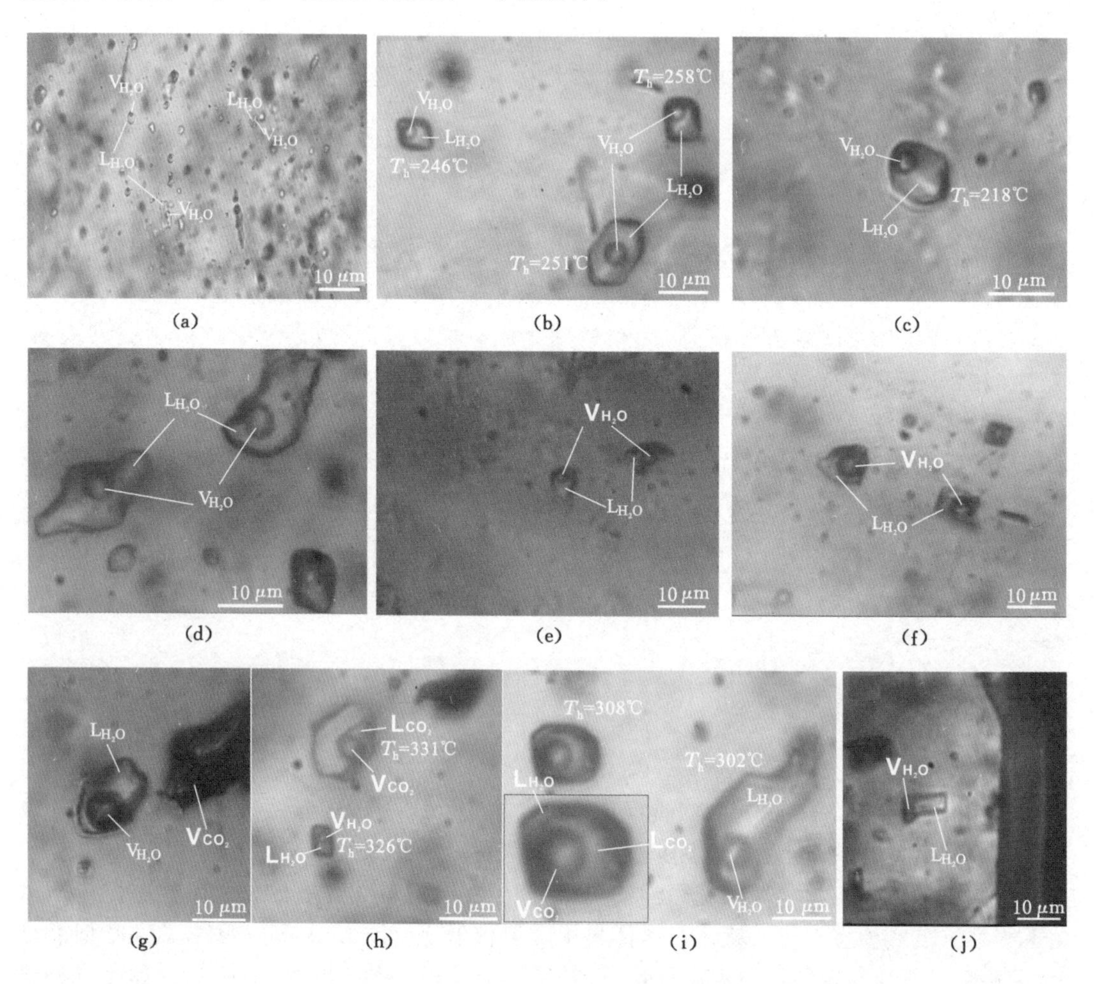

图 7-1 泥堡金矿床流体包裹体显微特征

A-B、F-气液两相 NaCl-H_2O 包裹体(Sbt 成矿主阶段石英)；C-E-气液两相 NaCl-H_2O 包裹体(F1 断层成矿主阶段石英)；G-气液两相 NaCl-H_2O 包裹体与 CO_2 包裹体共存(Sbt 成矿主阶段石英)；H-富液相三相 CO_2-H_2O 包裹体，与气液两相 NaCl-H_2O 包裹体共存(Sbt 成矿主阶段石英)I-富气相三相 CO_2-H_2O 包裹体，与气液两相 NaCl-H_2O 包裹体共存(Sbt 成矿主阶段石英)J-气液两相 NaCl-H_2O 包裹体(F1 断层成矿晚阶段方解石)。

Ⅰ 型 NaCl-H_2O 溶液包裹体，在各成矿阶段均比较发育[图 7-1(a)至图 7-1(g)、图 7-1(j)]，以气液两相 NaCl-H_2O 包裹体为主，是区内包裹体主要类型，偶见纯液相包裹体。

石英包裹体中气液比一般小于 30%，大多介于 15%～25%，包裹体形态以椭圆形、不规则形状为主，有少量为多边形、近正方形，大多介于 5～35 μm，多呈孤立状、群状分布；方解石包裹体中气液比一般小于 20%，包裹体形态以负晶形、长条状、椭圆状、不规则形状为主，少量呈管状，大多介于 3～10 μm，多呈孤立状分布。整体来说石英中包裹体多而大，方解石中少而小。

Ⅱ型 CO_2-H_2O 包裹体，该类型包裹体可细分为 $Ⅱ_a$ 型富 CO_2 两相 CO_2-H_2O 包裹体和 $Ⅱ_b$ 型三相 CO_2-H_2O 包裹体，区内以 $Ⅱ_b$ 型三相 CO_2-H_2O 包裹体为主，偶见 $Ⅱ_a$ 型包裹体，但整体来说，Ⅱ型包裹体比较少，主要发育于 Sbt 主成矿石英中。常温下，$Ⅱ_b$ 型包裹体中，CO_2 可占到包裹体总体积的 10%～90%，包裹体形态以椭圆状为主，大多介于 10～20 μm，多呈孤立状或群状分布，气相颜色较深，与Ⅰ型包裹体共存[图 7-1(h)至图 7-1(i)]，表明原始流体可能经历过相分离[164]。

Ⅲ型 CO_2 包裹体，主要捕获于 Sbt 成矿主阶段石英中，包裹体形态以椭圆状、不规则状为主，可见近圆状，大多介于 5～20 μm，多呈孤立状或与Ⅰ型包裹体共存，该类型包裹体十分稀少。

7.1.3　流体包裹体显微测温

对成矿阶段的寄主矿物进行流体包裹体显微测温，可以获得成矿流体的温度、盐度、密度以及压力等重要参数，从而进一步确定成矿流体体系，探讨成矿流体性质及演化。

本次流体包裹体显微测温主要测定成矿主阶段及晚阶段气液两相 NaCl-H_2O 包裹体，以及少量成矿主阶段 CO_2-H_2O 三相包裹体($Ⅱ_b$)，并根据冰点温度和笼形物消失温度计算出相应盐度，结果见表 7-1、表 7-2、图 7-2。气液两相 NaCl-H_2O 包裹体盐度根据 Bodnar[165] 和卢焕章等[164]计算方法，查表获得；CO_2-H_2O 包裹体盐度利用 Collins[166] 提供的笼形物消失温度-盐度关系式获得。

(1) 层控型金矿体-Sbt 中成矿主阶段石英

石英中Ⅰ型包裹体冰点温度介于 −4.9～−0.6 ℃(n=33)，对应盐度介于 1.05～7.73%NaCl equiv.，平均值为 4.94%NaCl equiv.；均一温度介于 178～332 ℃(n=61)，主要集中于 220～280 ℃[图 7-2(a)]，平均 251 ℃。计算成矿流体密度介于 0.74～0.92 g/cm³，平均值为 0.84 g/cm³。石英中 IIb 型包裹体一般在 −95 ℃以下完全冻结，固体 CO_2 的初熔温度介于 −60.3～−57.4 ℃(n=4)，比纯 CO_2 的三相点温度 −56.6 ℃稍低[125,164]，暗示 CO_2 相中可能除 CO_2 外，还含有少量其他气体成分。激光拉曼证实，CO_2 相中常含 CH_4、N_2，CO_2 相通常均一到液相。

表 7-1　泥堡金矿床成矿阶段气液两相 NaCl-H_2O 包裹体显微测温结果表

矿体类型/赋存位置	寄主矿物/成矿阶段	冰点 $T_{m\text{-}ice}$/℃		盐度/%		均一温度 T_h/℃		密度/(g·cm⁻³)		H-P/MPa	
		范围(数目)	平均	范围(数目)	平均	范围(数目)	平均	范围(数目)	平均	范围(数目)	平均
层控型金矿体/Sbt	石英/成矿主阶段	−4.9～−0.6(33)	−3.0	1.05～7.73(33)	4.94	178～332(61)	251	0.74～0.92(31)	0.84	11～75(31)	34
断裂型金矿体/F1 断层	石英/成矿主阶段	−4.3～−1.3(19)	−2.9	2.24～6.88(19)	4.75	165～335(39)	231	0.71～0.93(19)	0.85	7～66(19)	29
	方解石/成矿晚阶段	−3.5～−1.2(26)	−2.2	2.07～5.71(26)	3.63	116～285(73)	193	0.85～0.97(26)	0.91	2～29(48)	11

表 7-2　泥堡金矿床成矿阶段 CO_2-H_2O 包裹体显微测温结果表

矿体类型/赋存位置	寄主矿物/成矿阶段	CO_2 初熔温度/℃		CO_2 部分均一温度/℃		笼合物熔化温度/℃		完全均一温度/℃		盐度/%		密度/(g·cm^{-3})	
		范围（数目）	平均	范围（数目）	平均	范围（数目）	平均	范围（数目）	平均	范围（数目）	平均	范围（数目）	平均
层控型金矿体/Sbt	石英/成矿主阶段	−60.3～−57.4 (3)	−58.5	18.3～24.7 (6)	21.5	8.5～9.7(4)	9.2	243～270(4)	256	0.63～2.96 (4)	1.61	0.74～0.92 (4)	0.87
断裂型金矿体/F1 断层	石英/成矿主阶段	−60.1(1)		19.6～23.5(3)	21.4	9.6(1)		217(1)		0.83(1)		0.90	

Ⅱ$_b$ 型包裹体部分均一温度介于 18.3～24.7 ℃(n=4)，平均值为 21.5 ℃，CO_2 笼合物温度介于 8.5～9.7 ℃，对应盐度介于 0.63%～2.96% NaCl equiv.，平均值为 1.61%NaCl equiv.，完全均一温度介于 243～270 ℃(n=4)，平均值为 256 ℃；成矿流体密度介于0.74～0.92 g/cm^3。

(2) 断裂型金矿体——F1 断层中成矿主阶段石英

石英中Ⅰ型包裹体冰点温度介于−4.3～−1.3 ℃(n=19)，对应盐度介于 2.24～6.88%NaCl equiv.，平均值为 4.75%NaCl equiv.；均一温度介于 165～335 ℃(n=61)，主要集中于 160～240 ℃[图 7-2(b)]，平均值为 231 ℃；成矿流体密度介于 0.71～0.93 g/cm^3，平均为 0.85 g/cm^3。石英中Ⅱ$_b$ 型包裹体仅获得了一个有效数据，见表 7-2。

(3) 断裂型金矿体——F1 断层中成矿主阶段方解石

方解石中均为Ⅰ型包裹体，冰点温度介于−3.5～−1.2 ℃(n=26)，对应盐度介于 2.07～5.71%NaCl equiv.，平均值为 3.63%NaCl equiv.；均一温度介于 116～285 ℃(n=61)，主要集中于 140～240 ℃[图 7-2(c)]，平均为 193 ℃；成矿流体密度介于 0.85～0.97 g/cm^3，平均值为 0.91 g/cm^3。

不难发现，层控型金矿体流体包裹体均一温度和盐度比断裂型金矿相对较高，从成矿主阶段到成矿晚阶段，均一温度和盐度降低，成矿流体密度有所升高。从包裹体寄主矿物类型来说，石英中流体包裹体的均一温度和盐度高于方解石，流体密度则相反。这与滇黔桂“金三角”卡林型金矿区成矿阶段流体包裹体变化特征一致。

7.1.4　流体包裹体成分分析

在显微测温的基础上，分别对层控型 Sbt 及 F1 断层主阶段石英中有代表性的 40 余个包裹体进行激光拉曼分析。分析结果表明，气液两相 NaCl-H_2O 包裹体液相成分主要为 H_2O，气相成分除了 H_2O 外，还普遍含有 CO_2、CH_4 和 N_2[图 7-3(c)至图 7-3(f)]。CO_2-H_2O包裹体和 CO_2 包裹体中，气相成分除 CO_2 外，通常含有少量 CH_4 和 N_2[图 7-3(a)和图 7-3(b)]。相对于 Sbt，F1 断层石英流体包裹体 CO_2、CH_4 和 N_2 含量较低，CO_2 是流体包裹体中气相成分主体。由此推测，泥堡金矿床成矿流体应为 NaCl-H_2O-CO_2±CH_4±N_2 体系。

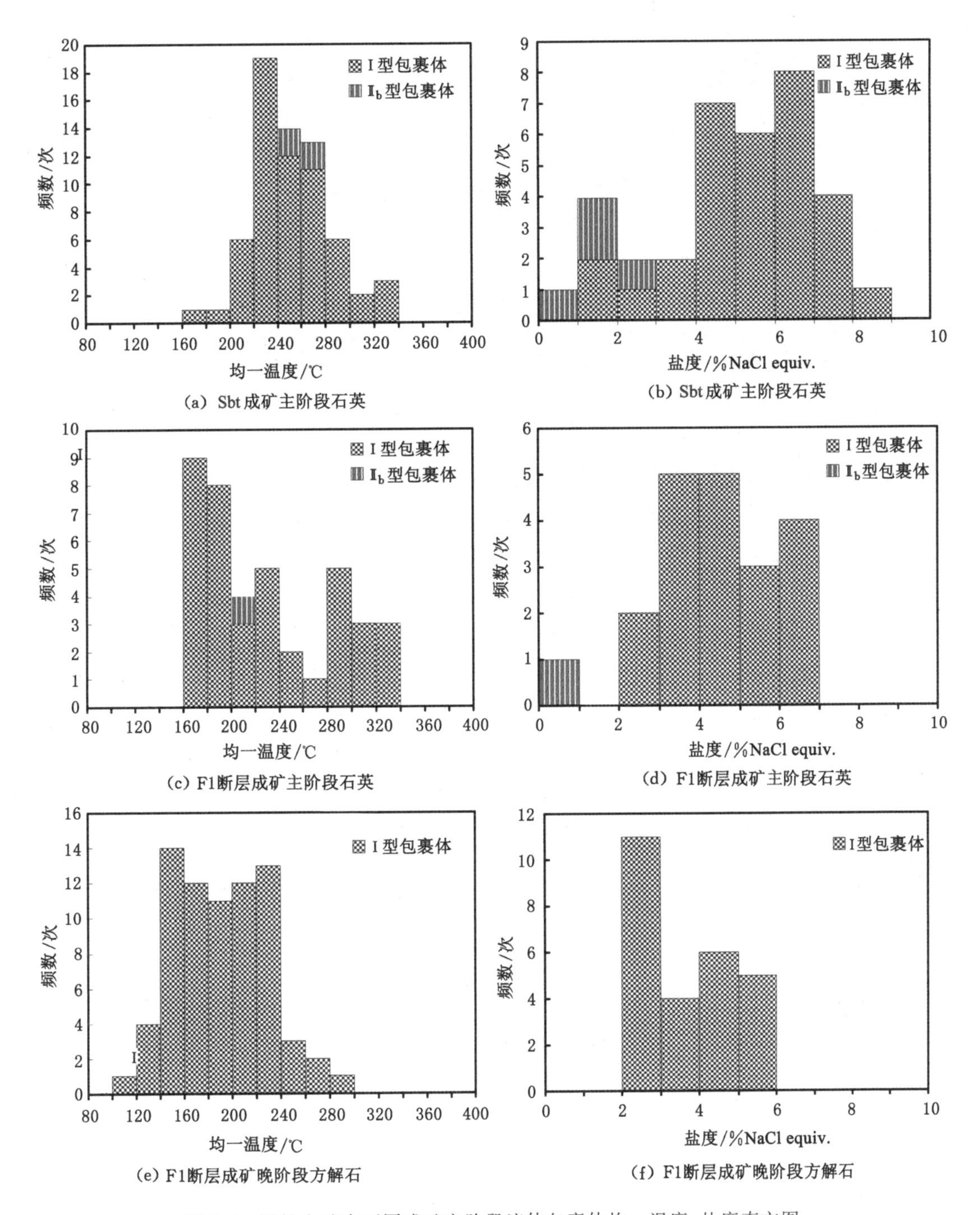

图 7-2　泥堡金矿床不同成矿主阶段流体包裹体均一温度、盐度直方图

刘平等[75]对构造蚀变体 Sbt 中石英和萤石包裹体液相成分进行测定，包裹体液相中阳离子以 Ca^{2+} 为主，其次为 K^{+}，少量 Na^{+} 和 Mg^{2+}，阴离子以 Cl^{-} 为主，少量 SO_4^{2-}，计算的 pH 值介于 6.13～6.63。前人研究认为，卡林型金矿成矿流体具还原性[41,61,167-168]。由此可见，泥堡金矿床成矿流体为富 H_2O、CO_2 及 CH_4、N_2 等气体的 Ca^{2+}-Cl^{-} 型流体，成矿环境为弱酸性还原性环境。

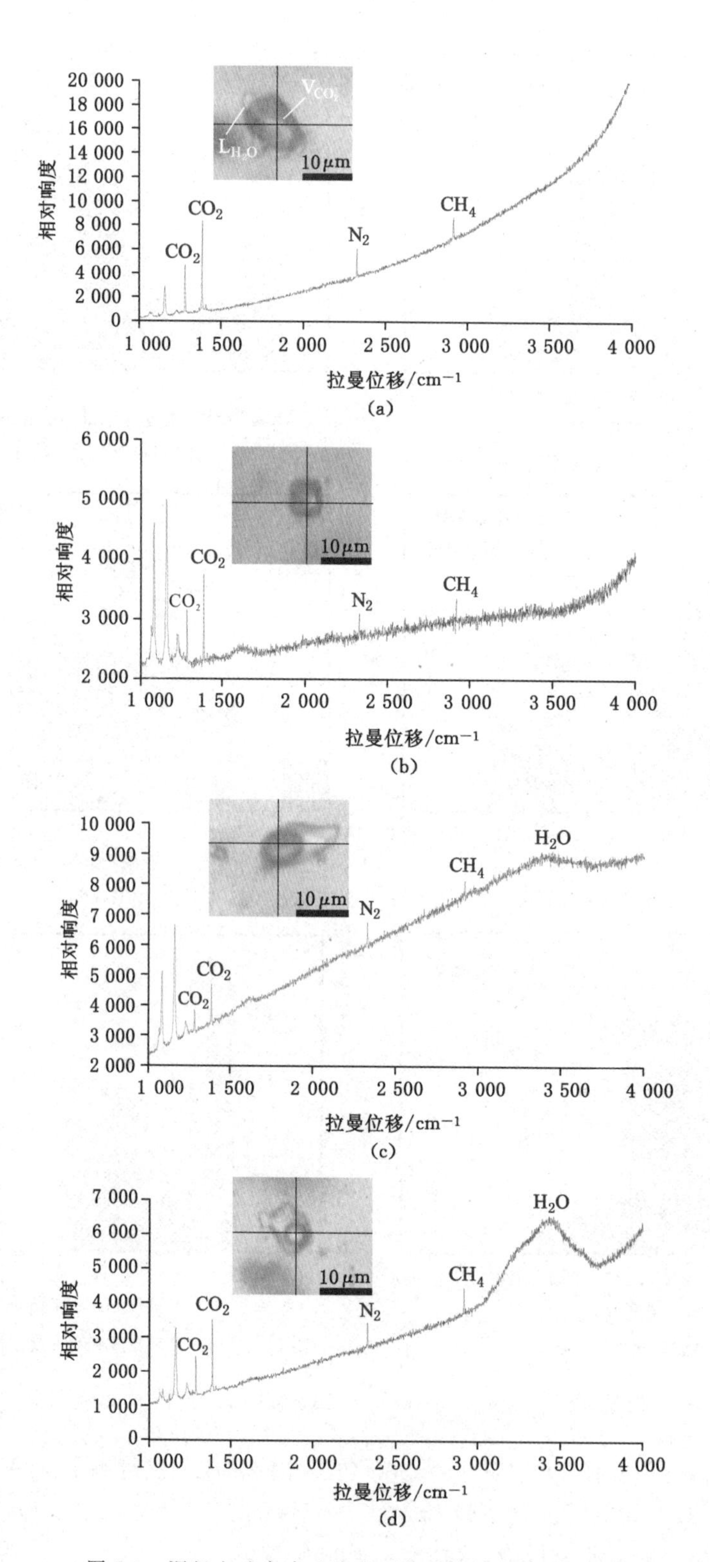

图 7-3　泥堡金矿床成矿阶段石英流体包裹体激光拉曼图谱

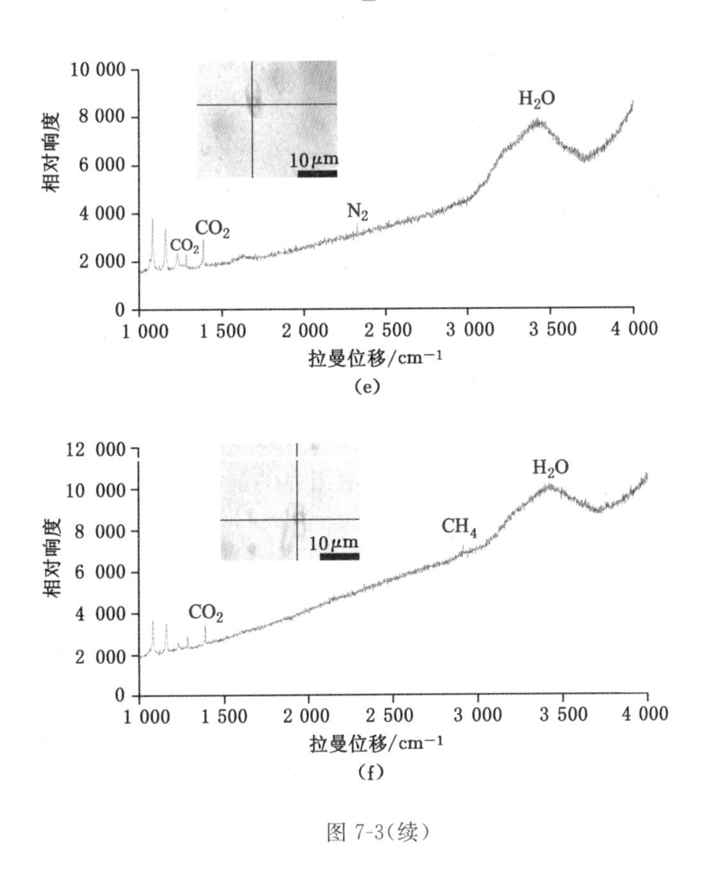

图 7-3(续)

7.1.5 成矿流体特征及其演化

总的来说，泥堡金矿床成矿阶段流体包裹体以气液两相 NaCl-H_2O 占绝对主导，气液两相 NaCl-H_2O 流体包裹体参数能够代表成矿阶段流体性质。其中，Sbt 层控型金矿体成矿主阶段石英中的包裹体均一温度主要集中于 220～280 ℃(平均值为 251 ℃)[图 7-2(a)]，与贵州地矿局 105 队[91]测试 Sbt 石英中包裹体均一温度(峰值集中于 220～280 ℃，平均值为 262 ℃)基本一致；盐度集中于 4%～7%(质量分数，下同)，平均密度为4.94%；密度介于 0.74～0.92 g/cm³，平均值为 0.83 g/cm³；成矿流体压力介于 11～75 MPa，平均值为 34 MPa。包裹体类型多样，以气液两相 NaCl-H_2O 溶液包裹体为主，并发育CO_2-H_2O包裹体和 CO_2 包裹体。

A-气液两相 CO_2-H_2O 包裹体，CO_2 气相成分含 CH_4 和 N_2(Sbt 成矿主阶段石英)；B-CO_2包裹体，气相成分含 CH_4 和 N_2(Sbt 成矿主阶段石英)；C、D-气液两相 NaCl-H_2O 包裹体，气相成分含 CO_2、CH_4 和 N_2(Sbt 成矿主阶段石英)；E-气液两相 NaCl-H_2O 包裹体，气相成分以 H_2O 为主，含 CO_2 和 N_2(F1 断层成矿主阶段石英)；F-气液两相 NaCl-H_2O 包裹体，气相成分含 CO_2 和 CH_4(F1 断层成矿主阶段石英)。

研究发现，在 NaCl-H_2O 溶液包裹体中，气泡变化较大，且多种类型包裹体共存于同一平面或相邻范围内[图 7-1(j)至图 7-1(h)]。另外，包裹体显微测温显示，同一视域下相同时代的富 NaCl-H_2O 溶液包裹体与 CO_2-H_2O 包裹体具有大致相同的均一温度，富气的 CO_2-H_2O包裹体均一到气相，离液的 NaCl-H_2O 包裹体均一到液相，说明不同类型包裹体均为同一期次捕获的含 CO_2 低盐水不混溶流体(沸腾)包裹体群[164],而且该阶段石英中的 $NaCl-H_2O$ 溶液包裹体均一温度和盐度大部分具有负相关性[图 7-4(a)]。上述特征表明,流体发生过不混溶(沸腾)作用[169-174]。激光拉曼分析表明,包裹体气相成分普遍含 CO_2,另含少量的 CH_4 和 N_2 成分,成矿流体为 $NaCl-H_2O-CO_2-CH_4-N_2$ 体系,具有中低温、低盐度、多相态、多组分的特征。

断裂型金矿体成矿主阶段石英中的包裹体均一温度主要集中于160～240 ℃(平均温度为231 ℃)[图 7-2(b)];盐度集中于 3%～5%,平均值为 4.75%;密度介于 0.71～0.93 g/cm³,平均密度为 0.85 g/cm³;成矿流体压力介于 7～66 MPa,平均压力为 29 MPa。包裹体类型相对单一,以气液两相 $NaCl-H_2O$ 包裹体为主,偶见 CO_2-H_2O 包裹体。该阶段石英中的 $NaCl-H_2O$ 溶液包裹体均一温度和盐度具有明显的正相关性[图 7-4(b)],说明成矿流体可能经历了高温高盐度流体与低温低盐度流体的混合作用[172]。激光拉曼分析结果表明,包裹体气相成分普遍含一定的 CO_2,偶尔含少量 CH_4 或 N_2,成矿流体为 $NaCl-H_2O-CO_2 \pm CH_4 \pm N_2$ 体系,具有中低温、低盐度、多相态、多组分的特征。

F1 断层断裂型金矿体成矿晚阶段方解石中的包裹体均一温度主要集中于 140～240 ℃(平均温度为 193 ℃)[图 7-2(c)];盐度集中于 2%～5%,平均值为 3.63%;密度介于0.85～0.97 g/cm³,平均值为 0.91 g/cm³;成矿流体压力介于 2～29 MPa,平均值为 11 MPa。包裹体类型单一,为富液相气液两相 $NaCl-H_2O$ 溶液包裹体,方解石的均一温度和盐度相关性图解显示,二者无相关性[图 7-4(c)]。推测该阶段方解石可能由于 F1 断层的活动,从而形成一些宽大的断层破碎带,深部流体沿断层破碎带溢出,随之进入一个温度、压力明显降低的环境。因此,成矿流体中挥发大量逸出,成矿晚期流体与大气降水混合冷却而沉淀。一般而言,断裂活动所引发的热流体温度和压力骤变是碳酸盐矿物溶解、沉淀的重要机制[175]。方解石中成矿流体以 H_2O 为主,气相中含有一定的 CO_2、偶尔含少量 CH_4,成矿流体应为 $NaCl-H_2O \pm CO_2 \pm CH_4$ 体系,具有低温、低盐度、相态和组分相对单一的特征。

综上所述,从 Sbt 成矿主阶段石英流体包裹体→F1 断层石英成矿主阶段石英流体包裹体→F1 断层成矿晚阶段方解石英流体包裹体表现出一定的变化规律,成矿流体大致经历如下:

$$NaCl-H_2O-CO_2-CH_4-N_2 \longrightarrow NaCl-H_2O-CO_2 \pm CH_4 \pm N_2 \longrightarrow NaCl-H_2O \pm CO_2 \pm CH_4$$

成矿流体中 CO_2 及 CH_4 逐渐减少、N_2 从有到无,随着成矿阶段的演化,揭示大量挥发分逸出,温度、盐度及压力具有逐渐降低的趋势,成矿流体经历了不混溶(沸腾)作用和混合作用。文献[172]认为,流体不混溶(沸腾)作用和混合作用是热液矿床中最重要的两种成矿方式。前人对金矿的沉淀机制研究认为,金矿床中 Au 的沉淀与成矿流体 CO_2-H_2O 不混溶作用有关[39,65,168,176-182]。李保华等[168]通过热力学原理计算水银洞金矿床中 Au 的溶解度表明,CO_2-H_2O 流体不混溶作用会使成矿热液体系中 CO_2 大量挥发,因而 f_{CO_2}、f_{O_2} 和温度降低,pH 值升高,从而导致 Au 溶解度降低,使 Au 快速沉淀。

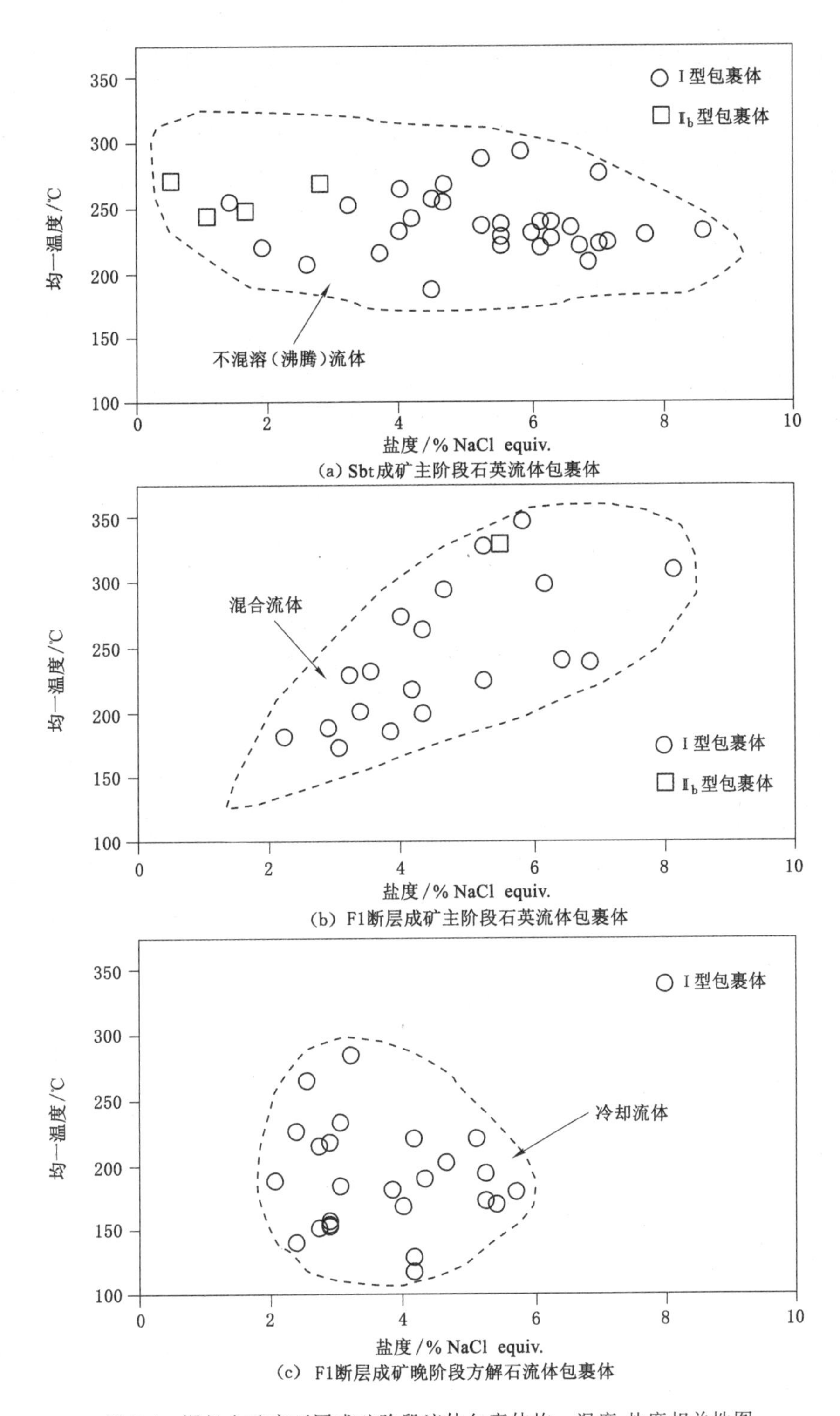

图7-4 泥堡金矿床不同成矿阶段流体包裹体均一温度-盐度相关性图

7.2 碳氧同位素

对于金矿床成因及成矿流体来源判别研究，利用成矿阶段所形成的方解石碳氧同位素组成能够有效指示成矿流体来源。泥堡金矿床的碳氧同位素研究相当薄弱，但同为卡林型金矿集区的灰家堡金矿田（紫木凼金矿床、水银洞金矿床、簸箕田金矿床、太平洞金矿床），其碳氧同位素组成的研究程度较为成熟，已取得了众多成果[37,60,65,150-151,183-184]，认为碳来源于深部岩浆。泥堡金矿床赋矿岩石中广泛发育方解石脉，是金矿体中的主要脉石矿物，因而揭示方解石中 CO_2 来源，对厘清金矿床的成矿流体性质及来源具有重要意义。

7.2.1 分析样品及方法

分析样品均在钻孔中采取，共采集样品 20 件，其中方解石样品 18 件，远离金矿体的灰岩样品 2 件。采样位置主要是 F1 断层破碎带（Ⅲ号矿体）、部分采自龙潭组二段（Ⅵ号矿体）和茅口组灰岩，对应的样品编号、采样位置及方解石特征见表 7-3。

表 7-3 泥堡金矿床炭氧同位素测试样品简要特征

采样层位	矿体编号	样品编号	采样位置	方解石产状
P_3l^2	Ⅵ号矿体	543-2	钻孔 543，34.0 m	方解石呈细脉状，具黄铁矿化
		543-10	钻孔 543，72.8 m	方解石呈细脉状，见晶洞构造
F1	Ⅲ号矿体	543-18	钻孔 543，120.8 m	斑状方解石
		545-3	钻孔 545，179.6 m	网脉状、斑状方解石
		545-4	钻孔 545，181.0 m	方解石脉，见星点状黄铁矿
		558-2	钻孔 558，167.3 m	脉状、斑状方解石
		558-6	钻孔 558，177.5 m	脉状方解石
		544-5	钻孔 544，71.1 m	斑状方解石
		544-6	钻孔 544，72.3 m	斑状方解石
		544-8	钻孔 544，76.8 m	网脉状方解石
		544-9	钻孔 544，77.5 m	脉状、斑状方解石
		116-2	钻孔 116，104.7 m	斑状方解石
		116-3	钻孔 116，109.8 m	细脉状方解石
		116-4	钻孔 116，112.5 m	脉状方解石
		116-6	钻孔 116，113.7 m	脉状、团块状方解石
		116-7	钻孔 116，120.0 m	脉状、斑状方解石
		529-6	钻孔 529，267.0 m	斑状方解石
		529-10	钻孔 529，283.3 m	脉状方解石
P_2m		P_2m-1	远离矿体灰岩	无蚀变灰岩
		P_2m-2	远离矿体灰岩	无蚀变灰岩

所采集样品为热液成矿期方解石，与石英、黄铁矿关系密切(图 7-5)，岩石均遭受不同程度的硅化。

方解石(含灰岩)碳、氧同位素测试工作在中国科学院地球化学研究所环境地球化学国家重点实验室完成。首先将在双目镜下挑纯的方解石磨至 200 目，然后采用 100%磷酸法进行样品溶解。分析仪器为气体稳定同位素质谱仪(IRMS，型号：IsoPrime)-连续流模式。样品具体制备及分析流程为：首先称取适量(约 30 mg)30 mg 样品置于反应管中，采用真空法抽取瓶中空气约 2 h，稳定在 1.0 Pa，并注入 4 mL 的 100%正磷酸与待测样品充分混合后，将反应管置于恒温(25 ℃±1 ℃)水浴中 5～6 h，再用液氮吸收 CO_2 气体，经纯化后的 CO_2 气体在德国 Finnigan 公司 MAT-253 型质谱仪上进行碳、氧同位素组成测定。分析精密度(2σ)优于 0.2‰。分析结果 $\delta^{13}C$ 以 PDB 为标准，$\delta^{18}O$ 以 SMOW 为标准。

7.2.2　碳氧同位素组成

泥堡金矿床含矿岩石中方解石的碳氧同位素测试数据见表 7-4。测试结果表明，泥堡金矿床碳、氧同位素组成相对稳定。

表 7-4　泥堡金矿床炭氧同位素组成测试结果

采样层位	矿体编号	样品编号	测试对象	$\delta^{13}C_{PDB}$	$\delta^{18}O_{SMOW}$
P_3l^2	VI 号矿体	543-2	方解石	−3.72	16.72
		543-10	方解石	−0.25	12.90
F1	Ⅲ号矿体	543-18	方解石	−4.64	21.42
		545-3	方解石	−2.32	20.32
		545-4	方解石	−5.27	18.98
		558-2	方解石	−2.34	15.76
		558-6	方解石	−1.10	14.88
		544-5	方解石	−5.31	20.41
		544-6	方解石	−5.14	20.88
		544-8	方解石	−5.00	20.53
		544-9	方解石	−3.72	19.16
		116-2	方解石	−1.44	13.38
		116-3	方解石	−0.74	24.05
		116-4	方解石	−0.21	24.02
		116-6	方解石	−1.09	23.45
		116-7	方解石	−1.41	20.43
		529-6	方解石	−1.14	16.32
		529-10	方解石	−4.32	19.28
P_2m		P_2m-1	灰岩	0.71	21.63
		P_2m-2	灰岩	0.23	20.78

18 件成矿期方解石的 $\delta^{13}C_{PDB}$ 介于 −5.27‰～−0.21‰、平均值为 −2.73‰，$\delta^{18}O_{SMOW}$ 介于 12.90～24.05‰、平均值为 19.05‰。2 件远离矿体的茅口组灰岩 $\delta^{13}C_{PDB}$ 均为正值，介于 0.23～0.71‰、平均值为 0.47‰，与正常海相沉积碳酸盐岩 $\delta^{13}C_{PDB}$ 值（−1‰～2‰，平均值为 0）[185] 基本相当，低于上扬子地区二叠系沉积碳酸盐岩 $\delta^{13}C_{PDB}$ 值（平均值为 2.78‰）[186]，$\delta^{18}O_{SMOW}$ 变化于 20.78‰～21.63‰、平均值为 21.21‰。方解石 $\delta^{13}C_{PDB}$ 值明显不同于灰岩，$\delta^{18}O_{SMOW}$ 与方解石变化范围重叠。张瑜等[37] 对水银洞金矿床的方解石碳氧同位素研究认为，成矿期方解石主要为负的碳同位素组成，而成矿期后方解石往往为正的碳同位素组成。泥堡金矿中方解石的碳同位素均小于 0 值，佐证了所采集样品为热液成矿期。

7.2.3 讨论

由于不同地质体系的碳来源不同，因此利用碳同位素能有效示踪成矿物质来源。Hoefs[18] 认为，热液体系中的碳主要有 3 种来源：首先，海相碳酸盐岩中的碳（$\delta^{13}C_{PDB}$ 均值为 0）；其次，来源于深部的碳，$\delta^{13}C_{PDB}$ 介于 −5‰～−8‰；最后，沉积岩中的有机化合物、变质岩和岩浆岩中的石墨，$\delta^{13}C_{PDB}$ 均值为 −20‰。

Rillinson[188] 对金刚石、碳酸盐和金伯利岩的碳同位素研究确定幔源碳 $\delta^{13}C_{PDB}$ 介于 −3‰～−8‰，海相碳酸盐岩 $\delta^{13}C_{PDB}$ 介于 −1‰～+2‰。Schidlowski[189] 研究得出生物成因的碳同位素具有明显的负值（$\delta^{13}C_{PDB}$ 介于 −20‰～−30‰）。

泥堡金矿床含矿岩石中的方解石碳氧同位素组成显示，$\delta^{13}C_{PDB}$ 变化介于 −5.27‰～−0.21‰、平均值为 −2.73‰，明显不同于生物成因的碳同位素组成，而是介于幔源碳和海相碳酸盐之间，表现为混合来源的特征。但其主要与深部碳变化范围重叠，暗示成矿流体中的碳可能是幔源岩浆在上升过程中，与碳酸盐地层中由大气降水循环淋滤的地层碳相混合的结果。

$\delta^{13}C_{PDB}$-$\delta^{18}O_{SMOW}$ 投影图（图 7-5）同样显示碳氧同位素组成主要集中于火成碳酸岩（和地

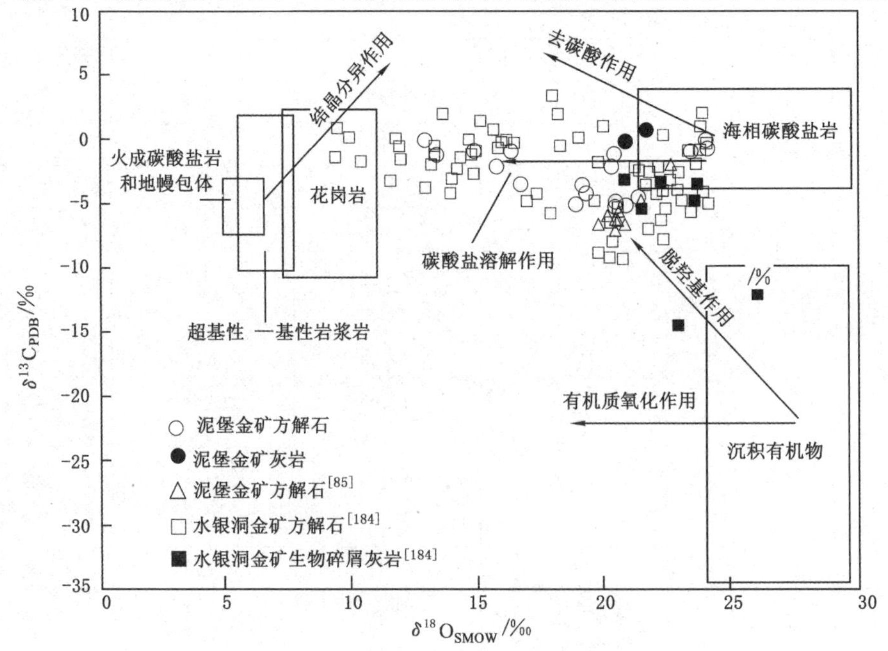

图 7-5 泥堡金矿床方解石、灰岩碳氧同位素图解[190-191]

幔包体)与海相碳酸盐之间,且具有沿 X 轴大致平行分布的特征。水银洞金矿中的方解石做大量碳氧同位素分析显示也具类似特征,且一部分投点落入花岗岩区[184]。上述特征说明,成矿流体中的碳氧同位素一方面可能是由碳酸盐的淋滤作用所形成,另一方面揭示成矿流体可能来源于深部岩浆,主要体现为混合作用的结果。

7.3 氢氧同位素

H、O 是地球中分布最广的元素,也是岩石、矿物的重要组分。在诸多天然过程中,H、O 起到了重要作用。H_2O 是构成成矿流体的重要组成部分,可以利用氢氧同位素示踪成矿流体来源。不同来源的 H_2O,通常具有不同的氢氧同位素组成,对于卡林型金矿床,选择与金矿化关系密切的石英为对象,测定其氢氧同位素组成,能够判别成矿热液来源,有利于正确认识矿床成因和建立矿床模型。

泥堡金矿床作为滇黔桂卡林型矿集区又一大型金矿,氢氧同位素研究相当薄弱。刘平等[78]测试了 3 件石英和 3 件萤石的氢氧同位素组成,认为成矿流体以大气降水为主;王泽鹏[151]测试了 3 件石英氢氧同位素组成,表明成矿流体为岩浆水与大气降水的混合,水岩反应导致氧同位素发生了交换;谢贤洋等[85]也测试了石英、方解石氢氧同位素,认为成矿流体主要为大气降水和海水的混合。由此可见,对于泥堡金矿床的成矿流体来源,还未取得统一的认识。基于此,选用含金石英脉进行氢氧同位素分析,以期厘定泥堡金矿床成矿流体来源。

7.3.1 分析样品及方法

氢氧同位素测试一共采集石英样品 10 件,其中,5 件采自构造蚀变体 Sbt 中,5 件采 F1 断层破碎带。样品特征详见图 3-5(f)、图 3-6(a)至图 3-6(c)、图 3-6(e)。

氢、氧同位素组成在中国科学院地质与地球物理研究所稳定同位素实验室完成,利用 Thermo Finnigan MAT-252 同位素质谱仪进行测试。分析过程如下:氢同位素分析,首先将挑选至 40～60 目的纯净石英颗粒清洗后,使用压碎法把水从流体包裹体中释放出来,然后在 400 ℃条件下使水与锌反应产生氢气,再用液氮冷冻后,收集到有活性炭的样品管中,最后测定 δD 值。石英氧同位素测定采用 BrF_5 方法[192],BrF_5 法氧同位素制备室采用在高真空条件下,利用 BrF_5 与 20 mg 石英进行高温氧化还原反应,再将产生的 O_2 转化为 CO_2,测定其 $\delta^{18}O$ 值。氢氧同位素分析结果均以 V-SMOW 为标准,分析误差在 0.2‰以内。石英中流体包裹体的氧同位素根据石英氧同位素,应用石英和热液中水的同位素分馏方程计算得到[193]。计算公式如下:$\delta^{18}O_{石英-水}=3.38\times10^6/T^2-3.40$(适用温度范围为 200～500 ℃)。泥堡金矿床成矿流体氢氧同位素组成及计算结果见表 7-5。

表 7-5　泥堡金矿床成矿流体氢、氧同位素组成结果表

采样位置	样品编号	矿物	δD_{H_2O}/‰	$\delta^{18}O$/‰	$\delta^{18}O_{H_2O}$/‰	成矿温度/℃
Sbt	NBP2-1	石英	−76.3	23.1	14.2	251
	NBP2-2	石英	−59.7	24.1	15.2	251
	NBP2-5	石英	−65.8	23.6	14.7	251

表 7-5(续)

采样位置	样品编号	矿物	δD_{H_2O}/‰	$\delta^{18}O$/‰	$\delta^{18}O_{H_2O}$/‰	成矿温度/℃
F1 断层	558-4	石英	−70.2	24.4	14.5	231
	116-2	石英	−70.2	23.2	13.3	231
	544-4	石英	−69.7	23.2	13.3	231

注：同位素交换公式 $\delta^{18}O_{石英-水}=3.38\times10^6/T^2-3.40$。

7.3.2 成矿流体来源

前人研究认为，由于石英属于含氧矿物，容易与包含的水发生同位素平衡再交换，造成包裹体中氧同位素组成发生变化，从而不能完全反映原始含矿溶液的 $\delta^{18}O_{H_2O}$值，但氢原子在石英中含量极低或几乎没有，因而包裹体中氢同位素组成不受交换反应的影响[194]，而且泥堡金矿内赋矿岩石及围岩几乎不含 H 矿物，因此，流体与围岩之间的同位素交换对氢同位素影响很小，氢同位素组成能够代表成矿流体的氢同位素组成。

根据本次测试的 6 件石英氢氧同位素分析结果，并综合整理前人[85,151]测试数据，发现泥堡金矿床氢、氧同位素组成变化范围相对较窄，δD_{H_2O}介于−85.0‰～−47.0‰，大多落入原始岩浆水 δD_{H_2O}值(−80‰～−40‰)[195]范围，揭示成矿流体来源可能与深部岩浆水有关。$\delta^{18}O_{H_2O}$介于 8.6‰～15.6‰。为探讨区内成矿流体来源，将石英中氢氧同位素组成投影至 δD_{H_2O}-δO_{H_2O}图解中(图 7-6)。从图 7-6 可以看出，石英氢氧同位素投点一部分落入岩浆水范围、少数落入变质水范围，整体落入水/岩交换曲线范围[196]及右侧。在 δD_{H_2O}轴上，氢氧同位素组成与岩浆水范围基本一致，而在 δO_{H_2O}轴上，石英 $\delta^{18}O_{H_2O}$向右发生漂移。

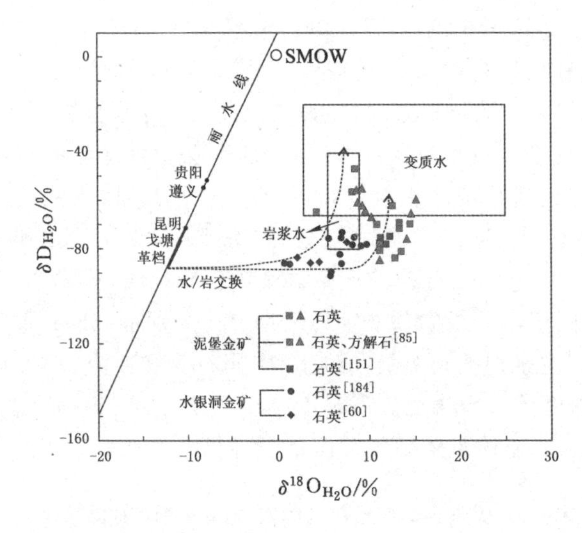

图 7-6　泥堡金矿床成矿流体 δD_{H_2O}-$\delta^{18}O_{H_2O}$图解

据文献[197-198]得到雨水线，据文献[195]得到岩浆水范围，据文献[195,199]得到变质水范围，据文献[196]得水/岩交换曲线。正方形代表层控型金矿体氢氧同位素；三角形代表断裂型金矿体氢氧同位素。

结合泥堡金矿区成矿地质背景、赋矿岩石类型及矿化蚀变特征，将石英氢氧同位素组成及成矿流体来源解释如下：

（1）泥堡金矿区赋矿岩石和围岩主要为沉凝灰岩、凝灰岩以及一部分黏土岩、灰岩，矿蚀变特征显示岩石普遍遭受不同程度的碳酸盐化和黏土化，产生相当数量的含氧矿物，而大气降水易与含氧矿物发生同位素交换，从而造成 $\delta^{18}O$ 值增大且明显向右漂移[151,191,200]，但区内氢氧同位素主要落入水/岩交换曲线范围及附近，进一步佐证了流体与围岩产生了水岩反应。

（2）区内及周边无明显变质岩石，但黔西南地区的基底具“三层式”结构[15]，分布有变质岩系，不排除深部高温成矿流体流经基底变质岩系时，混入部分变质水。因此，区内可能有部分变质流体来源。

（3）石英 $\delta^{18}O_{H_2O}$ 值与原始岩浆水范围重叠，在 δD_{H_2O} 轴上投点落入岩浆水范围区，而且区内物探资料推测深部可能存在隐伏岩体。因此，推测泥堡金矿床成矿流体来源于深部岩浆水，上升运移过程中，混入少量变质水，并在浅部与部分大气降水混合，这与成矿阶段流体包裹体研究结果基本相符。

图 7-6 显示，水银洞金矿床氢氧同位素主要体现了深部岩浆水来源，由于水/岩交换，所以混入了一定的大气降水。

7.4 硫同位素

利用硫同位素示踪手段进行热液矿床中硫化物硫源识别和成因厘定，是一种较为直接有效的研究方法。卡林型金矿床是华南低温成矿域中最为重要的低温热液矿床，金矿体中广泛发育结构类型多样的黄铁矿，金主要赋存于环带状黄铁矿之中。泥堡金矿床中大量发育环带状黄铁矿、细粒黄铁矿和毒砂，是区内主要的载金矿物。因此，系统分析黄铁矿硫同位素组成特征，可以有效地示踪泥堡金矿床成矿物质来源，从而探讨矿床成因。

已有文献表明，利用黄铁矿单矿物硫同位素组成分析来判别岩矿石成因、形成机理，常存在一定的弊端，由于黄铁矿颗粒细小，挑选单矿物时不能完全区分热液成因黄铁矿和沉积成因黄铁矿，而且载金黄铁矿普遍发育环带状结构，内核通常为沉积成因或遭受热液活动的早期黄铁矿[25,28,36,48,201]。因此，传统方法获取的硫同位素数据很多为混合数据，难以有效地反映硫同位素组成的本质特征，据此所得结论难以令人信服。近年来，随着微区分析技术的发展和成熟，许多学者利用 LA-MC-ICP-MS、SIMS、SHRIMP 分析技术来研究黄铁矿硫同位素组成特征，原位分析方法能直接获取黄铁矿颗粒不同部位的硫同位素组成数据，特别是对于研究卡林型金矿载金环带状黄铁矿硫同位素组成，效果极佳。该方法已在很多卡林型金矿研究中进行了应用并取得理想效果[32,122,202-203]。基于此，利用 LA-MC-ICP-MS 对泥堡金矿床载金环带状黄铁矿核部和环带进行微区硫同位素测试，探讨泥堡金矿床成矿物质来源及成因。

7.4.1 分析样品及方法

样品均采自 110A 钻孔，编号分别为 110A-5 和 110A-43。黄铁矿微区硫同位素分析在美国地质调查局完成，采用激光剥蚀多接收杯等离子质谱（LA-MC-ICP-MS）进行测试。测试方法为：首先对薄片进行显微镜、扫描电镜及电子探针观察和分析，确定黄铁矿类型、标型特征及形成期次，确定激光剥蚀测试点对象及位置，然后利用 LA-MC-ICP-MS 进行测试。本次测试对象主要为含金的环带状黄铁矿，测试位置为黄铁矿环带及核部。黄铁矿微区硫同位素测试的激光剥蚀直径为 40～60 μm，分析相对误差小于 0.5%，具体分析过程详见文献[204]。

7.4.2 硫同位素组成

泥堡金矿床微区硫同位素测试数据见表 7-6，样品 110A-5 黄铁矿核部 $\delta^{34}S$ 值变化范围为－5.35‰～－2.91‰，极值为 2.44‰，平均值为－3.92‰；含金环带部位 $\delta^{34}S$ 值变化范围为－3.62‰～－2.65‰，极值为 0.97‰，平均值为－3.23‰。以上研究表明，黄铁矿核部和环带部位的 $\delta^{34}S$ 值变化范围均较小，集中于－3.50‰左右，且具有明显的塔式分布特征[图 7-7(a)]，表明硫同位素均一化程度高，可能具有相类似来源。

表 7-6　泥堡金矿床黄铁矿、毒砂微区硫同位素组成

样号	矿物	产状	$\delta^{34}S$/‰	样号	矿物	产状	$\delta^{34}S$/‰
110A-5	黄铁矿	核部	－5.35	110A-5	黄铁矿	环带	－3.49
110A-5	黄铁矿	核部	－3.26	110A-5	黄铁矿	环带	－3.53
110A-5	黄铁矿	核部	－2.91	110A-5	黄铁矿	环带	－2.65
110A-5	黄铁矿	核部	－3.26	110A-5	毒砂		－2.74
110A-5	黄铁矿	核部	－4.52	110A-43	黄铁矿	核部	6.67
110A-5	黄铁矿	核部	－3.27	110A-43	黄铁矿	核部	－4.59
110A-5	黄铁矿	核部	－5.28	110A-43	黄铁矿	核部	－3.89
110A-5	黄铁矿	核部	－3.49	110A-43	黄铁矿	核部	7.15
110A-5	黄铁矿	环带	－3.08	110A-43	黄铁矿	核部	6.62
110A-5	黄铁矿	环带	－3.34	110A-43	黄铁矿	核部	13.40
110A-5	黄铁矿	环带	－3.51	110A-43	黄铁矿	环带	5.73
110A-5	黄铁矿	环带	－2.87	110A-43	黄铁矿	环带	8.48
110A-5	黄铁矿	环带	－2.96	110A-43	黄铁矿	环带	－4.61
110A-5	黄铁矿	环带	－3.51	110A-43	黄铁矿	环带	－4.75
110A-5	黄铁矿	环带	－3.62	110A-43	黄铁矿	环带	－5.24
110A-5	黄铁矿	环带	－3.26	110A-43	毒砂		－4.17
110A-5	黄铁矿	环带	－2.92				

样品 110A-43 中含金黄铁矿核部 $\delta^{34}S$ 值变化范围为－4.59‰～13.40‰，极值为 17.99‰，平均值为 4.23‰。根据 $\delta^{34}S$ 值组成特征，可以划分为两个主要区域(－4.59‰～－3.89‰和 6.62‰～13.40‰)；而环带部位 $\delta^{34}S$ 值变化范围为－5.24‰～8.48‰，极值为 13.72‰，平均值为－0.08‰，根据其 $\delta^{34}S$ 值组成特征，环带的 $\delta^{34}S$ 值明显变化于两个区域，即－5.24‰～－4.61‰和 5.73‰～8.48‰。总体来说，样品 110A-43 中载金黄铁矿核部和环带的 $\delta^{34}S$ 值变化范围较为宽泛，均可分为两个不同的变化区域[图 7-7(b)]。

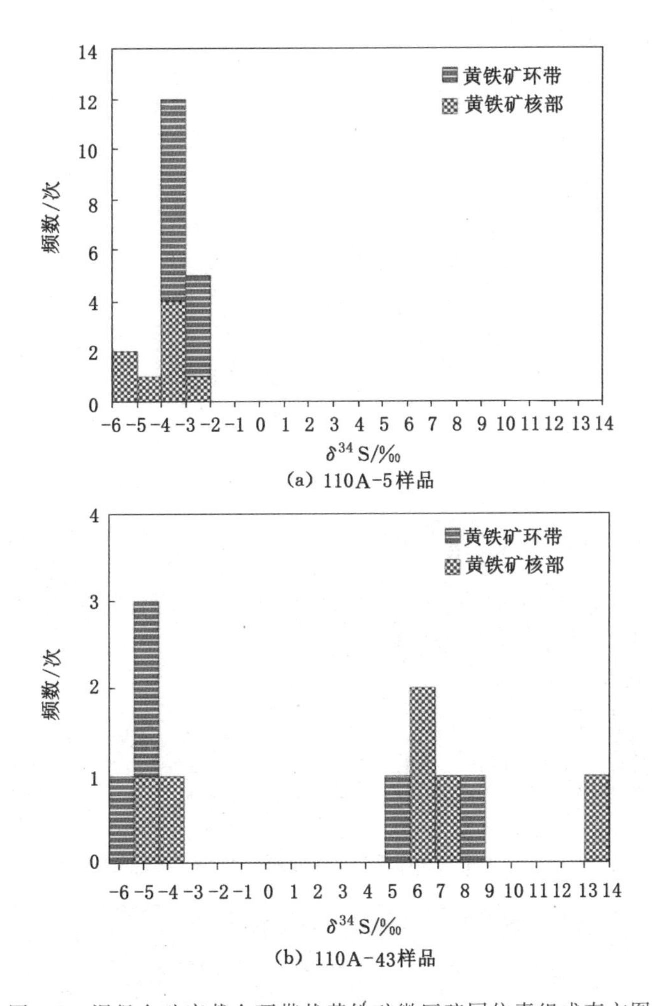

图 7-7　泥堡金矿床载金环带状黄铁矿微区硫同位素组成直方图

按黄铁矿结构形态特征来区分硫同位素组成，综合样品 110A-5 和 110A-43 中载金环带状黄铁矿的 δ^{34}S 值可以看出，核部 δ^{34}S 介于－5.35‰～13.40‰，极值为 18.85‰，平均值为－0.43‰，δ^{34}S 值主要介于－5.35‰～－2.91‰和 6.62‰～13.40‰两个区域；其环带部位 δ^{34}S 变化范围为－5.24‰～8.48‰，极值 13.72‰，平均值为－2.30‰，δ^{34}S 值主要介于－5.24‰～－2.65‰和 5.73‰～8.48‰两个区域，虽然 δ^{34}S 值变化范围较大，但主要集中于－4‰附近(图 7-8)。毒砂 δ^{34}S 值均为负值，平均值为－3.46‰，这与黄铁矿环带 δ^{34}S 值较为接近。

环带状黄铁矿的微区硫同位素组成具有 3 种特征：

① 核部和环带 δ^{34}S 值均为负值[图 7-9(a)]，以 110A-5 样品为典型代表。

② 核部和环带 δ^{34}S 值均为正值[图 7-9(d)]。

③ 核部为正值，环带为负值[图 7-9(b)]。其中，110A-43 样品同时兼具上述 3 种特征。从核部和环带的 δ^{34}S 值组成可以发现，同一样品中的黄铁矿(成矿期)，如用黄铁矿单矿物进行硫同位素测试，其所得 δ^{34}S 值可能为混合数据。刘平等[78]采用成矿期黄铁矿单矿物测定泥堡金矿床硫同位素，所获 δ^{34}S 值在 0 附近，其实质可能为多成因、多期次黄铁矿硫同位

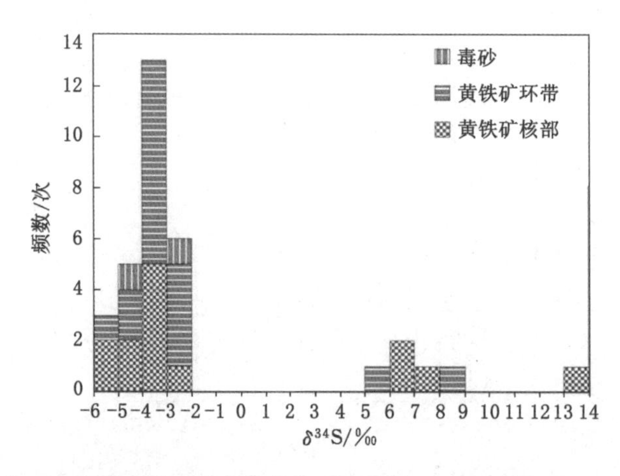

图 7-8 泥堡金矿床载金黄铁矿、毒砂微区硫同位素组成直方图

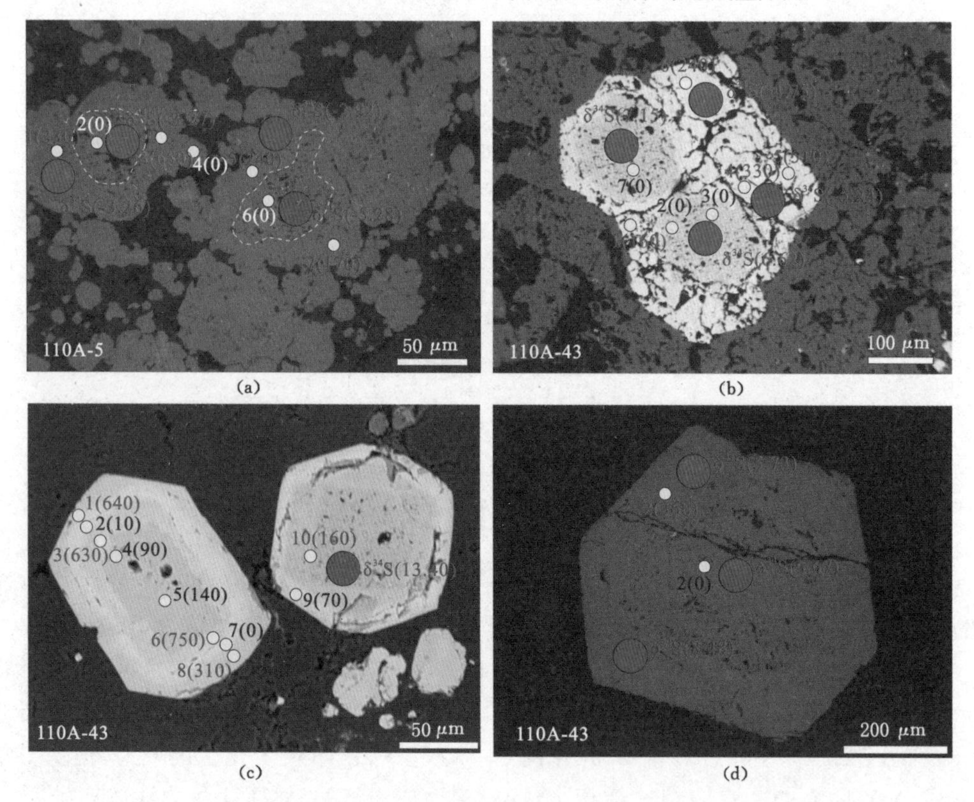

图 7-9 泥堡金矿床载金黄铁矿硫同位素测试点①

素值“中和”的结果，难以代表黄铁矿真实的硫同位素组成。

图 7-9(a)中，核部及环带硫同位素组成均为负值，且核部比环带更负；图 7-9(b)中，核部硫同位素组成为正值，环带为负值；图 7-9(c)中，核部硫同位素组成为极高正值；图 7-9(d)中，核部及环带硫同位素组成均为正值。

① 黄色实点为 EPMA 测试点，标注为点号及金含量($\times 10^{-6}$)；红色实点为 LA-MC-ICP-MS 测试点，标注为硫同位素组成值(‰)。

7.4.3 讨论

硫同位素分析结果成矿流体中的总硫同位素值($\delta^{34}S_{\Sigma S}$)是探讨成矿物质来源的重要参数,而硫化物的$\delta^{34}S$值能否代表成矿流体的总硫同位素组成是探讨成矿物质来源的关键[185]。根据显微镜观察、扫描电镜及XRD分析结果,发现泥堡金矿床主要金属硫化物为黄铁矿,次为毒砂、含微量雌黄(雄黄)、辰砂、辉锑矿、磁黄铁矿、黄铜矿、闪锌矿和方铅矿等,未发现明显的硫酸盐矿物,偶见微量石膏。金的含金性分析表明主要载金矿物为黄铁矿,次为毒砂。因此,热液硫化物$\delta^{34}S$值基本能够代表成矿热液中的总硫同位素组成,即$\delta^{34}S_{\Sigma S} \approx \delta^{34}S_{硫化物}$[205]。前人对黔西南多个金矿床的硫同位素研究,认为矿床中硫化物(黄铁矿、毒砂、雌黄、雄黄、辉锑矿)的硫同位素组成可以代表成矿热液体系中的总硫同位素组成[151,184,202,206]。卡林型金矿床的金主要赋存于黄铁矿和毒砂中。85%的金矿床以黄铁矿为主要载金矿物[207],因而分析黄铁矿和毒砂的硫同位素组成,能够有效地指示成矿物质来源。

研究成果表明[188,208-211],热液矿床中硫的来源主要有3种:$\delta^{34}S_{\Sigma S} \approx 0 \pm 3‰$;硫来自地幔和深部地壳,硫同位素平均组成与陨石接近,变化范围小,塔式效应明显;$\delta^{34}S_{\Sigma S} \approx +20‰$;硫来自大洋水和海水蒸发盐;$\delta^{34}S_{\Sigma S}$为较大的负值,硫主要来自开放沉积条件下的细菌还原成因。

由表7-6可以看出,泥堡金矿床110A-5样品中,黄铁矿核部$\delta^{34}S$值介于$-5.35‰ \sim -2.91‰$,环带$\delta^{34}S$值介于$-3.62‰ \sim -2.65‰$,后者$\delta^{34}S$值较前者更集中,且同一黄铁矿颗粒,其核部$\delta^{34}S$值均比环带更小[图7-9(a)],表明环带与核部具有不同的硫来源。王泽鹏[151]对水银洞和太平洞金矿床二叠系龙潭组地层中黄铁矿硫同位素进行分析,发现其$\delta^{34}S$值介于$-25.73‰ \sim -17.35‰$,显示典型沉积地层硫同位素组成特征,明显区别于成矿相关的硫同位素组成($-4.88‰ \sim 5.20‰$)。类似硫同位素组成也见于戈塘金矿区二叠系龙潭组底部黄铁矿中,$\delta^{34}S$值介于$-33.29‰ \sim -13.29‰$[53]。

110A-5样品采自于龙潭组一段,赋矿岩性为含凝灰质砂岩,沉积环境以海陆交互相为主,黄铁矿核部的形成环境及硫同位素组成应与水银洞、太平洞及戈塘金矿相似。相比围岩地层中黄铁矿的硫同位素组成,样品110A-5中黄铁矿的$\delta^{34}S$值明显不同,其核部$\delta^{34}S$值可能解释为:继承沉积地层硫同位素组成,由于含有凝灰物质,可能也含有一部分火山硫,两者混合,导致核部$\delta^{34}S$值处于火山硫与地层硫之间;成矿过程中可能有热液流体对黄铁矿核部进行改造,发生同位素交换。通过对110A-5显微镜观察发现,有大量毒砂穿插和交代细粒黄铁矿,或者与细粒黄铁矿呈浸染状分布[图4-1(g)至图4-1(i)]。前文已述,细粒黄铁矿或毒砂与环带状黄铁矿的环带应形成于同一成矿阶段,从而使110A-5样品环带状黄铁矿中环带的$\delta^{34}S$值与毒砂基本相同,约为$-4‰$,暗示二者有相同的硫来源,可能来源于深部岩浆硫。

样品110A-43中黄铁矿核部$\delta^{34}S$值介于$-4.59‰ \sim 13.40‰$,集中于$-4.59‰ \sim -2.91‰$和$6.62‰ \sim 13.40‰$;环带$\delta^{34}S$值介于$-5.24‰ \sim 8.48‰$,集中于$-5.24‰ \sim -2.65‰$和$5.73‰ \sim 8.48‰$。黄铁矿硫同位素组成相对复杂的原因可能与原岩的成岩环境及过程有关。样品110A-43采自于构造蚀变体Sbt,其岩性为凝灰岩,当核部和环带$\delta^{34}S$值均为负值时,说明可能有不同于火山硫的成矿流体加入;当核部和环带$\delta^{34}S$值均为正值时，主要表现为富集重硫的特征，这可能由于凝灰岩容易与海水发生水解，因而核部 $\delta^{34}S$ 值表现为较高正值，最大值(13.40‰)与二叠世末期海水硫(10‰～15‰)同位素组成基本相当；而环带 $\delta^{34}S$ 值(5.73‰～8.48‰)与谢卓君[202]分析 Goldstrike 矿床中辉锑矿的硫同位素组成(5.9‰～6.2‰)一致，反映成矿流体可能具有岩浆来源；另一种硫同位素特征表现为核部 $\delta^{34}S$ 值为正，环带 $\delta^{34}S$ 值为负，表明核部和环带具有截然不同的成矿流体来源。上述 3 种硫同位素组成特征均体现了 $\delta^{34}S$ 值变化范围较为广泛，小范围内却较为集中的特点。汪在聪等[212]研究认为，由于硫同位素容易因多种流体混合、氧化作用、相分离及水岩反应等过程而发生同位素分馏，从而使同一矿床不同产状矿脉，甚至同一期黄铁矿的硫同位素组成出现显著差异。因此，核部和环带的硫同位素组成同为负值或正值时，核部、环带的 $\delta^{34}S$ 值基本相近，说明载金黄铁矿环带在形成过程中，含矿流体可能与早期形成的黄铁矿核部发生了一定程度的水岩反应，从而促使硫同位素发生分馏，趋于平衡。通过对水银洞金矿床载金环带状黄铁矿微区硫同位素数据[32,202]以及太平洞、纳央金矿床[32,202]进行统计发现，所测试的核部和环带 $\delta^{34}S$ 值基本相近，仅核部 $\delta^{34}S$ 值变化比环带相对较大。其中，谢卓君[202]开展微区硫同位素研究显示，水银洞金矿床黄铁矿核部 $\delta^{34}S$ 值介于－0.82‰～3.43‰，环带 $\delta^{34}S$ 值介于－3.34‰～2.50‰；Hou 等[32]研究发现水银洞金矿床沉积成岩期黄铁矿(相当于环带状黄铁矿核部) $\delta^{34}S$ 值介于－6.9‰～4.9‰，热液成矿期(相当于环带状黄铁矿环带) $\delta^{34}S$ 值介于－2.7‰～1.0‰，太平洞金矿床黄铁矿核部 $\delta^{34}S$ 值介于－5.3‰～3.0‰，环带 $\delta^{34}S$ 值介于－0.5‰～1.5‰，纳央金矿床黄铁矿核部 $\delta^{34}S$ 值介于－7.6‰～7.9‰，环带 $\delta^{34}S$ 值介于－0.3‰～0.9‰；均认为载金黄铁矿环带成矿流体中的硫主要来源于深部岩浆硫。泥堡金矿床载金黄铁矿环带 $\delta^{34}S$ 值变化范围为－5.24‰～8.48‰，平均值为－2.30‰，类似于水银洞金矿床中辉锑矿和雄黄的 $\delta^{34}S$ 值(－2‰～6‰)[151,184]，揭示硫同位素组成具有深部岩浆硫来源的特点。

综上所述，对于泥堡金矿床硫同位素的组成，比较可能的解释为：深部岩浆沿深大断裂上涌至浅部地层就位空间，由于物化条件的改变，成矿流体与围岩发生水岩反应，因而，容矿岩石原岩性质(形成环境、物化条件、物质来源)可能影响了与深源岩浆硫进行同位素交换的多寡，从而造成在不同的赋矿岩石中，硫同位素组成有一定的差别，但总体揭示金成矿过程中有深部岩浆硫参与。

7.5 本章小结

通过对泥堡金矿床成矿期石英、方解石流体包裹体研究，方解石碳氧同位素、石英氢氧同位素以及载金黄铁矿微区硫同位分析，得出以下研究结论：

(1) 流体包裹体研究表明，泥堡金矿床成矿温度集中于 180～260 ℃，盐度 4.18%；为典型中低温、低盐度矿床，成矿流体压力约 32 MPa，显示超压流体特征；成矿流体属于富 H_2O 和 CO_2、CH_4、N_2 等气体的 Ca^{2+}-Cl^- 型流体，激光拉曼测试为 H_2O-NaCl-CO_2 ± CH_4 ± N_2 体系，成矿环境为弱酸性还原性环境。从成矿主阶段到晚阶段，成矿流体主要表现为温度、盐度降低，CH_4、N_2 含量降低，CO_2 大量逸出，密度升高，压力骤降，经历了不混溶(沸腾)作用和混合作用。

（2）脉石矿物碳、氢、氧同位素分析认为，成矿流体主要来源于深部岩浆，并在浅部与大气降水混合，不排除变质水的参与，从而显示混合来源特征；大气降水与围岩发生水岩反应产生的氧同位素交换，可能是造成氧同位素增大并向右漂移的原因。

（3）载金黄铁矿（毒砂）微区硫同位素显示，黄铁矿环带 $\delta^{34}S$ 值介于－5.24‰～＋8.48‰，平均值为－2.30‰，硫同位素组成体现以深部岩浆硫来源为主；同一矿床中，黄铁矿核部和环带硫同位素变化较大，推测这可能是上升的成矿流体与不同环境、物化条件下的赋矿岩石发生水岩反应、产生硫同位素交换的结果。

第 8 章 成矿年代学

矿床年代学研究对了解矿床成矿时代及矿床成因至关重要，而成岩成矿年代的准确测定是矿床研究和对比的基础。只有精确的测年数据才能确定成矿时代，从而正确判断岩浆-沉积-变质-构造-热事件与成矿作用之间的关系，从而更深入认识矿床形成的成矿环境和矿床成因[160]。研究表明，系统的成矿年代学研究对区域矿床成矿演化、建立矿模型、总结成矿规律、指导找矿均具有重要意义。对矿床成矿时代的确定主要有两种方法：一是利用同位素测年获得矿床形成年龄；二是利用地质体之间的切割、穿插等相互关系，确定矿床相对年代。

华南是我国大面积低温成矿作用的典型地区，在国际上也有重要地位。区内低温热液矿床类型众多，产出有金、锑、汞、铊、铅、锌等矿床，构成了我国重要的金属矿产资源基地。其中，位于滇黔桂毗邻区内的贵州省西南地区是我国重要的卡林型金矿富集区，形成了多个大型、超大型金矿床。对于滇黔桂地区金矿床成矿时代，前人做过一定研究，但结果差别很大[213-215]。然而，方解石 Sm-Nd 法、石英 Rb-Sr 法所获年龄数据多集中在燕山中晚期，与宏观地质特征及地质事情相吻合，具有一定的代表性。

泥堡金矿床作为滇黔桂“金三角”矿集区的重要组成部分，同时兼具断裂型和层控型两种类型金矿体。因此，采用与金矿化关系密切的含金石英脉做 Rb-Sr 等时线定年，厘定泥堡金矿床成矿时代可为我国西南地区大面积低温成矿域成矿年代约束提供有力资料。

8.1 石英 Rb-Sr 同位素测年

流体包裹体是矿物形成过程中所捕获的流体，流体中的物质成分是相关地质过程的密码，它记录着矿物形成的条件和过程。矿物中捕获的包裹体是迄今保留下来的最完整和最直接的原始流体样品，也是研究热液矿床成矿流体最直接的天然样品[61,164,216]。从年代学角度出发，热液矿床中相同时代形成或形成于一个相对短时间间隔内的包裹体通常可作为单一事件对待，同一成矿期不同成矿阶段的样品作为测年对象，可获得与原生包裹体形成时间大致相同的年龄，即矿床形成时代[217]。固体石英很纯净，不含 Rb、Sr 杂质，是 Rb-Sr 法测年的理想矿物[217-219]。Rb、Sr 在石英中主要赋存于流体包裹体中[217,220-222]，利用石英流体包裹体 Rb-Sr 等时线法可获得可靠的金矿床成矿年龄，目前已取得了众多成果[67,75,78,214,217,223-229]。

8.2 样品分析及方法

(1) 样品采集

通过对产于F1断层中的断裂型Ⅲ号金矿体和产于构造蚀变体中的Ⅳ号层状金矿体进行详细的野外观察，根据矿石组构和围岩蚀变特征，系统采集含石英(脉)的金矿石样品共10件。其中，Ⅲ号金矿体和Ⅳ号矿体各5件，Ⅲ号金矿体样品采自F1断层破碎带的钻孔岩心样，石英主要呈网脉状、细脉状分布于赋矿岩石(沉凝灰岩)中[图8-1(c)和图8-1(d)]，Ⅳ号矿体样品均采自构造蚀变体的露天剖面，石英主要呈脉状产于凝灰岩中[图8-1(a)和图8-1(b)]，所采集的石英样品与金矿化关系密切，为金成矿主阶段的产物。

图8-1　泥堡金矿床石英 Rb-Sr 同位素测年样品

(2) 样品挑选

首先用蒸馏水将采集的金矿石样品清洗干净，风干，然后进行粗碎，挑选干净的石英。对挑选的石英细碎至40～60目，清洗掉表面的吸附物，最后在双目镜下人工挑选石英单矿物，纯度达99%以上。

(3) 样品分析

样品测试由中国地质调查局武汉地质调查中心同位素开放研究实验室完成。样品制备全过程在超净化实验室内进行，全流程 Rb、Sr 空白分别为 5×10^{-10} 和 1.0×10^{-9}，对所有样品均做了本底校正。Rb-Sr 同位素分析方法及流程为：

① 分别用一定浓度的超纯水、硝酸和超纯盐酸加热清洗已挑纯的石英单矿物。

② 将已处理的石英样品置于烘箱内，从而在 120～180 ℃爆裂，去除次生包裹体。

③ 用超纯水在超声波清洗机内清洗 3～5 遍，烘干备用。

④ 称取适量的石英样品，加入 $^{85}Rb+^{84}Sr$ 混合稀释剂，用高氯酸和氢氟酸溶解样品，采用阳离子树脂(Dowex50×8)交换法分离和纯化 Rb、Sr。

⑤ 用热电离质谱仪 TRITON 分析 Rb、Sr 同位素组成，利用同位素稀释法计算试样中的 Rb、Sr 含量及 Sr 同位素比值。

在整个同位素分析过程中，用 NBS607、NBS987 和 GBW04411 标准物质分别对仪器和分析流程进行监控。其中，NBS607 的 Rb、Sr 含量与 $^{87}Sr/^{86}Sr$ 比值分别为 523.50×10^{-6}、65.67×10^{-6} 和 $1.200\ 37\pm0.000\ 08(2\sigma)$；NBS987 的 $^{87}Sr/^{86}Sr$ 同位素组成测定值为 $0.710\ 18\pm0.000\ 06(2\sigma)$；GBW04411 的 Rb、Sr 含量与 $^{87}Sr/^{86}Sr$ 比值分别为 249.10×10^{-6}、158.50×10^{-6} 和 $0.759\ 85\pm0.000\ 04(2\sigma)$，各标准物质 Rb、Sr 含量及同位素比值与证书值在测定误差范围内完全一致。最后，采用最小二乘法计算两组样品拟合的等时线年龄。

8.3 石英 Rb-Sr 同位素测定结果

层控型Ⅳ号金矿体、断裂型Ⅲ号金矿体中石英流体包裹体 Rb-Sr 同位素测定结果见表 8-1，Ⅳ号金矿体的 Rb 含量为 $0.078\ 6\sim0.333\ 3\times10^{-6}$，Sr 含量为 $0.170\ 3\sim0.989\ 0\times10^{-6}$，$^{87}Rb/^{86}Sr$ 为 0.491～1.900，$^{87}Sr/^{86}Sr$ 为 $0.709\ 61\pm0.000\ 03\sim0.712\ 46\pm0.000\ 04$；Ⅲ号金矿体的 Rb 含量为 $0.292\ 1\times10^{-6}\sim2.076\ 0\times10^{-6}$，Sr 含量为 $0.646\ 9\times10^{-6}\sim2.182\ 0\times10^{-6}$，$^{87}Rb/^{86}Sr$ 为 1.302～3.732，$^{87}Sr/^{86}Sr$ 为 $0.711\ 03\pm0.000\ 04\sim0.715\ 94\pm0.000\ 04$。

表 8-1 泥堡金矿床石英流体包裹体 Rb-Sr 同位素组成

矿体类型及编号	产出位置	序号	实验室编号	样品编号	样品名称	Rb 含量 $/10^{-6}$	Sr 含量 $/10^{-6}$	$^{87}Rb/^{86}Sr$	$^{87}Sr/^{86}Sr\pm2\sigma$
层控型Ⅳ号金矿体	Sbt	1	3015647-1	NBP2-1	石英	0.119 7	0.702 4	0.491	0.709 61±0.000 03
		2	3015647-2	NBP2-2	石英	0.078 6	0.170 3	1.332	0.711 26±0.000 07
		3	3015647-4	NBP2-4	石英	0.176 2	0.989 0	0.514	0.709 66±0.000 04
		4	3015647-5	NBP2-5	石英	0.333 3	0.505 9	1.900	0.712 46±0.000 04
		5	3015647-6	NBP2-6	石英	0.117 9	0.346 5	0.981	0.710 60±0.000 04
断裂型Ⅲ号金矿体	F1 断层破碎带	1	3015648-1	123-5	石英	1.045 0	1.696 0	1.776	0.711 98±0.000 5
		2	3015648-2	543-5	石英	0.292 1	0.646 9	1.302	0.711 03±0.000 04
		3	3015648-3	9470-5-4	石英	1.077 0	2.182 0	1.423	0.711 27±0.000 01
		4	3015648-5	544-4	石英	2.076 0	1.605 0	3.732	0.715 94±0.000 04
		5	3015648-6	558-4	石英	0.918 3	1.377 0	1.923	0.712 45±0.000 05

注：表中数据由中国地质调查局武汉地质调查中心同位素开放研究实验室刘重芃测试。

两种类型金矿体的石英流体包裹体测试数据变化均较大，将测试数据投于图上，显示出明显的跨度（图 8-2）。获得层控型Ⅳ号金矿体和断裂型Ⅲ号金矿体的等时线年龄分别为 141 Ma±2 Ma（95%可信度）和 142 Ma±3 Ma（95%可信度），$^{87}Sr/^{86}Sr$ 初始比值分别为 0.708 62±0.000 20（2σ）和 0.708 44±0.000 22（2σ），MSWD 分别为 0.063 和 0.73。

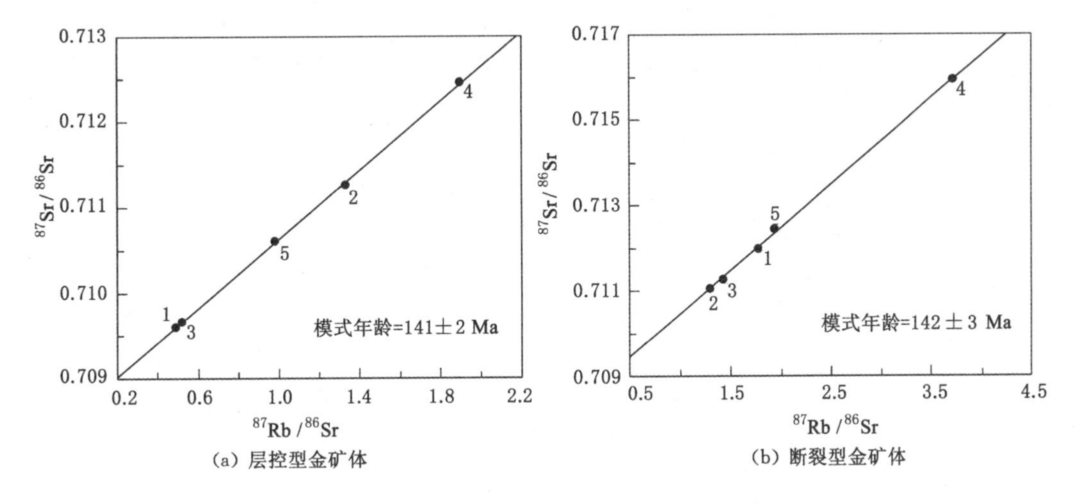

图 8-2　泥堡金矿床两种类型金矿体成矿年龄模式图

8.4　成矿年代讨论

8.4.1　成矿时限

用于 Rb-Sr 同位素测年的石英样品均采自于热液成矿期石英脉中，采用挑纯后的 5 件石英样品测试 Au 含量，测试结果显示 Au 含量介于 0.106×10^{-6}～3.640×10^{-6}，说明用于 Rb-Sr 同位素测年的石英样品含金，与金矿化关系密切。泥堡金矿床断裂型和层控型金矿体的石英流体包裹体 Rb-Sr 等时线分别为 142 Ma±3 Ma 和 141 Ma±2 Ma，两种类型金矿体成矿年龄基本一致，揭示它们可能属于同一地质事件的产物。

毛景文等[230]对我国华南地区中生代大规模成矿研究发现，大规模的成矿作用（事件）与华南地区岩石圈伸展事件具有时代对应关系，并指出华南地区中生代大规模成矿作用集中于 170～150 Ma、140～126 Ma 和 110～80 Ma；相应地，岩石圈伸展事件发展阶段集中于 180～155 Ma、145～125 Ma 和 110～75 Ma。以上研究表明，二者之间可能是同一地球动力学演化过程的产物，大规模成矿作用与拉张的动力学背景有着密切的成因联系。前人对于滇黔桂地区金矿床成矿时代做过一些研究，但结果差别很大；甚至同一矿区（床），不同研究者用不同方法得出不一样的年龄数据（表 8-2），因而难以约束金矿床成矿时代。所获年龄仅能反映最后一次热液事件时间，代表成矿时代上限[213]；硫化物 Pb 模式法所获数据随意性太大，可信度极差，普通铅模式年龄不具计时意义，目前已被摈弃[214,231]，而用于 Re-Os 法的含砷黄铁矿 Re-Os 含量极低，导致精度不够[215]，且 Re-Os 法所获矿床年龄（235～193 Ma）普遍偏老，与前人采用其他测年方法获取的年龄值差别极大。但是，石英流体包裹体 Rb-Sr 法和方解石流体包裹体 Sm-Nd 法所获得的金矿成矿年龄变化范围较小，已有研究认为这两种方法适宜于金矿床定年，满足测年条件，能够获得有效年龄数据[38]。例如，烂泥沟金矿床中石英流体包裹体 Rb-Sr 年龄为 105.6 Ma[67]；水银洞金矿方解石 Sm-Nd 等时线年龄为134 Ma±3 Ma～136 Ma±3 Ma[42]；紫木凼金矿床方解石 Sm-Nd 同位素年龄为 148.4 Ma±4.8 Ma[151]。刘平等[75,78]采用石英 Rb-Sr 等时线法获得泥堡金矿层控型金矿体成矿年龄为 142 Ma±2 Ma，Chen 等[232]利用热液磷灰石 U-Pb 法获得泥堡金矿断裂型金矿体成矿年龄为142 Ma±3 Ma，与本次石英流体包裹体 Rb-Sr 年龄(断裂型矿体成矿年龄为 142 Ma±3 Ma，层控型矿体成矿年龄为 141 Ma±2 Ma)高度一致。

上述金矿床的测年结果显示，产于不同地层、不同构造中的金矿床，其成矿时代基本相同。从年龄统计表可以看出，滇黔桂“金三角”卡林型金矿床成矿时代主要集中于分布于 148～134 Ma，这与区内构造演化背景相一致。滇黔桂“金三角”矿集区自泥盆纪以来，大陆动力学演化主要经历了 4 个阶段：海西期盆地拉伸-裂陷阶段(405～250 Ma)、印支期弧后盆地发展阶段(250～205 Ma)、燕山早中期陆内造山阶段(205～140 Ma)和燕山晚期造山后地壳伸展阶段(140～66 Ma)[60]。其中，燕山晚期由于地壳的伸展运动带来了大量的成矿物质及成矿流体，从而在一些次级构造及有利的赋矿岩石中形成大面积中低温热液矿床[233]。同时，区域上与金关系密切的锑矿床，其成矿年龄也集中在 126～148 Ma。前人获得晴隆大厂锑矿萤石 Sm-Nd 等时线年龄分别为 142 Ma±16 Ma～148 Ma±8.5 Ma[234]和 141 Ma±20 Ma[15]；独山半坡锑矿方解石 Sm-Nd 等时线年龄为 130.5 Ma±3 Ma[152]；巴年锑矿床方解石 Sm-Nd 等时线年龄为 128.2 Ma±3.2 Ma～126.4 Ma±2.7 Ma[144]。结合泥堡金矿床两种类型金矿体较为一致的成矿年龄数据，认为区域内金、锑成矿时代主要集中于 140 Ma 左右，二者成矿时代相同，同属于中晚燕山期，暗示它们可能属于同一地质事件的产物，由于在成矿过程中，就位空间、容矿岩石、物化条件、流体运移及演化时间不同而形成不同矿床和矿体形态。滇黔桂“金三角”卡林型金矿成矿年龄见表 8-2。

表 8-2 滇黔桂“金三角”卡林型金矿成矿年龄

矿床	产出层位	测年方法	测定对象	年龄/Ma	资料来源
泥堡金矿	二叠系	Rb-Sr 法	石英	142±2	文献[75,78]
		U-Pb 法	磷灰石	142±3	文献[232]
		Rb-Sr 法	石英	141±2～142±3	
烂泥沟金矿	三叠系	Rb-Sr 法	石英、方解石	105.6	文献[67]
		石英裂变径迹法	石英	82.9±6.3	文献[213]
		Re-Os 法	含砷黄铁矿	193±13	文献[68]
		Re-Os 法	毒砂	204±19	文献[43]
水银洞金矿	二叠系	Sm-Nd 法	方解石	134±3～136±3	文献[42]
		Re-Os 法	毒砂	235±33	文献[43]
紫木凼金矿	二叠系	Sm-Nd 法	方解石	148.4±4.8	文献[151]
丫他金矿	三叠系	石英裂变径迹法	石英	100	文献[235]

表 8-2(续)

矿床	产出层位	测年方法	测定对象	年龄/Ma	资料来源
百地金矿	三叠系	石英裂变径迹法	石英	87.6±6.1	文献[213]
世加金矿	石炭系	K-Ar 法	辉绿岩	137.8	文献[66]
金牙金矿	三叠系	Re-Os 法	毒砂	206±22	文献[43]
		Pb 模式年龄	黄铁矿	82～130	文献[236]

上述金矿床的测年结果显示，产于不同地层、不同构造中的金矿床，其成矿时代基本接近。通过对石英 Rb-Sr 法和方解石 Sm-Nd 法测年数据统计显示，滇黔桂“金三角”卡林型金矿床成矿时代主要集中于 148～134 Ma(图 8-3)，这与区域宏观地质特征及区域构造演化相吻合。

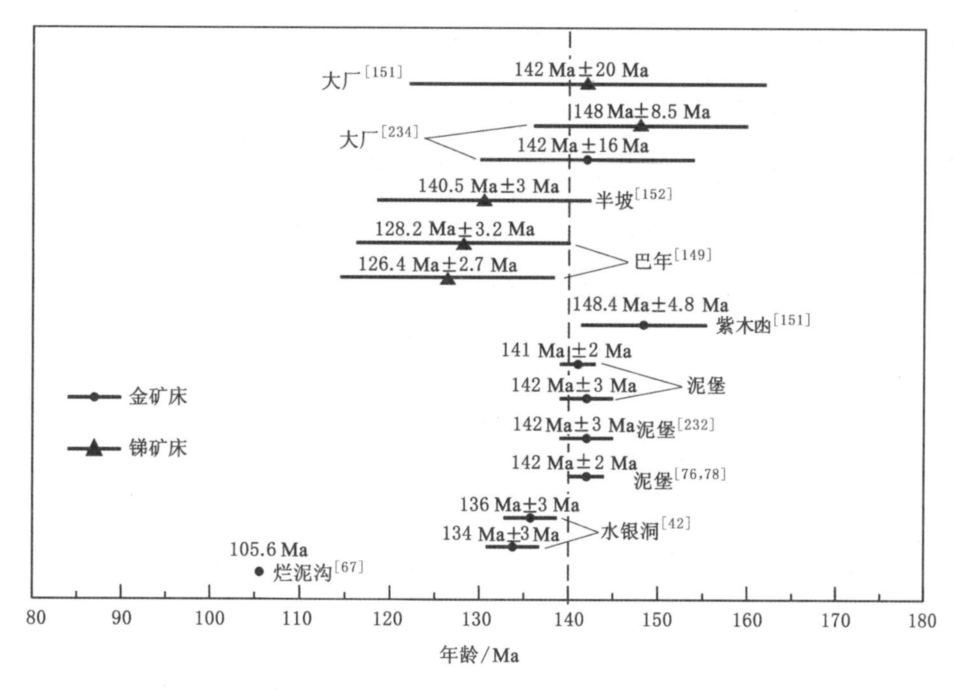

图 8-3　滇黔桂“金三角”矿集区金、锑矿床成矿年龄对比图

黔西南地区构造形迹及构造界面主要有褶皱、断层及角度不整合等，构造样式以穹窿-构造盆地，短轴背斜-向斜组合为特征，平面上强应变带和弱应变带相间排列呈菱格式展布，褶皱组合特征具有日耳曼式褶皱的特点。燕山期构造活动使二叠系、三叠系及侏罗系地层卷入穹窿-构造盆地及短轴背向斜中，这揭示了区域构造样式的形成晚于侏罗世；另外，区域重大构造界面显示，白垩系上统与下伏地层呈角度不整合，且白垩系上统之下的地层变形强度基本一致，而白垩系上统与下伏地层的变形强度及主构造方向均明显不同。由此说明，角度不整合界面之下的褶皱及断裂主要由燕山运动造成，白垩系上统中的地层变形主要是喜马拉雅运动所致(喜马拉雅运动以断块升降为主，褶皱变形相对较弱，对前期改造较弱)[102]，因此区域主要褶皱和断裂形成时间早于晚白垩世。综上所述，黔西南地区金矿床形成时代可限定于侏罗世(205 Ma)至晚白垩世(65 Ma)。

同时,区域上与金关系密切的锑矿床,其成矿年龄也集中在 148 Ma～126 Ma。前人获得晴隆大厂锑矿萤石 Sm-Nd 等时线年龄分别为 142 Ma±16 Ma～148 Ma±8.5 Ma[234]和 141 Ma±20 Ma[151];独山半坡锑矿方解石 Sm-Nd 等时线年龄为 130.5 Ma±3 Ma[152];巴年锑矿床方解石 Sm-Nd 等时线年龄为 128.2 Ma±3.2 Ma～126.4 Ma±2.7 Ma[149]。结合泥堡金矿床两种类型金矿体较为一致的成矿年龄数据,认为区域内金、锑成矿时代主要集中于 140 Ma 左右,二者成矿时代相同,主要属于燕山中晚期,暗示它们可能属于同一地质事件的产物,这与区域宏观地质特征及区域构造演化相符合。

另外,根据岩体与矿体之间的相互关系,可以限定矿床形成的相对年龄。例如,桂西北世加金矿产于辉绿岩体断裂破碎带之中及辉绿岩与石炭系地层接触带附近,辉绿岩年龄可代表世加金矿成矿时代下限,揭示世加金矿成矿年龄小于 140 Ma[66]。陈懋弘等[69,215]利用白云母$^{40}Ar/^{39}Ar$法获得桂西北巴马、凤山、凌云和料屯一带石英斑岩年龄为 96.5～95 Ma,根据岩体与金矿(料屯)接触关系,认为该年龄值可以代表金矿形成年龄上限,由此推测滇黔桂“金三角”卡林型金矿床成矿时代可能发生于 140～95 Ma。这与上述金矿床采用石英 Rb-Sr法和方解石 Sm-Na 法所获得的主要成矿年龄 148～134 Ma 基本一致。同时,我国华南地区中生代大规模的成矿作用可能与岩石圈伸展及同时代的岩浆侵入活动相关,具有时空耦合关系[230,237-240]。对于滇黔桂“金三角”卡林型金矿集区,前人利用全岩 K-Ar 法获得普安、盘州县 2 处辉绿岩年龄为 115.5～146 Ma[88],桂西北世加、八渡辉绿岩 K-Ar 年龄为 140 Ma[66]。上述研究表明,滇黔桂“金三角”矿集区岩浆侵位时间与金矿床主要成矿年龄(148～134 Ma)基本吻合,反映区内以金为代表的中低温热液矿床与燕山期岩浆活动具有时空对应关系,揭示大规模的金、锑矿成矿动力学背景可能为环太平洋板块俯冲背景下的岩石圈伸展拉张环境。

综上所述,通过泥堡金矿床两种类型金矿体可靠的成矿年龄,并结合前人研究成果,推测滇黔桂“金三角”矿集区以金、锑为代表的大规模成矿作用的成矿时限主要集中于 140 Ma 左右,二者成矿时代相同,同属于燕山中晚期,暗示它们可能属于同一地质事件的产物。

8.4.2 成矿流体

Zheng 等[50]对泥堡金矿床产于不同含矿岩系中的金矿体地球化学特征研究表明,它们具有相同的成矿物质来源,不同产状的金矿体成矿均有幔源物质的明显参与。苏文超等[216]认为,在卡林型金矿中,石英的沉淀一般不会改变整个热液体系 Sr 同位素组成,石英流体包裹体$^{87}Sr/^{86}Sr$值能够反映成矿流体性质;彭建堂等[241-242]认为,Sr 同位素是示踪流体源区的一种有效手段。石英与卡林型金矿床的金矿化关系密切,其 Sr 同位素组成变化对于成矿流体和物质来源具有重要指示意义。泥堡金矿断裂型和层控型金矿体的$^{87}Sr/^{86}Sr$初始比值分别为 0.708 44±0.000 22(2σ)和 0.708 62±0.000 20(2σ),明显低于壳源 Sr 同位素比值(0.711 90)[243],接近地幔与地壳边界 Sr 的初始值 0.707[244],反映区内成矿流体具有幔源性质 Sr 同位素与地层来源 Sr 同位素的混合特征,$^{87}Sr/^{86}Sr$ 与 Sr 无相关性,亦说明 Sr 可能具有不同的源区,暗示泥堡金矿床的 Sr 来源可能为混合源。同时,苏文超等[216]对烂泥沟和丫他金矿中的石英进行流体包裹体微量元素测试,结果显示成矿流体中具有较高的 Co、Ni、Cu、Pb、Zn,并富含 Pt,推测基性-超基性火山岩可能是区内金矿床成矿物质的重要来源之一。王亮等[245]利用重磁、航磁资料揭示了泥堡金矿深部可能存在基性-超基性岩体。

上述研究成果表明,泥堡金矿床的成矿流体可能是地幔流体和地壳流体的混合物。

8.5 本章小结

以具有代表性的泥堡金矿床断裂型和层控型金矿体为例,选择与金成矿密切相关的石英为研究对象,利用石英流体包裹体 Rb-Sr 等时线法进行成矿时代厘定,并取得以下主要认识:

(1) 泥堡金矿床断裂型和层控型金矿体石英脉流体包裹体 Rb-Sr 等时线年龄分别为 142 Ma±3 Ma 和 141 Ma±2 Ma,结合区域宏观地质特征、构造演化动力学背景、岩浆活动及区域金矿床的主要成矿年龄(148～134 Ma),厘定滇黔桂“金三角”地区的金矿床成矿时代主要为燕山中晚期。

(2) 泥堡金矿床断裂型和层控型金矿体石英流体包裹体$^{87}Sr/^{86}Sr$初始比值分别为 0.708 44 Ma±0.000 22(2σ)和 0.708 62±0.000 20(2σ),暗示金成矿过程中有地幔物质参与,成矿流体应为壳幔混合流体,且以深源为主。

(3) 我国华南地区以金矿床为代表的低温热液矿床与燕山期岩浆活动存在时空对应关系,说明大规模的金成矿动力学背景可能为环太平洋板块俯冲背景下的岩石圈伸展拉张环境。

第 9 章 成矿作用过程与成矿模式

9.1 成矿地质条件

9.1.1 成矿地质背景

黔西南地区在大区域构造尺度上位于特提斯构造域与濒太平洋构造域的交接部位，具备了构造形成的动力学条件[15]。泥堡金矿床则处于扬子准地台与右江造山带接触带，是西南大面积低温成矿域的重要组成部分。区域内构造运动形式主要表现为地块边缘裂陷槽挤压和拉张的交替，广泛发育各种不同级别和类型的断裂构造和裂隙，从而成为深源物质流和能量流集中释放的有利场所及有利富集空间。

自元古代以来，区内经历多期构造活动，尤其是晚古生代至早白垩世，在濒太平洋陆缘和特提斯域共同影响下，本区进入板内活动的裂陷、挤压阶段，经历了板内裂陷到挤压的动力学演化过程[102]。其中，浅层构造变形形成于印支—燕山期，燕山中晚期主要体现为切穿岩石圈的深大断裂复活，并对黔西南地区卡林型金矿的形成起到了重要控制作用。区域构造体现了多期活动的特点，不同期次、不同方向的构造形迹叠加复合现象明显；区域上较早形成的东西向构造往往被后期形成的北东向和南北向构造叠加改造而复杂化，构造线展布明显受前期深大断裂的影响和制约；多期次的构造活动制约了成矿物质的分配律和散集律，并导致成矿的递进性、继承性、脉动性、转换性和改造性[240]。广泛发育的褶皱-断裂作用导致了地壳物质的分异、重组与汇集，从而孕育了金矿床的形成。滇黔桂“金三角”的金矿床(点)集中分布于被不同方向、不同期次的区域断裂(弥勒—师宗深断裂；南丹—昆仑关深断裂；宾阳—个旧深断裂)所围陷的三角形之中(图 2-2)；其中，黔西南地区的微细粒浸染型金矿床主要位于弥勒—师宗断裂带和紫云—六盘水断裂带的夹持地带，两大深大断裂带分别成为了金矿床分布的北东边界和北西边界，并控制了断裂两侧的重力异常差异、构造样式和沉积相变，是深部热液流体向上运移的主要通道，也是金成矿的主要导矿构造。区内沉积地层发育，显示了浅海台地相、盆地相交替的沉积特色，台地相发育海相浅水碳酸盐岩，以龙头山层序为代表；盆地相为深水钙泥质碳质沉积及火山碎屑沉积，以赖子山层序为代表。而岩浆作用主要为拉伸构造环境下的幔源火成岩[70]。区域地质的发展演化，与右江裂陷带的发生、发展及消亡密切相关，是区域金矿床形成的重要地质背景。

泥堡金矿床两组石英 Rb-Sr 等时线年龄分别为 141 Ma±2 Ma 和 142 Ma±3 Ma，与区域内的金、锑矿床成矿年龄基本一致，推测区内金、锑矿床应为同一成矿事件(作用)的产物。其中，金成矿时代集中于148～134 Ma、锑矿床成矿时代集中于148～126 Ma，与燕山中晚期反映伸展环境的基性-超基性岩浆侵入时限(146～115 Ma)相对应，揭示其成矿动力背景可能为燕山期环太平洋板块俯冲的拉张环境。对晴隆大型锑矿床研究发现，锑矿床中普遍伴生有金矿化，呈锑、金共生特征，成矿过程主要经历了两期矿化事件，分别为早期锑矿化阶段(萤石-石英-辉锑矿矿物组合)和晚期锑、金矿化阶段(英-辉锑矿-黄铁矿矿物组合)，认为晴隆锑矿床的锑、金矿可能是大规模中低温成矿事件不同演化阶段的产物。

泥堡金矿床处于特殊的大地构造位置和成矿环境。峨眉地幔热柱在中、晚二叠世之间活动导致地壳升降运动产生，贵州西部发生大面积玄武岩浆喷溢，造成西北高、东南低的古地理态势；晚二叠世，峨眉地幔柱活动强烈，在兴义、安龙、兴仁、贞丰一带形成潟湖—潮坪—浅海台地相过渡的古地理环境[58]，这种海潮坪台地类似于一水体沉积盆地，有利于大量凝灰物质、含矿物质的沉积。

峨眉地幔热柱喷发活动在茅口组顶部岩溶不整合面和龙潭组二段中形成了较厚的火山沉积岩，如泥堡金矿区产于Sbt中的凝灰岩厚5～26 m，产于P_3l^2中的沉凝灰岩厚20～160 m；同时，形成了一套富含凝灰质的龙潭组含煤岩系地层。龙潭组地层中发育大量沉积成岩期黄铁矿，说明当时的沉积环境相对闭塞，成矿环境属于相对封闭的还原环境。

区域航磁解译区内深部构造发育(图2-12)，重磁推测深部存在隐伏岩体(图2-13)，且处于重力异常隆起区(图2-11)，区内具有古地热异常，地热增温率达5 ℃/100 m(戈塘附近)。水系沉积物及土壤地球化学测量显示Au-As-Sb-Hg组合异常的分布及强弱与微细浸染型金矿的分布、规模具有很好的相关性，泥堡金矿区处于HS组-9Au-As-Sb-Hg组合异常区(图2-14)，显示本区成矿地球化学背景优越。同时，泥堡金矿区主体构造样式为背斜-断层组合，其成矿作用推测发生在二龙抢宝背斜形成之后的应力转换阶段，后期应力的转换，导致原先近东西走向的剪性节理逐渐转变为剪张-张性，为含矿热液的运移及成矿物质的卸载提供通道。同时，由于区域应力方向的改变，加之茅口组地层与龙潭组地层之间的不整合界面岩性的特殊性，在不整合界面中形成了大量的张性空间，并形成大量北东及北西走向的节理，此类节理多见大量热液脉体充填(萤石-石英-方解石)，但其含矿性不及近东西向节理；另外，不整合面中发生了岩石层间滑动。

因此，对于泥堡矿床而言，因岩石能干性的差异及区域应力的转变，不整合界面中大量的节理裂隙及岩层间的层间滑动，使得茅口组地层与龙潭组地层之间的这样一个构造薄弱界面成为泥堡金矿成矿作用发生的主控界面，也是区域范围内系列金矿床的成矿结构面。而背斜核部附近发育的斜切层面的断裂构造(如F1断层)或一系列节理成为成矿流体穿透一些构造封闭层的通道，其构造成矿背景类似于水银洞金矿床，主要为背斜和断层共同控矿，背斜和断层既是成矿流体运移的通道(导矿构造)，又是矿质沉淀的场所(容矿构造)。由此可见，泥堡金矿床具有优越的成矿前景。

9.1.2　矿床控矿因素

9.1.2.1　构造

泥堡背斜呈北东向展布，是矿区内主干褶皱，由于它的形成才发育了主要控矿断裂(F1断层等)及控矿背斜(二龙抢宝背斜)。二龙抢宝背斜呈北东向展布，为F1断层上盘的牵引褶皱，层控型金矿体主要产于该背斜近核部的虚脱空间、Sbt 以及层间破碎带中。

二龙抢宝背斜形态呈现出核部相对宽缓，而翼部岩层倾角（北西翼 25°～45°、南东翼 5°～28°）较大，且具有由内到外逐渐变陡的特征；通常靠近 F1 断层处，倾角一般大于 40°。由此推测，翼部应力强度大，封闭性较好，不利于矿液聚集，但有利于断裂的发生，成为良好的成矿溶液运移通道；而核部应力相对较弱，次级构造、裂隙发育，容易导致温度、压力等物理化学条件变化，从而成为理想的含矿流体聚集场所。泥堡金矿床的层状矿体多产于二龙抢宝背斜近核部，如产于 F1 断层上盘 P_3l^2 中的Ⅵ号矿体［图 9-1(c)］、产于 Sbt 中的Ⅳ号矿体［图 9-1(a)和图 9-1(d)］。在背斜的翼部，由于构造变形时常在软硬岩组相间的接触面产生滑动而形成层间虚脱空间，因而有利于矿液的流动，并成为矿质的聚集场所。例如，二龙

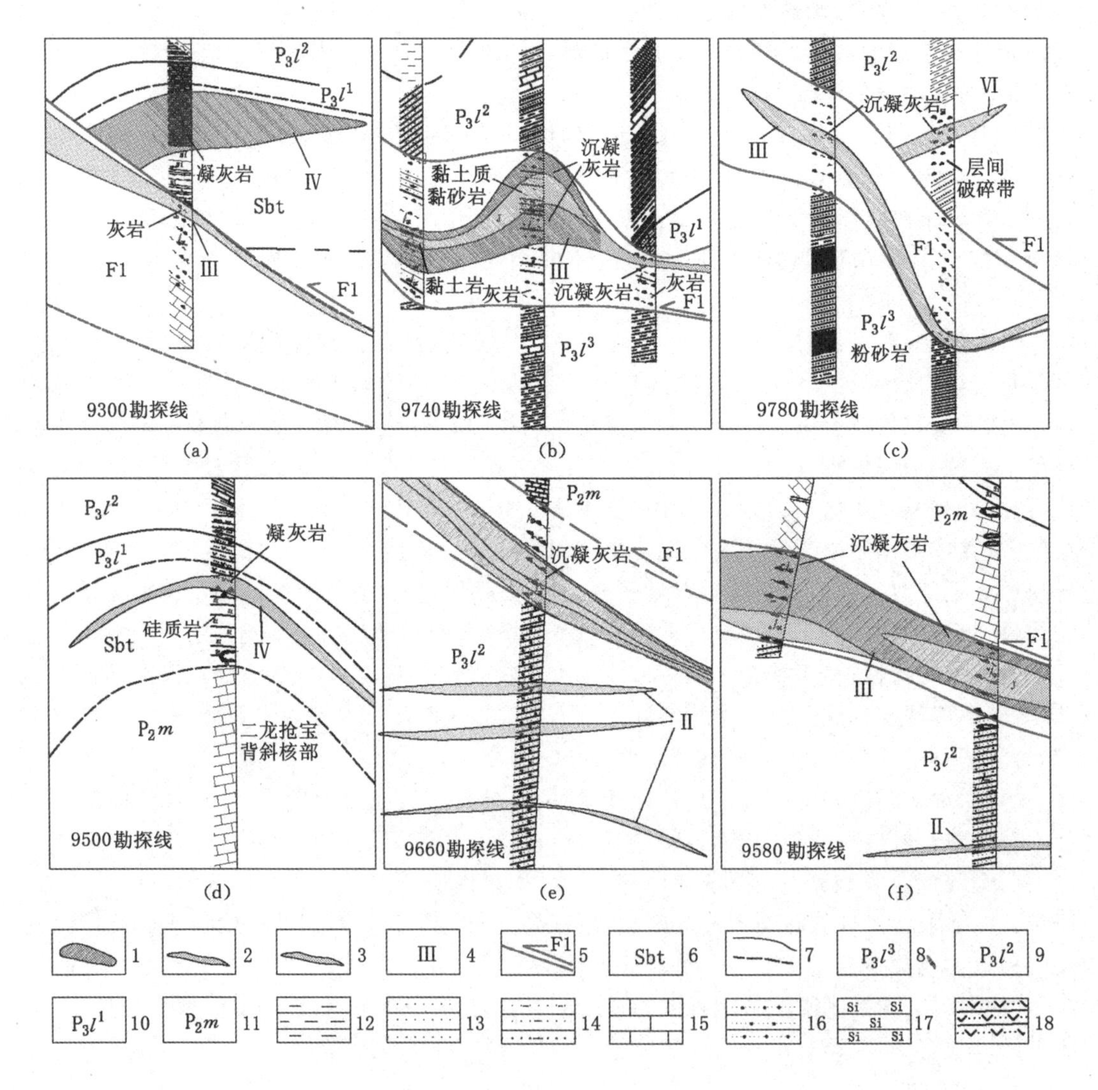

1—工业矿体；2—低品位矿体；3—夹石；4—矿体编号；5—F1 断层；6—构造蚀变体；7—地层界线；8—龙潭组三段；9—龙潭组二段；10—龙潭组一段；11—茅口组；12—黏土岩；13—粉砂岩；14—黏土质粉砂岩；15—灰岩；16—沉凝灰岩；17—硅质岩；18—凝灰岩。

图 9-1　泥堡金矿床断层与矿体形态关系示意图

抢宝背斜的核部主要为茅口组灰岩，两翼依次为 Sbt 角砾状硅质岩、凝灰岩、龙潭组一段为沉凝灰岩与黏土岩、粉砂岩、含凝灰质砂岩互层、龙潭组二段沉凝灰岩夹粘土岩、灰岩；具有坚硬岩层与软弱岩层交替或互层的特点，这种岩性组合有利于断裂及裂隙的产生，尤其是在两种软硬岩层的界面，形成层间滑动和层间破碎，为矿液运移和聚集提供了良好的通道和沉淀场所；外层为龙潭组三段黏土岩、碳质黏土岩及粉砂岩互层夹硅化灰岩、煤层，整体为为一套含泥质、碳质较高的软性岩石，岩石孔隙小、透水性差，对成矿流体起到保护和遮挡作用，有利于矿液向核部运移，在构造有利地段与有利赋矿岩石反生水岩反应，从而聚集沉淀成矿，所形成的矿体主要呈似层状、小透镜体，整体与围岩产状一致。

9.1.2.2　F1 断层

F1 断层发育于二龙抢宝背斜北西翼，与背斜轴近于平行，断层破碎带特征十分明显，带宽一般 5～50 m，最宽处可达 75 m。断层控制了矿体规模、形态及产状，区内Ⅲ号大型隐伏金矿体就产于该断层破碎带内，矿体呈似板状、透镜状产出，矿体产状与断层产状其本一致，具有波状起伏的特征，严格受 F_1 断层破碎带控制(图 9-1)。破碎带较宽处，矿体厚度变大，破碎带变窄处，金矿体厚度也随之变小，两者一般具有正相关性，但并不是完全的互为消长，主要取决于破碎带中的岩性组合及矿化蚀变特征(图 9-1)。据现有的勘查资料显示，F1 断层破碎带宽 20～50 m 时，含矿性较优。

矿体一般在断层产状发生变化(常为由陡变缓处)、破碎带变宽处形成富矿囊[图 9-1(b)]，这可能是由于含矿热液沿 F1 断层运移到产状变化的扩容空间时，物化条件发生变化，从而聚集沉淀成矿。同时，在 F1 断层旁侧也发育一些次级断裂及层间破碎带，产出部分规模较小的金矿体，并呈现出离 F1 断层越近，矿体富而厚，远离则变贫变薄，甚至尖灭，说明 F1 断层不但是区内的主要容矿空间(容矿构造)，还是矿液运移的主要通道(导矿构造)。断裂破碎带中常出现分枝复合、膨胀收缩等现象，因而矿体在断裂带内也呈现出分枝复合及膨缩现象。

9.1.2.3　Sbt

Sbt 产于 P_2m 和 P_3l 之间不整合界面附近的一套由区域构造作用形成的、并经热液蚀变的构造蚀变岩石，并成为区域性含矿热液运移的通道；同时，Sbt 中特殊的岩性组合(从下往上依次为硅化灰岩、角砾状硅质岩、火山碎屑岩、泥质岩)界面，也成为矿液的主要聚集场所。Sbt 是区内层控型金矿体(Ⅳ号矿体)的重要产出部位，矿体产状与构造蚀变体产状基本一致，呈似层状、透镜状顺层产出[图 9-1(a)、图 9-1(d)]。

综上所述，P_2m 与 P_3l 之间的不整合界面为区域性含矿热液运移的通道，斜切层面的断裂构造为含矿热液向上运移的通道，背斜轴部易于形成断裂而成为深部含矿热液向上运移的通道或就矿场所。

(1) 地层

金矿体主要赋存于龙潭组二段，其次为龙潭组一段。无论是层控型金矿体还是断裂型金矿体，对赋矿地层均具有选择性。

(2) 岩性

金矿(化)体对岩性具有明显的选择性，金矿(化)体受岩性控制明显。

通过对揭穿 F1 断层破碎带(断裂型金矿体)的 14 个钻孔 278 件样品(样品均采自 F1 断层破碎带)进行分析，发现破碎带中的岩性包括沉凝灰岩、凝灰岩、粉砂岩、黏土质粉砂岩、灰岩及黏土岩，各岩石的含金性见表 9-1。

表 9-1　泥堡金矿床Ⅲ号矿体各岩石含金性一览表

岩性	样品/件	Au含量/10^{-6}	
		最小/最大值	平均值
硅化、黄铁矿化沉凝灰岩	63	1.02/5.03	2.01
沉凝灰岩	109	0.02/0.99	0.49
凝灰岩	9	0.49/3.30	1.15
粉砂岩	47	0.05/3.35	0.93
灰岩	23	0.02/1.22	0.42
黏土质粉砂岩	12	0.10/0.91	0.39
黏土岩	15	0.10/1.18	0.35

由表 9-1 可以看出，F1 断层穿过龙潭组二段，破碎带岩性以沉凝灰岩为主，当沉凝灰岩发生明显硅化、黄铁矿时其含金性往往较好(63 件样品，金平均含量 2.01×10^{-6})，反之亦然(109 件样品，金平均含量 0.49×10^{-6})，二者呈明显的线性关系。分析发现，区内岩石含金性由高到低依次为：沉凝灰岩、凝灰岩、粉砂岩、灰岩、黏土质粉砂岩、黏土岩，其中灰岩、粉砂质黏土、粉砂岩、黏土岩往往含矿较差。同时，通过勘探线剖面图明显看出(图 9-1、图 9-2)，断层切穿沉凝灰岩、凝灰岩段时，形成高品位厚大矿体，而切穿黏土岩、灰岩等时，矿体变薄，品位降低。

层控型金矿体的赋矿岩石以沉凝灰岩、凝灰岩及凝灰质砂岩为主。其中，Sbt 控制的金矿体赋矿岩石以凝灰岩为主，次为凝灰质次生石英岩、凝灰质砂岩，多具角砾状构造；龙潭组二段赋矿岩石主要为沉凝灰岩，次为黏土质粉砂岩，龙潭组一段赋矿岩石以凝灰质砂岩为主，次为沉凝灰岩。由此可见，赋矿岩石岩性及有效孔隙度的多寡，决定了含矿热液的运移能力，当岩石为孔隙度较大的沉凝灰岩、凝灰岩、凝灰质砂岩及角砾状碳酸盐岩时有利于成矿；特别是当矿层顶、底板为透水性差的黏土岩、粉砂质黏土岩时，能够形成很好的屏蔽作用，易富集形成金矿(化)体。不同的岩石组合类型及其空间分布特征在相当程度上制约了该区金矿(化)体的产出特征，金在沉凝灰岩、凝灰岩中含金性好的原因还可能是由于凝灰物质提供了活性铁，从而形成大量热液黄铁矿，有利于金沉淀成矿。

(3) 热液蚀变

与金矿化关系密切的热液蚀变主要是硅化、黄铁矿化、碳酸盐化。其中硅化和碳酸盐化是成矿的先决条件，而黄铁矿化的强弱决定了金含量的高低以及最终成矿与否。勘查及研究表明，金矿体及金矿化部位往往具有强烈的热液蚀变，且具有“三化”(硅化、黄铁矿化、碳酸盐化)。

(4) 矿石组构

含金矿石常具浸染状、星散状、(网)脉状构造，伴随强烈的硅化、黄铁矿化。

(5) 元素组合

Au、As、Sb、Hg 元素常呈组合形式出现，Au 与 As、Sb、Hg 具有“不在其中，不离其踪”的特点[47,56]，尤其是 As 元素与 Au 相关性好。矿石微量元素 R 型聚类分析表明含金性好

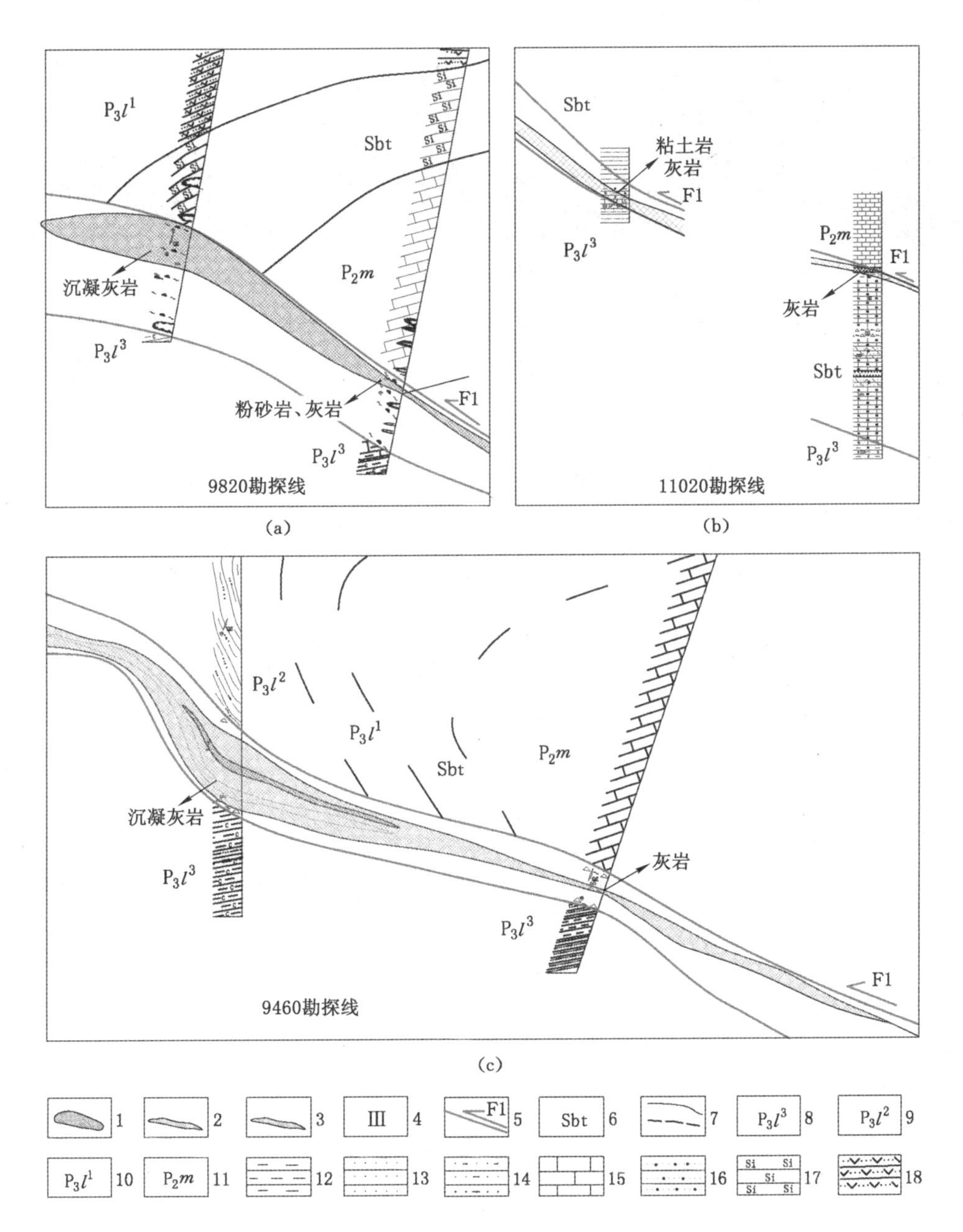

1—工业矿体；2—低品位矿体；3—夹石；4—矿体编号；5—F1 断层；6—构造蚀变体；7—地层界线；

8—龙潭组三段；9—龙潭组二段；10—龙潭组一段；11—茅口组；12—黏土岩；13—粉砂岩；

14—黏土质粉砂岩；15—灰岩；16—沉凝灰岩；17—硅质岩；18—凝灰岩。

图 9-2　泥堡金矿床 F1 断层破碎带中岩性与矿体厚度关系图

的含矿岩系，Au 和 As 相关性较好；载金黄铁矿的元素特征亦反映，当 As 含量为 2%～6%时，含金性最优。同时，Au、As、Sb 元素地球化学异常图显示(图 9-3)，Au 与 As、Sb 元素异常套合程度高，且 As、Sb 异常面积比 Au 大，三者共同套合部位常为金矿体产出位置。因此，As、Sb 元素地球化学异常部位可以作为找 Au 的有利区，As、Sb 可以作为找 Au 的指示性元素，尤其是 As 元素。

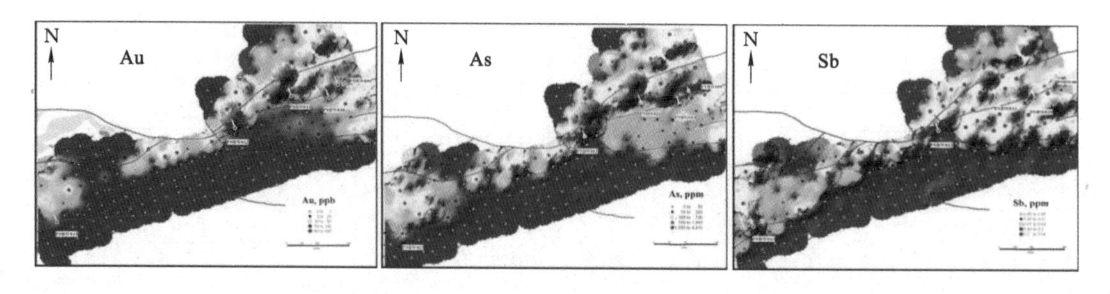

图 9-3　泥堡金矿区 Au、As、Sb 土壤地球化学异常图

9.1.3　成矿物质及成矿流体来源

9.1.3.1　成矿物质来源

泥堡金矿床矿石微量、稀土元素地球化学及与金矿化关系密切的矿物稳定同位素特征表明，成矿物质主要来源于深部，有部分地壳物质的参与。主要表现为以下几个方面：

(1) 各含矿岩系的成矿元素及稀土元素特征表明，区内矿石物质组成与峨眉山玄武岩具有同源性，来自于地幔。

(2) 方解石碳、氧同位素分析认为，碳主要表现为地幔碳范畴，在 $\delta^{13}C_{PDB}$-$\delta^{18}O_{SMOW}$ 投影图上显示碳氧同位素组成主要集中于火成碳酸岩（和地幔包体）与海相碳酸盐之间，表现为深部岩浆与海相碳酸盐混合的结果。

(3) 载金黄铁矿环带 $\delta^{34}S$ 值集中于－5.24‰～＋8.48‰，平均值为－2.30‰，硫同位素组成体现以深部岩浆硫来源为主。

(4) 稀有气体同位素研究表明，与成矿有关的矿物流体包裹体 $^{20}Ne/^{22}Ne$ 比值介于 9.47～9.96，平均值为 9.82，与地幔值(9.8)非常接近，证实成矿流体中含有一定量的幔源组分。$^{3}He/^{4}He$ 比值介于 0.012～1.436，显示大气、壳源以及深部幔源三端元混合模式[47]。

(5) 区域金成矿年龄(148～134 Ma)及锑成矿年龄(148～126 Ma)与燕山期的岩浆活动(146～115 Ma)具有时空对应关系，揭示大规模的金、锑矿成矿与燕山中晚期反映伸展构造环境的幔源基性-超基性岩浆活动有成因联系。

9.1.3.2　成矿流体性质及来源

(1) 流体包裹体研究表明，成矿阶段流体包裹体均一温度为 180～260 ℃；盐度为 4.18%；成矿流体密度 0.84 g/cm^3，成矿流体压力为 32 MPa，显示超压流体特征；流体发生过沸腾作用，具有不混溶特征。

(2) 流体包裹体激光拉曼测试结果显示，成矿流体为 H_2O-$NaCl$-CO_2-$CH_4 \pm N_2$ 体系。

(3) 包裹体液相中阳离子以 Ca^{2+} 为主，其次为 K^+，少量 Na^+ 和 Mg^{2+}，阴离子以 Cl^- 为主，有少量 SO_4^{2-}；pH 值介于 6.13～6.63。由此可见，成矿流体为富 H_2O 和 CO_2、CH_4、N_2 等气体的 Ca^{2+}-Cl^- 型流体，流体呈弱酸性、成矿环境为还原性环境。

(4) 石英流体包裹体氢氧同位素在 δD_{H_2O}-$\delta^{18}O_{H_2O}$ 图上主要分布于岩浆水与大气降水之间，成矿流体可能来源于深部，并在浅部有大气降水的混合，不排除变质水的参与，整体表现为混合特征。

(5) 成矿期方解石稀土元素组成表明，不同产状方解石 $\sum REE$ 变化范围较小，明显富集 MREE(Sm-Ho)，δEu 显示正异常，反映成矿流体具有深部来源的特性。

(6) 两种类型金矿体含金石英脉流体包裹体 $^{87}Sr/^{86}Sr$ 初始比值分别为 0.708 44±0.000 22(2σ)和 0.708 62±0.000 20(2σ)，明显低于壳源 Sr 同位素比值(0.711 90)，暗示金成矿过程中有地幔物质参与。

综上所述，泥堡金矿床初始成矿流体为中-低温、低盐度、低密度、较高压力、具弱酸性和还原性、并含 CO_2 及 CH_4、N_2 等气体成分，成矿流体可能来自深部，有部分变质水和大气降水的混入。

9.2 成矿作用过程

热液矿床的形成是多种地质地球化学过程综合作用的结果，成矿流体性质、成分、物化条件(温度、压力、盐度、pH 值、氧逸度等)及流体相分离等条件的变化，均会对矿床的形成产生影响[161]。矿床的成矿作用过程主要了解成矿流体来源、成矿元素迁移方式以及成矿物质的沉淀机制。

对于金矿床成矿过程的研究，泥堡金矿床研究相对薄弱，而邻区水银洞金矿床进行了较为深入的研究，提出了金成矿"三部曲"，即经历了去碳酸盐化、金和硫化物沉淀、碳酸盐脉形成 3 个阶段，总结了金形成的化学反应公式及过程[27,29,48,125]。泥堡金矿与水银洞金矿的成矿地质背景、成矿物质来源、成矿流体性质及成矿环境基本相同，主要体现在赋矿围岩不同，泥堡金矿主要为沉凝灰岩、凝灰岩，而水银洞金矿为不纯碳酸盐岩。刘建中等[47]认为，黔西南地区卡林型金矿床具有类似的成矿地质背景和成矿作用，均处于相同的成矿动力学背景之下，属于同一个大的成矿流体系统下，不同演化阶段在不同层位中形成的产出形态略有差异的金矿系统。因此，结合泥堡金矿床实际情况的同时，可借鉴水银洞金矿床的成矿作用过程。

Au 在热液流体中主要以 S^-、HS^-、OH^- 及 Cl^- 的络合物形式进行迁移，其迁移形式，受成矿流体的浓度、温度、Eh、pH 等物理化学条件控制，不同的物化条件表现为不同的迁移形式[246]。

① 在大于 350 ℃高温条件下，金主要以 $Au(OH)^0$(超低盐度、中性-碱性)和 $AuCl_2^-$(酸性)形式迁移。

② 低于 350℃温度时，金主要以 $Au(HS)_2^-$(碱性)和 $Au(HS)^0$(中性-酸性)的形式迁移。

③ 在氧化条件下，金主要以 OH^-、Cl^- 络合物形式迁移。

④ 在还原条件下，金主要以 S^-、HS^- 络合物形式迁移。

总的来说，在高温、富氯、酸性、氧化的环境下，金主要以氯络合物形式迁移；在中-低温、富硫、弱酸性、还原的环境下，金主要以硫(氢)络合物形式迁移[247]。

泥堡金矿床的流体包裹体研究表明，成矿流体整体上表现为中-低温(集中在 220～260 ℃)、低盐度(集中于 2%～7%)、呈弱酸性(pH 值为 6.13～6.63)，并富含 CO_2 及 CH_4、N_2、H_2S 等挥发分的特点。在这种弱酸性、富硫的热液系统中，Au 主要以 $Au(HS)^0$ 等络合物迁移形式[248]；而 As 以 $HAsS_{2(aq)}$ 形式迁移[249]。前人对卡林型金矿的成矿流体研究显示，成矿初始流体中不含 Fe 或 Fe 含量极低，含 CO_2（如水银洞 CO_2 含量达 4%），而 CO_2 有利于溶解含 Fe 碳酸盐[8-9,27]，说明黄铁矿化中的 Fe 来自地层。

二叠纪时期，泥堡金矿区在构造蚀变体 Sbt 和龙潭组二段中沉积了较厚的凝灰岩、沉凝灰岩，由于热液蚀变作用，沉凝灰岩、凝灰岩普遍遭受了碳酸盐化，并形成了大量的含 Fe 白云石。当携带大量成矿物质的成矿流体流经孔隙度较大的赋矿围岩（沉凝灰岩、凝灰岩）时，成矿流体与含活性 Fe 的赋矿围岩发生水岩反应，从而提供含砷黄铁矿、毒砂等矿物所需的 Fe^{2+}[27]。另外，水岩反应可能导致成矿流体组成、物理化学条件等特征发生改变，进而导致大量的含砷黄铁矿和毒砂沉淀，同时伴随有大量金的沉淀，则：

$$Fe^{2+} + 2HAsS_{2(aq)} + 2Au(Hs)^{0}_{(aq)} + 2H_{2(g)} = Fe(S,As) \cdot Au_2S^0 + 3H_2S_{(aq)} + 2H^+$$

从上述可以看出，Au 的沉淀主要取决于 $H_2S_{(aq)}$ 活性度，硫化作用可减少 $H_2S_{(aq)}$ 生成[123]，由此揭示卡林型金矿中的金主要以“不可见”固溶体金（Au^{+1}）形式赋存于含砷矿铁矿和毒砂中，这与 EMPA 测试分析结果一致。

研究表明，黔西南卡林型金矿床主成矿期脉石中普遍含 CO_2 流体，局部可见含 CO_2 包裹体和水溶液包裹体共存的现象，且流体温度差别不大，均集中在 203～285 ℃，说明它们是同时期捕获的 CO_2-H_2O 不混溶流体包裹体组合，这一特征反映黔西南卡林型金矿床成矿过程中发生过明显的流体不混溶作用[164]。Wilkinson[172]认为，流体不混溶（沸腾）作用和混合作用是热液矿床中最重要的两种成矿方式，前人对金矿的沉淀机制研究亦认为，金矿床中 Au 的沉淀与成矿流体 CO_2-H_2O 不混溶作用有关[39,65,168,176-182]。泥堡金矿流体包裹体研究表明，成矿流体经历了不混溶（沸腾）作用和混合作用。由此认为，成矿流体的不混溶或混合作用，以及流体与围岩之间的水岩反应（碳酸盐化、硫化物化）可能是导致泥堡金矿床 Au 沉淀的主要机制。

9.3 矿床成因

矿床的形成是一个长期复杂的地质过程，受成矿物质来源、成矿环境和成矿作用等因素制约。其中，成矿物质来源是矿床形成的必要条件，成矿环境则影响矿床的产生和分布，而成矿作用是矿床形成的关键，它使分散的有用物质在地球演化过程中，在一定的地质环境中相对富集从而形成矿床。成矿环境的变化往往通过成矿体系物理化学特征来体现，如温度、压力、pH 值、Eh 值、氧逸度等，而且成矿作用过程总是发生在一定的地质环境中，因此成矿环境必定会对成矿过程产生影响。

泥堡金矿成矿物质和流体主要来自于深部岩浆，有地壳物质的混入，成矿流体具中低温、低盐度、低密度、较高压力及弱酸性，并含 CO_2 及 CH_4、N_2 等气体成分，成矿环境为还原性环境；成矿作用与燕山晚期的构造运动及岩浆活动密切相关，成矿流体的不混溶或混合作用，以及流体与围岩之间的水岩反应是导致金沉淀的主要机制。根据泥堡金矿床的赋矿岩石、金的赋存状态、围岩蚀变、成矿物质及流体来源以及金的沉淀机制等特征，将泥堡金矿定义为微细浸染型中低温热液矿床。

9.4 成矿模式

泥堡金矿床作为“滇黔桂”金矿集区的重要组成部分,其在矿体就位特征、多产状矿体共生产出等方面极具特殊性,同时,在成矿背景、成矿温度、矿化特征及控矿构造等方面又具有共同性(表 9-2)。因此,总结泥堡金矿成矿模式,对研究区域类似成矿条件的金矿床具有借鉴意义。

表 9-2　泥堡金矿床与“滇黔桂”矿集区代表性卡林型金矿床异同对比

	泥堡金矿床	“滇黔桂”卡林型金矿床
主成矿时代	141～142 Ma	134～148 Ma
主要容矿地层	二叠系	二叠系—三叠系
矿体类型	兼具断裂型和层控型	断裂型或层控型
主要赋矿岩石	(沉)凝灰岩为主	不纯碳酸盐岩、细碎屑岩
成矿阶段划分	石英-黄铁矿阶段(早)、石英-含砷黄铁矿-毒砂阶段(主)和石英-碳酸盐岩-黏土矿物阶段(晚)	石英-黄铁矿阶段(早)、石英-含砷黄铁矿-毒砂阶段(主)和方解石-石英-辉锑矿-萤石-黏土矿物阶段(晚)
金矿化	硫化、硅化、碳酸盐化	硫化、硅化、去碳酸盐化,常伴随锑矿化
载金矿物	含砷黄铁矿、毒砂	含砷黄铁矿、毒砂
脉石矿物	石英、方解石	石英、方解石、白云石、萤石
成矿温度	180～260 ℃	190～320 ℃
导矿构造	深大断裂	
控矿构造	背斜、逆冲断裂	

根据泥堡金矿床的成矿动力学背景、矿床地质特征、成矿物质来源、成矿环境、成矿流体性质及成矿作用过程,并结合矿床的主要控矿因素,将泥堡金矿的成矿模式大致概括如下:黔西南地区在漫长的地质历史时期中,经历了多阶段岩石圈伸展事件,造成了区内独特的地质构造条件,地表构造定型于印支—燕山期。其中,燕山期构造运动使二叠纪之后的地层普遍褶皱和断裂,深大断裂和岩浆活动的发展,以及较高的异常地温和较深的埋藏,使深部富含挥发分及成矿元素(Au、As、Sb、Hg 等)的热液流体形成超压成矿流体[10,61],超压流体具较低的温度和盐度,较高的压力,富气相成分,呈弱酸性,强还原的特点。此时由于地壳处于以挤压封闭的应力状态,封存在深部与岩石圈中的超压成矿流体亦处于强力平衡状态[61]。

燕山中晚期地壳处于伸展阶段,由于深大断裂再次复活及基性-超基性岩浆沿断裂带侵入,破坏了原有的平衡状态,为成矿流体的运移提供了足够的热动力条件,驱使富含 Au、As、Sb、Hg、Tl 等元素的超压成矿流体从深部沿深大断裂通道向浅部运移;当含矿热液运移到独特的构造压力释放空间(如 Sbt 区域构造滑脱面、断层破碎带、背斜、层间破碎带等)时,成矿热液系统物化条件急剧变化(如压力骤降、还原性较低),大量挥发分逸出,并与下渗的大气降水混合,流体发生不混溶或混合作用;同时,成矿热液中以 $Au(HS)^0$ 等形式迁移的 Au 与赋矿围岩(沉凝灰岩、凝灰岩)中的活性铁发生硫化作用(黄铁矿化、毒砂化),从而形成富金含砷黄铁矿(毒砂),导致 Au 大量沉淀聚集,并在有利的容矿空间和岩性组合中沉淀就位形成金矿体(图 9-4)。

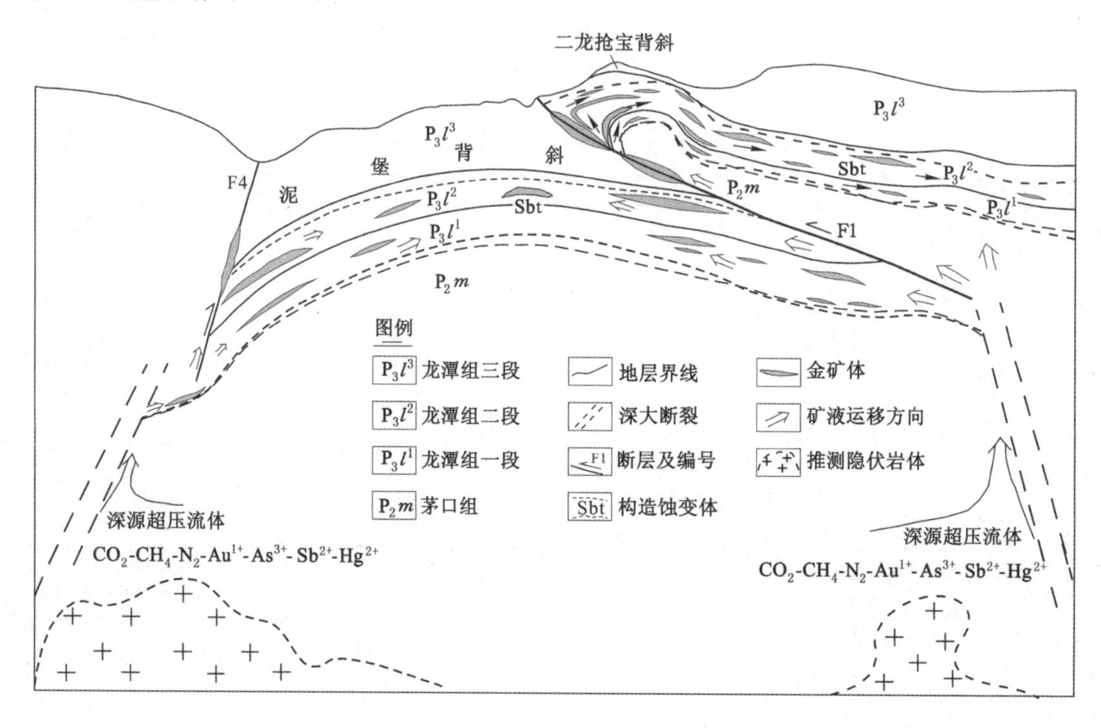

图 9-4　泥堡金矿床成矿模式示意图

第 10 章 研究结论

通过对泥堡金矿床成矿地质背景、矿床地质特征、金的赋存状态及三维富集规律、元素和同位素地球化学以及流体包裹体和成矿年代进行系统研究，获得以下主要研究成果：

（1）泥堡金矿床具有构造、地层、岩性共同控矿的特征，主要控矿构造为“背斜＋断裂”组合形式，即“二龙抢宝背斜＋F1 断层”，主要赋矿地层为龙潭组二段，主要赋矿岩石为沉凝灰岩、凝灰岩；矿床兼具有层控型和断裂型两种类型金矿体。其中硅化、黄铁矿化、碳酸盐化与金矿化关系密切。金矿床热液成矿期包括 3 个阶段：石英-黄铁矿阶段、石英-含砷黄铁矿-毒砂阶段和石英-碳酸盐-黏土矿物阶段。

（2）主要载金矿物为环带状黄铁矿、细粒状黄铁矿和毒砂。其结晶顺序依次为：贫砷沉积成因黄铁矿（核部）→富砷黄铁矿环带和细粒状黄铁矿→毒砂。环带状黄铁矿核部贫 As、Au，富 Fe、S，环带富 As、Au，贫 Fe、S；Au 与 As 具有一定正对应关系；金具有不均匀分布特征，主要以“不可见”固溶体金（Au^{+1}）形式赋存，极少量可能为纳米级自然金（Au^0）。金的三维富集规律指示矿体主要富集层位为 P_3l^2 和 P_3l^1，赋存位置为 Sbt、F1 断层内、F1 断层两侧、背斜轴面附近、背斜轴面与 F1 断层之间，背斜轴面倾向一侧的背斜翼部；同时，Au 随地层和断层层状产出，在纵向和横向上分布不均匀，具有斑块状分布及带状连续分布特点，表现出 Au 在斑块处含量高，并向四周持续递减的过程。

（3）流体包裹体研究表明，成矿温度集中于 180～260 ℃；盐度为 4.18%；为典型中低温、低盐度矿床；成矿流体压力为 32 MPa，显示超压流体特征；成矿流体属于富 H_2O 和 CO_2、CH_4、N_2 等气体的 Ca^{2+}-Cl^- 型流体，为 H_2O-NaCl-CO_2-CH_4±N_2 体系，成矿环境为弱酸性还原性环境。成矿流体从构造蚀变体 Sbt 成矿主阶段→F1 断层成矿主阶段→F1 断层成矿晚阶段，大致经历了 NaCl-H_2O-CO_2-CH_4-N_2→NaCl-H_2O-CO_2±CH_4±N_2→NaCl-H_2O-±CO_2±CH_4的演化过程，从成矿主阶段到晚阶段，成矿流体主要表现为温度、盐度降低，CH_4、N_2含量降低，CO_2大量逸出，密度升高，压力骤降，经历了不混溶（沸腾）作用和混合作用。

（4）方解石碳、氧同位素反映碳源可能来自幔源岩浆上升过程中与碳酸盐地层中由大气降水循环淋滤的地层碳；石英流体包裹体氢、氧同位素揭示成矿流体可能来源于深部，并混合有大气降水。大气降水与围岩发生水岩反应产生的氧同位素交换，可能是造成氧同位素增大并向右漂移的原因。成矿期热液成因方解石稀土元素组成显示 MREE(Sm-Ho)明显富集，具 δEu 正异常，反映成矿流体具有深部来源的特性。

(5) 环带状黄铁矿和毒砂微区硫同位素特征显示，环带部位 $\delta^{34}S$ 值介于－5.24‰～＋8.48‰，平均值为－2.30‰，揭示成矿流体中的硫可能主要来自于幔源。泥堡金矿床中，黄铁矿核部和载金环带硫同位素变化较大，推测可能是上升的成矿流体与不同环境、物化条件下的赋矿岩石发生水岩反应，产生硫同位素交换的结果。

(6) 含金石英脉 Rb-Sr 等时线法获取的层控型和断裂型金矿体成矿年龄代分别为 141 Ma±2 Ma和 142 Ma±3 Ma，与区域金、锑成矿时代和岩浆活动时限基本对应，暗示泥堡金矿成矿动力学背景可能为环太平洋板块俯冲背景下的岩石圈伸展拉张环境。

(7) F1 断层及其上下盘各含矿岩系成矿元素地球化学研究表明，As 可以作为找金的首选指示性元素，不同产出位置的金矿体具有相同的成矿物质来源；结合泥堡金矿床两种类型金矿体相同的成矿时代，成矿物质来源及流体特征，认为区内金矿体的形成可能是同一地质事件的产物，与区域内其他金、锑矿床具有类似的成矿地质背景、成矿作用以及相同的成矿动力学背景，属于同一大的成矿流体体系，由于流体演化的就位空间及容矿岩石不同而形成不同的金(锑)矿体。

(8) 燕山中晚期地壳处于伸展阶段，由于深大断裂再次复活及基性-超基性岩浆的侵入，破坏了原有的平衡状态，并为成矿流体的运移提供了足够的热动力条件，驱使富含 Au、As、Sb、Hg、Tl 等元素的超压成矿流体从深部沿深大断裂通道向浅部运移。当含矿热液运移到独特的构造压力释放空间时，成矿热液系统物化条件急剧变化，大量挥发分逸出，并与下渗的大气降水混合，流体发生不混溶或混合作用；同时，成矿热液中以 $Au(HS)^0$ 等形式迁移的贫 Fe 富 Au 流体与赋矿围岩(沉凝灰岩、凝灰岩)中的活性铁发生硫化作用(黄铁矿化、毒砂化)，从而形成富金含砷黄铁矿(毒砂)，导致 Au 大量沉淀聚集，并在有利的容矿空间和岩性组合中沉淀就位形成金矿体。由此可见，成矿流体的不混溶或混合作用，以及流体与围岩之间的水岩反应(碳酸盐化、硫化物化)可能是导致泥堡金矿床 Au 沉淀的主要机制，F1 断层活动则是大型金矿体形成的关键。

泥堡金矿床成矿模式体现为深源岩浆模式，金矿床的形成简述为深部含矿热液沿深大断裂上涌，在浅部有利空间(背斜＋断裂)选择容矿岩石聚集从而沉淀成矿。

参考文献

[1] KUEHN C A,ROSE A W. Geology and geochemistry of wall-rock alteration at the Carlin gold deposit,Nevada[J]. Economic geology,1992,87(7):1697-1721.

[2] BETTLES K. Exploration and geology, 1962 to 2002, at the Goldstrike property, Carlin trend, Nevada[J]. Society of economic geologists special publication,2002,9: 275-298.

[3] CLINE J,HOFSTRA A,MUNTEAN J L,et al. Carlin-type gold deposits in Nevada: critical geologic characteristics and viable models[J]. Economic geology, 2005, 100th Anniversary Volume:768-802.

[4] BERGER V I,MOSIER D L, BLISS J D, et al. Sediment-hosted gold deposits of the world-database and grade and tonnage models [R]. Geologica: Commonwealth of Virginia, U. S. Geological Survey,2014.

[5] RADTKE A S,RYE R O,DICKSON F W. Geology and stable isotope studies of the Carlin gold deposit,Nevada[J]. Economic geology,1980,75(5):641-672.

[6] Romberger S B. Ore deposits, disseminated gold deposits[J]. Geoscience Canada, 1986,13(1):27-32.

[7] ASHLEY R P, CUNNINGHAM C G, BOSTICK N H,et al. Geology and geochemistry of the sedimentary-rock-hosted disseminated gold deposits in Guizhou Provence, the People's Republic of China[J]. Ore geologe reviews,1991,6:131-151.

[8] HOFSTRA A H, SNEE L W, RYE R O,et al. Age constrains on Jerritt Canyon and other Carlin-type gold deposits in the western Unite States: relationship to Mid-Tertiary extension and magmatism[J]. Economic geology,1999,94:768-802.

[9] HOFSTRA A H, CLINE J S. Characteristics and models for Carlin-type gold deposits characteristics and models for carlin-type gold deposits[M]//Anon. Gold in 2000. [s. l.]:Society of Economic Geologists,2000:163-220.

[10] HU R Z,SU W C,BI X W,et al. Geology and geochemistry of Carlin-type gold deposits in China[J]. Mineralium deposita,2002,37(3/4):378-392.

[11] PETERS S G,HUANG J Z,LI Z P,et al. Sedimentary rock-hosted Au deposits of the Dian-Qian-Gui area,Guizhou,and Yunnan Provinces,and Guangxi District,China[J].

Ore geology reviews,2007,31(1/2/3/4):170-204.

[12] JEAN, CLLNE S, JOHN, et al. A comparison of carlin-type gold Deposits-uffla Guizhou Province,golden triangle,southwest China,and northern Nevada,USA[J]. Earth science frontiers,2013,20(1):1-18.

[13] ZHANG R,PIAN H Y,SANTOSH M,et al. The history and economics of gold mining in China[J]. Ore geology reviews,2015,65:718-727.

[14] 涂光炽.关于寻找超大型金矿的有关问题[J].四川地质学报,1992,12(增刊1):1-9.

[15] 王砚耕,王立亭,张明发,等.南盘江地区浅层地壳结构与金矿分布模式[J].贵州地质,1995,12(2):91-183.

[16] FAN H R,ZHAI M G,XIE Y H,et al. Ore-forming fluids associated with granite-hosted gold mineralization at the Sanshandao deposit,Jiaodong gold Province,China [J]. Mineralium deposita,2003,38(6):739-750.

[17] 陈衍景,郭光军,李欣.华北克拉通花岗绿岩地体中中生代金矿床的成矿地球动力学背景[J].中国科学(D辑),1998,28(1):35-40.

[18] YANG J H,WU F Y,WILDE S A. A review of the geodynamic setting of large-scale Late Mesozoic gold mineralization in the North China Craton: an association with lithospheric thinning[J]. Ore geology reviews,2003,23(3/4):125-152.

[19] 朱日祥,范宏瑞,李建威,等.克拉通破坏型金矿床[J].中国科学:地球科学,2015,45(8):1153-1168.

[20] KATO Y,FUJINAGA K,NAKAMURA K,et al. Deep-sea mud in the Pacific Ocean as a potential resource for rare-earth elements[J]. Nature geoscience,2011,4(8):535-539.

[21] 涂光炽.我国西南地区两个别具一格的成矿带(域)[J].矿物岩石地球化学通报,2002,21(1):1-2.

[22] 胡瑞忠,彭建堂,马东升,等.扬子地块西南缘大面积低温成矿时代[J].矿床地质,2007,26(6):583-596.

[23] ZHANG X C,SPIRO B,HALLS C,et al. Sediment-hosted disseminated gold deposits in southwest Guizhou,PRC:their geological setting and origin in relation to mineralogical,fluid inclusion, and stable-isotope characteristics[J]. International geology review,2003,45(5):407-470.

[24] 付绍洪,顾雪祥,王乾,等.黔西南水银洞金矿床载金黄铁矿标型特征[J].矿物学报,2004,24(1):75-80.

[25] 刘建中,夏勇,邓一明,等.贵州水银洞超大型金矿床金的赋存状态再研究[J].贵州地质,2007,24(3):165-169.

[26] 陈景河,葛广福,王军荣.试论贵州水银洞金矿床中胶状黄铁矿的含金性[J].矿床地质,2007,26(6):643-650.

[27] SU W C, XIA B, ZHANG H T, et al. Visible gold in arsenian pyrite at the Shuiyindong Carlin-type gold deposit, Guizhou, China: implications for the environment and processes of ore formation[J]. Ore geology reviews, 2008, 33(3/4):

667-679.

[28] SU W C,ZHANG H T,HU R Z,et al. Mineralogy and geochemistry of gold-bearing arsenian pyrite from the Shuiyindong Carlin-type gold deposit,Guizhou,China:implications for gold depositional processes[J]. Mineralium deposita, 2012, 47(6): 653-662.

[29] 张弘弢,苏文超,田建吉,等. 贵州水银洞卡林型金矿床的赋存状态初步研究[J]. 矿物学报,2008,28(1):17-24.

[30] 张立中,曹新志. 贵州水银洞金矿床黄铁矿标型特征[J]. 地质找矿论丛,2010,25(2):101-106.

[31] 任涛,张兴春,韩润生,等. 贵州水银洞金矿的几点新认识[J]. 地质与勘探,2013,49(2):217-223.

[32] HOU L,PENG H J,DING J,et al. Textures and in situ chemical and isotopic analyses of pyrite,Huijiabao trend,youjiang basin,China:implications for paragenesis and source of sulfur[J]. Economic geology,2016,111(2):331-353.

[33] 刘建中,刘川勤. 贵州省贞丰县水银洞金矿床稀土元素地球化学特征[J]. 矿物岩石地球化学通报,2005,24(2):135-139.

[34]] TAN Q P,XIA Y,XIE Z J,et al. Migration paths and precipitation mechanisms of ore-forming fluids at the Shuiyindong Carlin-type gold deposit,Guizhou,China[J]. Ore geology reviews,2015,69:140-156.

[35] 刘建中,邓一明,刘川勤,等. 水银洞金矿床包裹体和同位素地球化学研究[J]. 贵州地质,2006,23(1):51-56.

[36] 王成辉,王登红,刘建中,等. 贵州水银洞超大型卡林型金矿同位素地球化学特征[J]. 地学前缘,2010,17(2):396-403.

[37] 张瑜,夏勇,王泽鹏,等. 贵州簸箕田金矿单矿物稀土元素和同位素地球化学特征[J]. 地学前缘,2010,17(2):385-395.

[38] SU W C, HEINRICH C A, PETTKE T, et al. Sediment-hosted gold deposits in Guizhou, China:products of wall-rock sulfidation by deep crustal fluids[J]. Economic geology, 2009a,104(1):73-93.

[39] 李保华,顾雪祥,付绍洪,等. 贵州水银洞金矿床成矿流体不混溶的包裹体证据[J]. 地学前缘,2010,17(2):286-294.

[40] WANG Z P,XIA Y,SONG X Y,et al. Study on the evolution of ore-formation fluids for Au-Sb ore deposits and the mechanism of Au-Sb paragenesis and differentiation in the southwestern part of Guizhou Province,China[J]. Chinese journal of geochemistry,2013,32(1):56-68.

[41] PENG Y W, GU X X, ZHANG Y M, et al. Ore-forming process of the Huijiabao gold district, southwestern Guizhou Province, China: Evidence from fluid inclusions and stable isotopes[J]. Journal of asian earth sciences,2014,93:89-101.

[42] SU W C,HU R Z,XIA B,et al. Calcite Sm-Nd isochron age of the Shuiyindong Carlin-type gold deposit, Guizhou, China[J]. Chemical geology, 2009, 258(3/4):

269-274.
[43] CHEN M H, MAO J W, LI C, et al. Re-Os isochron ages for arsenopyrite from Carlin-like gold deposits in the Yunnan-Guizhou-Guangxi"Golden triangle", Southwestern China[J]. Ore geologe reviews,2015,64(1):316-327.
[44] 刘建中,刘川勤.贵州水银洞金矿床成因探讨及成矿模式[J].贵州地质,2005,22(1):9-13.
[45] 刘建中,邓一明,刘川勤,等.贵州省贞丰县水银洞层控特大型金矿成矿条件与成矿模式[J].中国地质,2006,33(1):169-177.
[46] 刘建中,夏勇,邓一明,等.贵州水银洞 Sbt 研究及区域找矿意义探讨[J].黄金科学技术,2009,17(3):1-5.
[47] 刘建中,夏勇,陶琰,等.贵州西南部 SBT 与金锑矿成矿找矿[J].贵州地质,2014,31(4):267-272.
[48] 夏勇,张瑜,苏文超,等.黔西南水银洞层控超大型卡林型金矿床成矿模式及成矿预测研究[J].地质学报,2009,83(10):1473-1482.
[49] ZHANG Y, XIA Y, SU W C, et al. Metallogenic model and prognosis of the Shuiyindong super-large strata-bound Carlin-type gold deposit, southwestern Guizhou Province, China[J]. Chinese journal of geochemistry,2010,29(2):157-166.
[50] ZHENG L L, YANG R D, GAO J B, et al. Geochemical characteristics of the giant Nibao Carlin-type gold deposit (Guizhou, China) and their geological implications [J]. Arabian journal of geosciences,2016,9(2):1-16.
[51] 刘家军,刘建明,顾雪祥,等.黔西南微细浸染型金矿床的喷流沉积成因[J].科学通报,1997,42(19):2126-2127.
[52] 朱赖民,金景福,何明友,等.论深源流体参与黔西南金矿床成矿的可能性[J].地质论评,1997,43(6):586-592.
[53] 朱赖民,胡瑞忠,刘显凡,等.关于黔西南微细浸染型金矿床成因的一些初步认识[J].矿产与地质,1997,11(5): 9-15.
[54] 刘显凡,苏文超,朱赖民.滇黔桂微细浸染型金矿深源流体成矿机理探讨[J].地质与勘探,1999,35(1):14-19.
[55] LIU X F, NI S J, LU Q X, et al. Geochemical tracing of ore-forming material sources of carlin-type gold deposits in the Yunnan-Guizhou-Guangxi triangle area-A case study of the application of the combined silicon isotopes geochemistry and siliceous cathodoluminescence analysis[J]. Acta geologica sinica-english edition,1999,73(1):30-39.
[56] 刘建中,夏勇,邓一明,等.贵州水银洞 Sbt 研究及区域找矿意义探讨[J].黄金科学技术,2009,17(3):1-5.
[57] 刘建中,杨成富,夏勇,等.贵州西南部台地相区 Sbt 研究及有关问题的思考[J].贵州地质,2010,27(3):178-184.
[58] 聂爱国.黔西南卡林型金矿的成矿机制及成矿预测[D].昆明:昆明理工大学,2007.
[59] 聂爱国,李俊海,欧文,等.黔西南卡林型金矿床形成特殊性研究[J].黄金,2008,

29(2):4-8.
[60] 陈本金.黔西南水银洞卡林型金矿床成矿机制及大陆动力学背景[D].成都:成都理工大学,2010.
[61] 夏勇.贵州贞丰县水银洞金矿床成矿特征和金的超常富集机制研究[D].北京:中国科学院研究生院(地球化学研究所),2005.
[62] 邱小平,孟凡强,于波,等.黔西南灰家堡金矿田成矿构造特征研究[J].矿床地质,2013,32(4):784-794.
[63] 陈懋弘,毛景文,屈文俊,等.贵州贞丰烂泥沟卡林型金矿床含砷黄铁矿 Re-Os 同位素测年及地质意义[J].地质论评,2007,53(3):371-382.
[64] CHEN M H,ZHANG Z Q,SANTOSH M,et al. The Carlin-type gold deposits of the "Golden triangle" of SW China:Pb and S isotopic constraints for the ore genesis[J]. Journal of Asian earth sciences,2015,103:115-128.
[65] 彭义伟,顾雪祥,章永梅,等.黔西南灰家堡金矿田成矿流体来源及演化:流体包裹体和稳定同位素证据[J].矿物岩石地球化学通报,2014,33(5):666-680.
[66] 胡瑞忠,苏文超,毕献武,等.滇黔桂三角区微细浸染型金矿床成矿热液一种可能的演化途径:年代学证据[J].矿物学报,1995,15(2):144-149.
[67] 苏文超,杨科佑,胡瑞忠,等.中国西南部卡林型金矿床流体包裹体年代学研究:以贵州烂泥沟大型卡林型金矿床为例[J].矿物学报,1998,18(3):359-362.
[68] 陈懋弘.基于成矿构造和成矿流体耦合条件下的贵州锦丰(烂泥沟)金矿成矿模式[D].北京:中国地质科学院,2007.
[69] 陈懋弘,黄庆文,胡瑛,等.贵州烂泥沟金矿层状硅酸盐矿物及其 ^{39}Ar-^{40}Ar 年代学研究[J].矿物学报,2009,29(3):353-362.
[70] 陶平.黔西南泥堡卡林型金矿地质特征及其与附近"红土型"金矿的关系[J].贵州地质,1999,16(3):213-220.
[71] 刘巽锋,陶平.贵州火山凝灰岩型金矿地质特征及找矿意义[J].中国地质,2001,28(1):30-35.
[72] 陶平,李沛刚,李克庆.贵州泥堡金矿区矿床构造及其与成矿的关系[J].贵州地质,2002,19(4):221-227.
[73] 陶平,杜芳应,杜昌乾,等.黔西南凝灰岩中金矿控矿因素概述[J].地质与勘探,2005,41(2):12-16.
[74] 刘平,李沛刚,李克庆,等.黔西南金矿成矿地质作用浅析[J].贵州地质,2006,23(2):83-87.
[75] 刘平,杜芳应,杜昌乾,等.从流体包裹体特征探讨泥堡金矿成因[J].贵州地质,2006,23(1):44-50.
[76] 陈世委,孙军,付斌,等.黔西南泥堡金矿含矿岩系元素地球化学特征[J].矿物岩石地球化学通报,2013,32(5):592-599.
[77] 陈有能,韩志华,王祁仑.贵州普安县泥堡金矿区某些矿床地质特征及找矿方向探讨[J].贵州地质,2002,19(1): 10-19.
[78] 刘平,李沛刚,马荣,等.一个与火山碎屑岩和热液喷发有关的金矿床:贵州泥堡金矿

[J]. 矿床地质,2006,25(1):101-110.

[79] 刘平,雷志远,叶德书,等. 贵州泥堡金矿地质地球化学特征[J]. 沉积与特提斯地质,2006,26(4):78-85.

[80] 孙军,聂爱国,黄思涵,等. 贵州泥堡金矿床成矿地质条件研究[J]. 贵州大学学报(自然科学版),2012,29(5):36-41.

[81] 郑禄林,杨瑞东,刘建中,等. 黔西南泥堡金矿床大型隐伏金矿体地质特征研究[J]. 地质与勘探,2014,50(4):689-699.

[82] 祁连素,何彦南,祁杰,等. 贵州省泥堡金矿床控矿构造类型及其控矿规律[J]. 贵州地质,2014,31(1):1-9.

[83] 祁连素,何彦南,祁杰,等. 贵州省泥堡金矿床矿体类型及其形成机理的新认识[J]. 贵州地质,2014,31(2):109-115.

[84] 张锦让,侯林,邹志超,等. 泥堡金矿床载金含砷黄铁矿的微量元素 LA-ICP-MS 原位测定及其对矿床成因的指示意义[J]. 岩石矿物学杂志,2016,35(3):493-505.

[85] 谢贤洋,冯定素,陈懋弘,等. 贵州泥堡金矿床的流体包裹体和稳定同位素地球化学研究及其矿床成因意义[J]. 岩石学报,2016,32(11):3360-3376.

[86] 韦东田,夏勇,谭亲平,等. 黔西南泥堡金矿围岩与矿石的对比及其成矿机制研究[J]. 岩石学报,2016,32(11):3343-3359.

[87] 刘建中,李建威,侯林. 贵州贞丰-普安金矿整装勘查区专项填图与技术应用示范报告[R]. 贵阳:贵州省地矿局 105 地质大队,2016.

[88] 贵州省地质矿产局. 贵州省区域地质志[M]. 北京:地质出版社,1987.

[89] 吴德超,刘家铎,刘显凡,等. 黔西南地区叠加褶皱及其对金矿成矿的意义[J]. 地质与勘探,2003,39(2):16-20.

[90] 宋发治. 贵州水银洞金矿床地质特征及成因研究[D]. 成都:成都理工大学,2009.

[91] 刘建中,夏勇,陶琰. 贵州贞丰—普安金矿整装勘查区专项填图与技术应用示范报告[R]. 贵阳:贵州省地矿局 105 地质大队,2012.

[92] 王砚耕,索书田,张明发. 黔西南构造与卡林型金矿[M]. 北京:地质出版社,1994.

[93] 王砚耕. 黔西南及邻区两类赋金层序与沉积环境[J]. 岩相古地理,1990,10(6):8-13.

[94] 聂爱国,秦德先,管代云,等. 峨眉山玄武岩浆喷发对贵州西部区域成矿贡献研究[J]. 地质与勘探,2007,43(2):50-54.

[95] 唐波,张敏,黄建国,等. 黔西南"水银洞式"金矿成因研究[J]. 矿物学报,2007,27(3):450-455.

[96] 刘宝珺,张锦泉,叶红专. 黔西南中三叠世陆棚—斜坡沉积特征[J]. 沉积学报,1987,5(2):1-17.

[97] 吕庆年,侯增谦,史大年. 铜陵狮子山金属矿地震发射结果及对区域找矿的意义[J]. 矿床地质,2004,23(3): 283-389.

[98] WILLMAN C E,KORSCH R J,MOORE D H,et al. Crustal-scale fluid pathways and source rocks in the Victorian gold Province,Australia: insights from deep seismic reflection profiles[J]. Economic geology,2010,105(5):895-915.

[99] FAURE S,GODEY S,FALLARA F,et al. Seismic architecture of the Archean North

American mantle and its relationship to diamondiferous kimberlite fields [J]. economic geology,2011,106(2):223-240.

[100] 胡煜昭,王津津,韩润生,等.印支晚期冲断-褶皱活动在黔西南中部卡林型金矿成矿中的作用:以地震勘探资料为例[J].矿床地质,2011,30(5):815-827.

[101] 胡煜昭,张桂权,王津津,等.黔西南中部卡林型金矿床冲断-褶皱构造的地震勘探证据及意义[J].地学前缘,2012,19(4):63-71.

[102] 代传固,王雪华,陈建书,等.贵州省区域地质志[R].贵阳:贵州省地质调查院,2013.

[103] 袁学诚.中国地球物理图集[M].北京:地质出版社,1996.

[104] 王津津.贵州晴隆锑矿构造—流体耦合关系的研究[D].昆明:昆明理工大学,2011.

[105] 代传固,贵州省资源潜力评价报告[R].贵阳:贵州省地质调查院,2011.

[106] 冯济舟.贵州省地球化学图集[M].北京市:地质出版社,2008.

[107] HE B,XU Y G,HUANG X L,et al. Age and duration of the Emeishan flood volcanism,SW China:geochemistry and SHRIMP zircon U-Pb dating of silicic ignimbrites,post-volcanic Xuanwei Formation and clay tuff at the Chaotian section [J]. Earth and planetary science letters,2007,255(3/4):306-323.

[108] 陈懋弘,毛景文,陈振宇,等.滇黔桂"金三角"卡林型金矿含砷黄铁矿和毒砂的矿物学研究[J].矿床地质,2009,28(5):539-557.

[109] 严育通,李胜荣,贾宝剑,等.中国不同成因类型金矿床的黄铁矿成分标型特征及统计分析[J].地学前缘,2012,19(4):214-226.

[110] 卢焕章,朱笑青,单强,等.金矿床中金与黄铁矿和毒砂的关系[J].矿床地质,2013,32(4):824-843.

[111] 潘谋成,胡凯,曹剑,等.黔西南簸箕田卡林型金矿中含砷黄铁矿和毒砂的赋金特征研究[J].高校地质学报,2013,19(2):293-306.

[112] KESLER S E,FORTUNA J,YE Z,et al. Evaluation of the role of sulfidation in deposition of gold,screamer section of the betze-post carlin-type deposit,Nevada [J]. Economic geology,2003,98(6):1137-1157.

[113] 毛世东,杨荣生,秦艳,等.甘肃阳山金矿田载金矿物特征及金赋存状态研究[J].岩石学报,2009,25(11):2776-2790.

[114] 周天成,孙祥,郑有业,等.藏南查拉普金矿床载金矿物特征与金的赋存状态[J].矿床地质,2015,34(3):521-532.

[115] 徐国风,邵洁涟.黄铁矿的标型特征及其实际意义[J].地质论评,1980,26(6):541-546.

[116] AREHART G B. Characteristics and origin of sediment-hosted disseminated gold deposits:a review[J]. Ore geology reviews,1996,11(6):383-403.

[117] FLEET M E, CHRYSSOULIS S L, MACLEAN P J, et al. Arsenian pyrite from gold deposits: Au and As distribution investigated by SIMS and EMP, and color staining and surface oxidation by XPS and LIMS[J]. Canadian mineralogist,1993,31(1):1-17.

[118] FLEET M E, MUMIN A H. Gold-bearing arsenian pyrite and marcasite and

arsenopyrite from Carlin Trend gold deposits and laboratory synthesis[J]. American mineralogist,1997,82(1-2):182-193.

[119] SIMON G, KESLER S E, CHRYSSOULIS S. Geochemistry and textures of gold-bearing arsenian pyrite, Twin Creeks, Nevada; implications for deposition of gold in carlin-type deposits[J]. Economic geology,1999,94(3):405-421.

[120] SIMON G, HUANG H, PENNER-HAHN J E, et al. Oxidation state of gold and arsenic in gold-bearing arsenian pyrite[J]. American mineralogist, 1999, 84(7-8): 1071-1079.

[121] PALENIK C S, UTSUNOMIYA S, REICH M, et al. "Invisible" gold revealed: direct imaging of gold nanoparticles in a Carlin-type deposit[J]. American mineralogist, 2004,89(10):1359-1366.

[122] KESLER S E, RICIPUTI L C, YE Z J. Evidence for a magmatic origin for Carlin-type gold deposits: isotopic composition of sulfur in the Betze-Post-Screamer Deposit, Nevada, USA[J]. Mineralium deposita,2005,40(2):127-136.

[123] REICH M, KESLER S E, UTSUNOMIYA S, et al. Solubility of gold in arsenian pyrite[J]. Geochimica et cosmochimica acta,2005,69(11):2781-2796.

[124] 吴秀群.烂泥沟金矿金赋存状态及工艺特性研究[J].黄金,1992,13(6):11-16.

[125] 苏文超,张弘弢,夏斌,等.贵州水银洞卡林型金矿床首次发现大量次显微-显微可见自然金颗粒[J].矿物学报,2006,26(3):257-260.

[126] 张权平,陈建平,陈雪薇,等.贵州烂泥沟金矿三维定量预测[J].地球学报,2020,41(2):193-206.

[127] 陶晓丽.基于3Dmine的矿山三维地质建模研究[D].兰州:兰州交通大学,2015.

[128] 蒋新艳.基于3Dmine的矿山三维模型建模及应用:以金顶铅锌矿为例[D].昆明:昆明理工大学,2018.

[129] 郑禄林,杨瑞东,陈军,等.黔西南普安泥堡大型金矿床黄铁矿与毒砂标型特征及金的赋存状态[J].地质论评,2017,63(5):1361-1377.

[130] WEI D T, XIA Y, GREGORY D D, et al. Multistage pyrites in the Nibao disseminated gold deposit, southwestern Guizhou Province, China: insights into the origin of Au from textures, in situ trace elements, and sulfur isotope analyses[J]. Ore geology reviews,2020,122:103446.

[131] 王疆丽,林方成,侯林,等.贵州泥堡金矿床流体包裹体特征及其成矿意义[J].矿物岩石地球化学通报,2014,33(5):688-699.

[132] 谢贤洋.贵州泥堡金矿床成矿流体和成矿机制研究[D].北京:中国地质科学院,2018.

[133] SUN S S, MCDONOUGH W F. Chemical and isotopic systematics of oceanic basalts: implications for mantle composition and processes[J]. Geological society, london, special publications,1989,42(1):313-345.

[134] 姜寒冰,姜常义,钱壮志,等.云南峨眉山高钛和低钛玄武岩的岩石成因[J].岩石学报,2009,25(5):1117-1134.

[135] MCKEAG S A, CRAW D, NORRIS R J. Origin and deposition of a graphitic

schist-hosted metamorphogenic Au-W deposit, macraes, east otago, New Zealand [J]. Mineralium deposita,1989,24(2):124-131.

[136] HEITT D G,DUNBAR W W,THOMPSON T B,et al. Geology and geochemistry of the deep star gold deposit,carlin trend,Nevada[J]. Economic geology,2003,98(6): 1107-1135.

[137] 韦龙明,卢汉堤,刘东升,等. 卡林型金矿床稀土元素地球化学[J]. 矿产与地质,1995(6):487-492.

[138] 李胜荣,高振敏. 湘黔地区牛蹄塘组黑色岩系稀土特征:兼论海相热水沉积岩稀土模式[J]. 矿物学报,1995,15(2):225-229.

[139] TAYLOR S R, MCLENNAN S M. The continental crust: its composition and evolution[M]. Oxford:Blackwell Scientific Publications, 1985.

[140] SUGITANI K,HORIUCHI Y,ADACHI M,et al. Anomalously low Al_2O_3/TiO_2 values for Archean cherts from the Pilbara Block, Western Australia: possible evidence for extensive chemical weathering on the early earth [J]. Precambrian research,1996,80(1/2):49-76.

[141] HAYASHI K I,FUJISAWA H,HOLLAND H D,et al. Geochemistry of ~1.9 Ga sedimentary rocks from northeastern Labrador, Canada [J]. Geochimica et cosmochimica acta,1997,61(19):4115-4137.

[142] CONDIE K C. Chemical composition and evolution of the upper continental crust: contrasting results from surface samples and shales[J]. Chemical geology,1993,104(1-4):1-37.

[143] GIRTY G H, RIDGE D L,KNAACK C,et al. Provenance and depositional setting of Paleozoic chert and argillite,sierra Nevada,California[J]. SEPM journal of sedimentary research,1996,66(1):107-118.

[144] 田和明,代世峰,李大华,等. 重庆南川晚二叠世凝灰岩的元素地球化学特征[J]. 地质论评,2014,60(1):169-177.

[145] 宋谢炎,侯增谦,汪云亮,等. 峨眉山玄武岩的地幔热柱成因[J]. 矿物岩石,2002,22(4):27-32.

[146] 许连忠. 滇黔相邻地区峨眉山玄武岩地球化学特征及其成自然铜矿作用[D]. 北京:中国科学院研究生院(地球化学研究所),2006.

[147] WEAVER B L. The origin of ocean island basalt end-member compositions: trace element and isotopic constraints [J]. Earth and planetary science letters, 1991, 104(2-4):381-397.

[148] 包志伟,赵振华. 东坪金矿床成矿过程中稀土元素活动性[J]. 地球化学,1998,27(1): 81-90.

[149] 王加昇. 西南低温成矿域成矿作用、时代与动力学研究[D]. 贵阳:中国科学院地球化学研究所,2012.

[150] 王泽鹏,夏勇,宋谢炎,等. 太平洞—紫木凼金矿区同位素和稀土元素特征及成矿物质来源探讨[J]. 矿物学报,2012,32(1):93-100.

[151] 王泽鹏.贵州省西南部低温矿床成因及动力学机制研究:以金、锑矿床为例[D].北京:中国科学院大学,2013.

[152] 肖宪国.贵州半坡锑矿床年代学、地球化学及成因[D].昆明:昆明理工大学,2014.

[153] LIANG Q,JING H,GREGOIRE D C. Determination of trace elements in granites by inductively coupled plasma mass spectrometry[J]. Talanta,2000,51(3):507-513.

[154] ZHONG S J,MUCCI A. Partitioning of rare earth elements (REEs) between calcite and seawater solutions at 25 ℃ and 1 atm,and high dissolved REE concentrations [J]. Geochimica et cosmochimica acta,1995,59(3):443-453.

[155] DANIELSON A M,LLER P,DULSKI P. The europium anomalies in banded iron formations and the thermal history of the oceanic crust[J]. Chemical geology,1992,97(1/2):89-100.

[156] BAU M,DULSKI P. Comparing yttrium and rare earths in hydrothermal fluids from the Mid-Atlantic Ridge: implications for Y and REE behaviour during near-vent mixing and for the Y/Ho ratio of Proterozoic seawater[J]. Chemical geology,1999,155(1-2):77-90.

[157] DOUVILLE E,BIENVENU P,CHARLOU J L,et al. Yttrium and rare earth elements in fluids from various deep-sea hydrothermal systems[J]. Geochimica et cosmochimica acta,1999,63(5):627-643.

[158] SVERJENSKY D A. Europium redox equilibria in aqueous solution[J]. Earth and Planetary Science Letters,1984,67(1):70-78.

[159] 丁振举,刘丛强,姚书振,等.海底热液沉积物稀土元素组成及其意义[J].地质科技情报,2000,19(1):27-30.

[160] 凌其聪,刘丛强.水-岩反应与稀土元素行为[J].矿物学报,2001,21(1):107-114.

[161] 胡瑞忠,温汉捷,苏文超,等.矿床地球化学近十年若干研究进展[J].矿物岩石地球化学通报,2014,33(2):127-144.

[162] 苏文超,朱路艳,格西,等.贵州晴隆大厂锑矿床辉锑矿中流体包裹体的红外显微测温学研究[J].岩石学报,2015,31(4):918-924.

[163] ROEDDER E. Fluid inclusions[R]. Chantilly :Mineralogical Society of America,1984.

[164] 卢焕章,范宏瑞,倪培,等.流体包裹体[M].北京:科学出版社,2004.

[165] BODNAR R J. Revised equation and table for determining the freezing point depression of H_2O-Nacl solutions [J]. Geochimica et cosmochimica acta,1993,57(3):683-684.

[166] COLLINS P L F. Gas hydrates in CO_2-bearing fluid inclusions and the use of freezing data for estimation of salinity[J]. Economic geology,1979,74(6):1435-1444.

[167] 苏文超.扬子地块西南缘卡林型金矿床成矿流体地球化学研究[D].贵阳:中国科学院地球化学研究所,2002.

[168] 李保华,顾雪祥,李黎,等.CO_2-H_2O 流体不混溶对 Au 溶解度的影响:以贵州省贞丰县水银洞金矿床为例[J].地质通报,2011,30(5):766-772.

[169] PICHAVANT M,RAMBOZ C,WEISBROD A. Fluid immiscibility in natural

processes: use and misuse of fluid inclusion data: Ⅰ. phase equilibria analysis—a theoretical and geometrical approach[J]. Chemical Geology, 1982, 37(1-2): 1-27.

[170] RAMBOZ C, PICHAVANT M, WEISBROD A. Fluid immiscibility in natural processes: use and misuse of fluid inclusion data: Ⅱ. interpretation of fluid inclusion data in terms of immiscibility[J]. Chemical geology, 1982, 37(1-2): 29-48.

[171] VAN DEN KERKHOF A M, HEIN U F. Fluid inclusion petrography[J]. Lithos, 2001, 55(1-4): 27-47.

[172] WILKINSON J J. Fluid inclusions in hydrothermal ore deposits[J]. Lithos, 2001, 55(1-4): 229-272.

[173] FAN H R, HU F F, WILDE S A, et al. The Qiyugou gold-bearing breccia pipes, Xiong'ershan region, central China: fluid-inclusion and stable-isotope evidence for an origin from magmatic fluids[J]. International geology review, 2011, 53(1): 25-45.

[174] CHEN H Y, CHEN Y J, BAKER M J. Evolution of ore-forming fluids in the Sawayaerdun gold deposit in the Southwestern Chinese Tianshan metallogenic belt, Northwest China[J]. Journal of Asian earth sciences, 2012, 49: 131-144.

[175] MARFIL R, CAJA M A, TSIGE M, et al. Carbonate-cemented stylolites and fractures in the Upper Jurassic limestones of the Eastern Iberian Range, Spain: a record of palaeofluids composition and thermal history[J]. Sedimentary geology, 2005, 178(3-4): 237-257.

[176] READ J J, MEINERT L D. Gold-bearing quartz vein mineralization at the big hurrah mine, Seward peninsula, Alaska[J]. Economic geology, 1986, 81(7): 1760-1774.

[177] ROBERT F, KELLY W C. Ore-forming fluids in Archean gold-bearing quartz veins at the Sigma Mine, Abitibi greenstone belt, Quebec, Canada[J]. Economic geology, 1987, 82(6): 1464-1482.

[178] WALSH J F, KESLER S E, DUFF D, et al. Fluid inclusion geochemistry of high-grade, vein-hosted gold ore at the Pamour Mine, Porcupine Camp, Ontario[J]. Economic geology, 1988, 83(7): 1347-1368.

[179] 张德会. 成矿流体中金属沉淀机制研究综述[J]. 地质科技情报, 1997(3): 54-59.

[180] 顾雪祥, 刘丽, 董树义, 等. 山东沂南金铜铁矿床中的液态不混溶作用与成矿: 流体包裹体和氢氧同位素证据[J]. 矿床地质, 2010, 29(1): 43-57.

[181] 彭义伟, 顾雪祥, 刘丽, 等. 黔西南紫木凼金矿床流体包裹体特征及对成矿的指示意义[J]. 矿物学报, 2012, 32(2): 211-220.

[182] 吴程赟, 顾雪祥, 刘丽, 等. 贵州丫他卡林型金矿床流体包裹体特征及其成矿意义[J]. 现代地质, 2012, 26(2): 277-285.

[183] 郭振春. 贵州兴仁紫木凼金矿床地质特征及成因初探[J]. 贵州地质, 1988, 5(3): 201-218.

[184] 谭亲平. 黔西南水银洞卡林型金矿构造地球化学及成矿机制研究[D]. 北京: 中国科学院大学, 2015.

[185] 郑永飞, 陈江峰. 稳定同位素地球化学[M]. 北京: 科学出版社, 2000.

[186] 黄思静. 上扬子地台区晚古生代海相碳酸盐岩的碳、锶同位素研究[J]. 地质学报，1997，71(1)：45-53.

[187] HOEFS J. Stable isotope geochemistry[M]. Berlin：Springer-verlag，1980.

[188] ROLLINSON H. Using geochemical data：evaluation，presentation，interpretation[M]. London：Longman Scientific & Technical，1993.

[189] SCHIDLOWSKI M. Application of stable carbon isotopes to early biochemical evolution on earth[J]. Annual review of earth and planetary sciences，1987，15：47-72.

[190] 孙景贵，胡受奚，沈昆，等. 胶东金矿区矿田体系中基性-中酸性脉岩的碳、氧同位素地球化学研究[J]. 岩石矿物学杂志，2001，20(1)：47-56.

[191] 毛景文，赫英，丁悌平. 胶东金矿形成期间地幔流体参与成矿过程的碳氧氢同位素证据[J]. 矿床地质，2002，21(2)：121-128.

[192] CLAYTON R N，MAYEDA T K. The use of bromine pentafluoride in the extraction of oxygen from oxides and silicates for isotopic analysis[J]. Geochimica et cosmochimica acta，1963，27(1)：43-52.

[193] CLAYTON R N，O'NEIL J R，MAYEDA T K. Oxygen isotope exchange between quartz and water[J]. Journal of geophysical research atmospheres，1972，77(17)：3057-3067.

[194] 丁悌平. 氢氧同位素地球化学[M]. 北京：地质出版社，1980.

[195] TAYLOR H P. The application of oxygen and hydrogen isotope studies to problems of hydrothermal alteration and ore deposition[J]. Economic geology，1974，69(6)：843-883.

[196] HOFSTRA A H，EMSBO P，CHRISTIANSEN W D，et al. Source of ore fluids in Carlin-type gold deposits，China：implications for genetic models [C]//Mineral Deposit Research：Meeting the Global Challenge，2005：452-460.

[197] EPSTEIN S，SHARP R P，GOW A J. Six-year record of oxygen and hydrogen isotope variations in South Pole firn[J]. Journal of geophysical research atmospheres，1965，70(8)：1809-1814.

[198] EPSTEIN S，SHARP R P，GOW A J. Antarctic ice sheet：stable isotope analyses of Byrd Station cores and interhemispheric climatic implications[J]. Science，1970，168(3939)：1570-1572.

[199] SHEPPARD S M F. Stable isotope geochemistry of fluids[J]. Physics and chemistry of the Earth，1981，13/14：419-445.

[200] 张理刚. 莲花山斑岩型钨矿床的氢、氧、硫、碳和铅同位素地球化学[J]. 矿床地质，1985，4(1)：54-63.

[201] LIANG J L，SUN W D，ZHU S Y，et al. Mineralogical study of sediment-hosted gold deposits in the Yangshan ore field，Western Qinling Orogen，Central China[J]. Journal of asian earth sciences，2014，85：40-52.

[202] 谢卓君. 中国贵州卡林型金矿与美国内华达卡林型金矿对比研究[M]. 贵阳：中国

科学院地球化学研究所，2016.
[203] 赵静，梁金龙，倪师军，等. 甘肃阳山金矿载金黄铁矿硫同位素 Nano-SIMS 原位分析[J]. 矿床地质，2016，35(4)：653-662.
[204] PRIBIL M J，RIDLEY W I，EMSBO P. Sulfate and sulfide sulfur isotopes ($\delta^{34}S$ and $\delta^{33}S$) measured by solution and laser ablation MC-ICP-MS：an enhanced approach using external correction[J]. Chemical geology，2015，412：99-106.
[205] OHMOTO H. Systematics of sulfur and carbon isotopes in hydrothermal ore deposits[J]. Economic geology，1972，67(5)：551-578.
[206] 吴松洋，侯林，丁俊，等. 黔西南卡林型金矿矿田控矿构造类型及成矿流体特征[J]. 岩石学报，2016，32(8)：2407-2424.
[207] 高振敏，杨竹森，李红阳，等. 黄铁矿载金的原因和特征[J]. 高校地质学报，2000，6(2)：156-162.
[208] REES C E，JENKINS W J，MONSTER J. The sulphur isotopic composition of ocean water sulphate[J]. Geochimica et cosmochimica acta，1978，42(4)：377-381.
[209] CHAUSSIDON M，ALBAREDE F，SHEPPARD S M F. Sulphur isotope variations in the mantle from ion microprobe analyses of micro-sulphide inclusions[J]. Earth and planetary science letters，1989，92(2)：144-156.
[210] ZHENG Y F. Sulphur isotopic fractionation between sulphate and sulphide in hydrothermal ore deposits：disequilibrium vs equilibrium processes[J]. Terra nova，1991，3(5)：510-516.
[211] SEAL R R. Sulfur isotope geochemistry of sulfide minerals [J]. Reviews in mineralogy and geochemistry，2006，61(1)：633-677.
[212] 汪在聪，刘建明，刘红涛，等. 稳定同位素热液来源示踪的复杂性和多解性评述：以造山型金矿为例[J]. 岩石矿物学杂志，2010，29(5)：577-590.
[213] 张峰，杨科佑. 黔西南微细浸染型金矿裂变径迹成矿时代研究[J]. 科学通报，1992，37(17)：1593-1595.
[214] 魏俊浩，刘丛强，刘国春. 金矿测年方法讨论及定年中存在的问题[J]. 地学前缘，2003，10(2)：319-326.
[215] 陈懋弘，张延，蒙有言，等. 桂西巴马料屯金矿床成矿年代上限的确定：对滇黔桂“金三角”卡林型金矿年代学研究的启示[J]. 矿床地质，2014，33(1)：1-13.
[216] 苏文超，胡瑞忠，漆亮，等. 黔西南卡林型金矿床流体包裹体中微量元素研究[J]. 地球化学，2001，30(6)：512-516.
[217] 李华芹，刘家齐，魏林. 热液矿床流体包裹体年代学研究及其地质应用[M]. 北京：地质出版社，1993.
[218] SHEPHERD T J，DARBYSHIRE D P F. Fluid inclusion Rb-Sr isochrons for dating mineral deposits[J]. Nature，1981，290：578-579.
[219] 李华芹，刘家齐，杜国民，等. 内生金属矿床成矿作用年代学研究：以西华山钨矿床为例[J]. 科学通报，1992，37(12)：1109-1112.
[220] NORMAN D I，LANDIS G P. Source of mineralizing components in hydrothermal

ore fluids as evidenced by $^{87}Sr/^{86}Sr$ and stable isotope data from the Pasto Bueno deposit,Peru[J]. Economic geology,1983,78(3):451-465.

[221] ROSSMAN G R,WEIS D,WASSERBURG G J. Rb,Sr,Nd and Sm concentrations in quartz[J]. Geochimica et cosmochimica acta,1987,51(9):2325-2329.

[222] CHANGKAKOTI A, GRAY J, KRSTIC D, et al. Determination of radiogenic isotopes(RbSr, SmNd and PbPb) in fluid inclusion waters: an example from the Bluebell Pb-Zn deposit,British Columbia,Canada[J]. Geochimica et cosmochimica acta,1988,52(5):961-967.

[223] MO C H,WANG X Z,CHENG J P. Auriferous quartz veins from the Dongping gold deposit, NW Hebei Province and Metallogenesis: fluid inclusion Rb-Sr isochron evidence[J]. Chinese journal of geochemistry,1996,15(3):265-271.

[224] TRETBAR D R,AREHART G B,CHRISTENSEN J N. Dating gold deposition in a Carlin-type gold deposit using Rb/Sr methods on the mineral galkhaite[J]. Geology, 2000,28(10):947.

[225] ZHANG L C,SHEN Y C,JI J S. Characteristics and genesis of Kanggur gold deposit in the eastern Tianshan mountains,NW China:evidence from geology,isotope distribution and chronology[J]. Ore geology reviews,2003,23(1-2):71-90.

[226] ZHU Y F,ZHOU J,ZENG Y S. The Tianger (Bingdaban) shear zone hosted gold deposit,west Tianshan,NW China:petrographic and geochemical characteristics[J]. Ore geology reviews,2007,32(1-2):337-365.

[227] NI P,WANG G G,CHEN H,et al. An Early Paleozoic orogenic gold belt along the Jiang? Shao Fault,South China:evidence from fluid inclusions and Rb-Sr dating of quartz in the Huangshan and Pingshui deposits[J]. Journal of Asian earth sciences, 2015,103:87-102.

[228] TAN J,WEI J H,LI Y J,et al. Origin and geodynamic significance of fault-hosted massive sulfide gold deposits from the Guocheng-Liaoshang metallogenic belt, eastern Jiaodong Peninsula:Rb-Sr dating,and H-O-S Pb isotopic constraints[J]. Ore geology reviews,2015,65:687-700.

[229] SAHOO A K,KRISHNAMURTHI R,VADLAMANI R,et al. Genetic aspects of gold mineralization in the Southern Granulite Terrain, India [J]. Ore geology reviews,2016,72:1243-1262.

[230] 毛景文,谢桂青,李晓峰,等.华南地区中生代大规模成矿作用与岩石圈多阶段伸展[J].地学前缘,2004,11(1):45-55.

[231] 刘建明,赵善仁,沈洁,等.成矿流体活动的同位素定年方法评述[J].地球物理学进展,1998(3):47-56.

[232] CHEN M H,BAGAS L,LIAO X,et al. Hydrothermal apatite SIMS ThPb dating: constraints on the timing of low-temperature hydrothermal Au deposits in Nibao, SW China[J]. Lithos,2019,324/325:418-428.

[233] HU R Z,FU S L,HUANG Y,et al. The giant South China Mesozoic low-tempera-

ture metallogenic domain:reviews and a new geodynamic model[J]. Journal of asian earth sciences,2017,137:9-34.

[234] 彭建堂,胡瑞忠,蒋国豪. 萤石 Sm-Nd 同位素体系对晴隆锑矿床成矿时代和物源的制约[J]. 岩石学报,2003,19(4):785-791.

[235] 罗孝桓. 黔西南右江区金矿床控矿构造样式及成矿作用分析[J]. 贵州地质,1997,14(4):312-320.

[236] 李泽琴,陈尚迪,王奖臻,等. 桂西金牙微细浸染型金矿床同位素地球化学研究[J]. 矿物岩石,1995(2):66-72.

[237] 毛景文,李晓峰,李厚民,等. 中国造山带内生金属矿床类型、特点和成矿过程探讨[J]. 地质学报,2005,79(3):342-372.

[238] 华仁民,陈培荣,张文兰,等. 论华南地区中生代 3 次大规模成矿作用[J]. 矿床地质,2005,24(2):99-107.

[239] 胡瑞忠,毕献武,彭建堂,等. 华南地区中生代以来岩石圈伸展及其与铀成矿关系研究的若干问题[J]. 矿床地质,2007,26(2):139-152.

[240] 胡瑞忠,毛景文,毕献武,等. 浅谈大陆动力学与成矿关系研究的若干发展趋势[J]. 地球化学,2008,37(4):344-352.

[241] 彭建堂,胡瑞忠,邓海琳,等. 湘中锡矿山锑矿床的 Sr 同位素地球化学[J]. 地球化学,2001,30(3):248-256.

[242] 彭建堂,胡瑞忠,蒋国豪. 贵州晴隆锑矿床中萤石的 Sr 同位素地球化学[J]. 高校地质学报,2003,9(2):244-251.

[243] PALMER M R,ELDERFIELD H. Sr isotope composition of sea water over the past 75 Myr[J]. Nature,1985,314(6011):526-528.

[244] FAURE G. Principles of isotope geology[M]. 2nd ed. New York: Wiley,1986.

[245] 王亮,龙超林,刘义. 黔西南隐伏岩体圈定与金矿物源探讨[J]. 现代地质,2015,29(3):702-712.

[246] 李红阳,牛树银,王立峰. 幔柱构造[M]. 北京:地震出版社,2002.

[247] 肖德长,贵州省丫他型金矿床成矿流体研究[D]. 成都:成都理工大学,2012.

[248] SEWARD T M. Thio complexes of gold and the transport of gold in hydrothermal ore solutions[J]. Geochimica et cosmochimica acta,1973,37(3):379-399.

[249] SPYCHER N F,REED M H. As(Ⅲ) and Sb(Ⅲ) sulfide complexes:an evaluation of stoichiometry and stability from existing experimental data[J]. Geochimica et cosmochimica acta,1989,53(9):2185-2194.